21世纪普通高等教育电气信息类应用型规划教材

单片机原理、接口技术及应用

黄建新 编

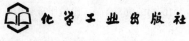
化学工业出版社

·北京·

本书以目前使用最为广泛的 80C51 型单片机为例，系统全面地阐述了单片机的基本组成、工作原理、指令系统、汇编语言程序设计、中断技术和接口扩展技术，并在此基础上讨论了单片机应用系统的设计，列举了若干单片机应用系统实例。

本书例题丰富、形式多样，全部例题均有详细的分析和详尽的注释。全书共分 11 章，每章后均附有一定数量的练习题。本书根据作者多年从事教育、科研的经验和体会编写，内容循序渐进、重点突出，具有较好的通用性、系统性和实用性。

本书可作为高等院校电子信息工程、通信工程、电子科学与技术、自动化、电气工程及其自动化等相关专业学生的教材，也可作为广大科技人员的自学参考书。

图书在版编目（CIP）数据

单片机原理、接口技术及应用/黄建新编．—北京：化学工业出版社，2009.8
21 世纪普通高等教育电气信息类应用型规划教材
ISBN 978-7-122-05659-7

Ⅰ．单…　Ⅱ．黄…　Ⅲ．①单片微型计算机-基础理论-高等学校-教材②单片微型计算机-接口-高等学校-教材　Ⅳ．TP368.1

中国版本图书馆 CIP 数据核字（2009）第 101461 号

责任编辑：郝英华　唐旭华　　　　　　装帧设计：尹琳琳
责任校对：徐贞珍

出版发行：化学工业出版社（北京市东城区青年湖南街 13 号　邮政编码 100011）
印　　　刷：化学工业出版社印刷厂
装　　　订：三河市前程装订厂
787mm×1092mm　1/16　印张 13　字数 323 千字　　2009 年 8 月北京第 1 版第 1 次印刷

购书咨询：010-64518888（传真：010-64519686）　售后服务：010-64518899
网　　址：http://www.cip.com.cn
凡购买本书，如有缺损质量问题，本社销售中心负责调换。

定　价：23.00 元

前　言

单片微型计算机自从 20 世纪 70 年代中期诞生以来，发展迅猛，已经广泛应用于生活、工业生产、军事等各个领域。手机、数码摄像机、数码电视机、电子玩具、交通信号灯、豪华轿车的安全保障系统、计算机的网络通信与数据传输、医疗器械、广泛使用的各种智能 IC 卡、工业自动化过程的实时控制和数据处理、飞机上各种仪表控制、导弹的导航装置等都离不开单片机，单片机的重要性可见一斑。

本书从计算机的基础知识入手，由浅入深，将微机原理的部分内容与单片微型计算机的内容结合起来，使得有一定电方面的基础知识但没有学过计算机的读者也能较顺利地阅读此书，这对电类专业的学生特别适用。

本书以目前应用最为广泛的 80C51 单片机为主线，全面论述了单片机的系统结构和工作原理，深入介绍了单片机的典型功能单元以及系统扩展与配置方法，书的最后还介绍了单片机应用系统的设计方法，给出了一些应用实例，因而对于培养学生的工程应用能力有较大的帮助。本书共有 11 章：第 1 章介绍微型计算机的基础知识；第 2 章介绍单片机的基本结构和工作原理；第 3，4 章为指令系统和使用汇编语言的程序设计；第 5 章介绍半导体存储器结构及单片机的程序存储器和数据存储器的扩展技术；第 6～10 章介绍单片机的并行、串行接口技术，是单片机硬件设计的核心部分；第 11 章介绍了两个单片机应用系统实例，以加强学生对单片机应用系统设计过程的认识。

本书相关电子课件可免费提供给采用本书作为教材的院校使用，如有需要可发送邮件至 haoyinghua@cip.com.cn 索取。

本书由黄建新编写。全书由陈雪丽教授进行了审阅，并提出了许多宝贵意见。在编写过程中还得到了刘怀、孙频东、郭怡倩、沈世斌等的鼎力相助，在此表示衷心感谢。

由于编者水平有限，不妥之处恳请读者批评、指正。

编　者
2009 年 5 月

目 录

1 微型计算机基础知识

电子计算机是一种能对信息进行加工处理的机器，它具有记忆、判断和运算能力，能模仿人类的思维活动，代替人的部分脑力劳动，并能对生产过程实现某种控制等。它是 20 世纪发展最快的技术之一。自 1946 年世界上第一台数字电子计算机 ENIAC(Electronic Numerical Integrator And Computer) 在美国的宾夕法尼亚大学问世以来，至今的 60 多年里得到了迅猛的发展和普及，可谓一日千里。

按计算机元器件构成的演变来划分计算机的发展阶段，则到目前为止计算机已经历了以下四个发展阶段。

(1) 第一代电子管计算机（1946～1957）

1946 年 2 月 14 日，标志现代计算机诞生的 ENIAC 在费城公诸于世。ENIAC 代表了计算机发展史上的里程碑。它通过不同部分之间的重新接线编程，还拥有并行计算能力。ENIAC 使用了 1.8 万个电子管，7 万个电阻器，有 500 万个焊接点，占地 $170\mathrm{m}^2$，重 30t，耗电 160kW，用十进制计算，每秒运算 5000 次，是第一台普通用途计算机。

第一代计算机的特点是操作指令是为特定任务而编制的，每种机器有各自不同的机器语言，功能受到限制，速度也慢。另一个明显特征是使用真空电子管和磁鼓储存数据。

(2) 第二代晶体管计算机（1958～1964）

1948 年，晶体管的发明大大促进了计算机的发展，晶体管代替了体积庞大的电子管，电子设备的体积不断减小。1956 年，晶体管在计算机中使用，晶体管和磁芯存储器导致了第二代计算机的产生。第二代计算机体积小、速度快、功耗低、性能更稳定。

1960 年，出现了一些成功用在商业领域、大学和政府部门的第二代计算机。第二代计算机用晶体管代替电子管，还有现代计算机的一些部件：打印机、磁带、磁盘、内存、操作系统等。计算机中存储的程序使得计算机有很好的适应性，可以更有效地用于商业用途。在这一时期出现了更高级的 COBOL(Common Business-Oriented Language) 和 FORTRAN (Formula Translator) 等计算机语言，以单词、语句和数学公式代替了二进制机器码，使计算机编程更容易。新的职业，如程序员、分析员和计算机系统专家，与整个软件产业由此诞生。

(3) 第三代集成电路计算机（1965～1971）

虽然晶体管比起电子管是一个明显的进步，但晶体管还是产生大量的热量，这会损害计算机内部的敏感部件。1958 年发明的集成电路（IC），将三种电子元件结合到一片小小的硅片上。科学家使更多的元件集成到单一的半导体芯片上。于是，计算机变得更小，功耗更低，速度更快。这一时期的发展还包括使用了操作系统，使得计算机在中心程序的控制协调下可以同时运行许多不同的程序。

(4) 第四代大规模集成电路计算机（1972～现在）

出现集成电路后，唯一的发展方向是扩大规模。大规模集成电路（LSI）可以在一个芯片上容纳几百个元件。到了 20 世纪 80 年代，超大规模集成电路（VLSI）在芯片上容纳了几十万个元件，后来的 VLSI 将数字扩充到百万级。可以在硬币大小的芯片上容纳如此数量的元件使得计算机的体积和价格不断下降，而功能和可靠性不断增强。基于"半导体"的发展，到了 1972 年，第一部真正的个人计算机诞生了。它所使用的微处理器内包含了 2300 个"晶体管"，可以一秒内执行 60000 个指令，体积也缩小很多。而世界各国也随着"半导体"及"晶体管"的发展去开拓计算机史上新的一页。

20 世纪 70 年代中期，计算机制造商开始将计算机带给普通消费者，这时的小型机带有软件包，供非专业人员使用的程序和最受欢迎的字处理和电子表格程序。这一领域的先锋有 Commodore，Radio Shack 和 Apple Computers 等。

1981 年 IBM 推出个人计算机（PC）用于家庭、办公室和学校。20 世纪 80 年代个人计算机的竞争使得价格不断下跌，微机的拥有量不断增加，计算机继续缩小体积，从桌上到膝上到掌上。与 IBM PC 竞争的 Apple Macintosh 系列于 1984 年推出，Macintosh 提供了友好的图形界面，用户可以用鼠标方便地操作。

计算机目前正朝着第五、六代计算机发展。所谓第五代计算机是把信息采集、存储、处理、通信同人工智能结合在一起的智能计算机系统。它能进行数值计算或处理一般的信息，主要面向知识处理，具有形式化推理、联想、学习和解释的能力，能够帮助人们进行判断、决策、开拓未知领域和获得新的知识。人机之间可以直接通过自然语言（声音、文字）或图形图像交换信息。第六代计算机即生物计算机，它体积小，功效高，在 $1mm^2$ 的面积上可容数亿个电路，比目前的电子计算机提高了上百倍，能使生物本身固有的自我修复机能得到发挥，这样即使芯片出了故障也能自我修复，可靠性很高。

1.1　微型计算机概述

微型计算机是 20 世纪 70 年代初期发展起来的。它使计算机应用能够真正深入到社会生产、生活等各个领域，使人类社会大步跨入信息化时代，使人们的生活发生了翻天覆地的变化。

1.1.1　微型计算机的基本概念

随着半导体技术的发展，集成电路的集成度越来越高。1971 年 11 月，Intel 公司成功地将运算部件和逻辑控制功能成功地集成在一起，制成了第一片中央处理芯片——Intel 4004 微处理器，由此揭开了微型计算机发展的序幕。

微处理器（Microprocessor），简称 MPU，是一个由算术逻辑运算单元、控制器单元、寄存器组及内部系统总线等单元组成的大规模集成电路芯片。

微处理器加上同样采用大规模集成电路制成的用于存储程序和数据的存储器以及与输入输出设备相连接的输入输出接口电路就构成了微型计算机（Microcomputer）。图 1-1 所示为微型计算机基本组成框图。

以微型计算机为主体，配上输入输出设备、外存储设备、电源机箱以及基本系统软件就可组成微型计算机系统。

1.1.2　微型计算机的发展概况

由于微电子技术、特别是超大规模集成电路技术的发展，微型计算机技术的发展基本遵循所谓的摩尔定律，也即微处理器集成度每隔 18 个月翻一番，芯片性能也随之提高一倍左右。

通常，微型计算机的发展是以微处理器的发展为表征的。以其字长和功能来分，微处理器的发展经历了如下几个阶段。

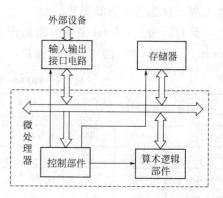

图 1-1 微型计算机基本组成框图

第一阶段（1971～1973）是 4 位和 8 位低档微处理器时代，通常称为第一代。其典型产品是 Intel 4004 和 Intel 8008 微处理器和分别由它们组成的 MCS-4 和 MCS-8 微机。基本特点是采用 PMOS 工艺，集成度低（2300 个晶体管/片），系统结构和指令系统都比较简单，主要采用机器语言或简单的汇编语言，指令数目较少（20 多条指令），基本指令周期为 20～50μs，用于家电和简单的控制场合。

第二阶段（1974～1977）是 8 位中高档微处理器时代，通常称为第二代。其典型产品是 Intel 公司的 8080/8085，Motorola 公司的 M6800，Zilog 公司的 Z80 等，以及各种 8 位单片机，如 Intel 公司的 8048，Motorola 公司的 M6801，Zilog 公司的 Z8 等。它们的特点是采用 NMOS 工艺，集成度提高约 4 倍，运算速度提高 10～15 倍（基本指令执行时间 1～2μs），指令系统比较完善，具有典型的计算机体系结构和中断、DMA 等控制功能。这一代处理器具有一定的中断功能，利用其构成的微型计算机及其系统开始进入实用阶段。例如 APPLE-II 机型是当时十分流行的机种。

第三阶段（1978～1984）是 16 位微处理器时代。通常称为第三代，其典型产品是 Intel 公司的 8086/8088，80186，80286，Motorola 公司的 M68000，Zilog 公司的 Z8000 等微处理器。其特点是采用 HMOS 工艺，集成度（20000～70000 晶体管/片）和运算速度（基本指令执行时间是 0.5μs）都比第二代提高了一个数量级。指令系统更加丰富、完善，采用多级中断、多种寻址方式、段式存储结构、硬件乘除部件，并配置了软件系统。这一时期的著名微型计算机产品有 IBM 公司的个人计算机（IBM-PC）。由于 IBM 公司在发展 PC 机时采用了技术开放的策略，使 PC 机风靡世界。

第四阶段（1985～1992）是 32 位微处理器时代，又称为第四代。其典型产品是 Intel 公司的 80386/80486，Motorola 公司的 M68030/68040 等。其特点是采用 HMOS 或 CMOS 工艺，集成度高达 100 万晶体管/片，具有 32 位地址线和 32 位数据总线。每秒钟可完成 600 万条指令（Million Instructions Per Second，MIPS）。微机的功能已经达到甚至超过超级小型计算机，完全可以胜任多任务、多用户的作业。同期，其他一些微处理器生产厂商（如 Motorola，AMD，Zilog 等）也推出了 32 位微处理器系列芯片。

第五阶段（1993 年以后）是 64 位奔腾（Pentium）系列微处理器时代，通常称为第五代。典型产品是 Intel 公司的奔腾系列芯片及与之兼容的 AMD 的 K6 系列微处理器芯片。内部采用了超标量指令流水线结构，并具有相互独立的指令和数据高速缓存。随着 MMX（Multi Media eXtensions）微处理器的出现，使微机的发展在网络化、多媒体化和智能化等方面跨上了更高的台阶。2000 年 3 月，AMD 与 Intel 分别推出了时钟频率达 1GHz 的 Athlon 和 Pentium III。2000 年 11 月，Intel 又推出了 Pentium IV 微处理器，集成度高达每片 4200 万个晶体管，主频 1.5GHz，400MHz 的前端总线，使用全新 SSE 2 指令集。2002 年 11 月，Intel 推出的 Pentium IV 微处理器的时钟频率达到 3.06GHz，而且微处理器还在不断地发展，性能也在不断提升。

　　到目前为止，Intel 系列的微处理器中，最高主频已达 3.4GHz。表 1-1 给出了 80X86/Pentium 系列 CPU 的主要性能参数。

表 1-1　80X86 /Pentium 系列 CPU 的主要性能参数

微处理器	推出时间	生产工艺/μm	首批时钟频率/MHz	集成度/百万个	寄存器位数/b	数据总线宽度/b	最大寻址空间	高速缓存大小
8086	1978	10	6.8	0.040	16	16	1MB	无
80286	1982	2.7	12.5	0.125	16	16	16MB	无
80386DX	1985	2	20	0.275	32	32	4GB	无
80486DX	1989	1,0.8	25	1.200	32	32	4 GB	8KB L1
Pentium	1993	0.8,0.6	60	3.100	32	64	4 GB	16KB L1
Pentium Pro	1995	0.6	200	5.500	32	64	64GB	16KB L1,256KB 或 512KB L2
Pentium II	1997	0.35	266	7.500	32	64	64GB	32KB L1,256KB 或 512KB L2
Pentium III	1999	0.18	500	28.100	32	64	64GB	32KB L1 512KB L2
Pentium IV	2000	0.13	1300	55.100	32	64	64GB	128KB(D)+8KB(T)L1 256/512KB L2

1.1.3　微型计算机的分类

　　（1）按处理器位数分类

　　微处理器的位数是由运算器并行处理的二进制位数所决定的。处理器的位数越高，其性能就越强。

　　① 4 位机。以 4 位微处理器为核心的微型计算机。如 Intel 4004，价格低，一般用于袖珍计算器，家用电器的过程控制。

　　② 8 位机。以 8 位微处理器为核心的微型计算机。如早期的 Z80 单板机、IBM PC 机、MCS-51 系列单片机。8 位机有灵活的指令系统和较强的中断能力，用于工业控制、事务管理、家用学习机。

　　③ 16 位机。以 16 位微处理器为核心的微型计算机。如 IBM PC/AT、IBMPC/XT 计算机、MCS-96 单片机等。16 位机比 8 位机具有更快的运算速度、更强的处理能力，并可用于实时的多任务处理。

　　④ 32 位机。以 32 位微处理器为核心的微型计算机。如 IBM PC386、IBM PC486 计算机。32 位机能综合处理数字、图像、声音等多媒体信息，广泛应用于数据处理、工程设计、CAD、CAM、科学计算、实时控制、多媒体、微机局域网的资源结点。

　　⑤ 64 位机。以 64 位微处理器为核心的微型计算机。如 Pentium、Pentium II、Pentium III 等。64 位机是迄今速度最快、功能最强的微机。

　　（2）按结构分类

　　① 单片微型计算机（Single Chip Microcomputer）。将微处理器、存储器、输入输出接口电路集成在一块芯片上，称为单片微型计算机或单片机。它具有体积小、可靠性高、成本低等特点，广泛应用于仪器、仪表、家电、工业控制等领域。

② 单板微型计算机（Single Board Microcomputer）。将组成微型计算机的各功能部件都做在同一块印刷电路板上，称为单板微型计算机或单板机。它具有结构紧凑、使用简单、成本低等特点，常用于工业控制和教学实验等领域。

③ 个人计算机（Personal Computer，PC）。它是一种将一块主机母板（内含微处理器、内存储器、I/O 接口等芯片）、若干 I/O 接口卡、外部存储器、电源等部件组装在一个机箱内，并配备显示器、键盘、打印机等基本外部设备所组成的计算机系统。PC 机具有功能强、配置灵活、软件丰富等特点，既可用于科学计算和数据处理，也可作为专用机，用于实时控制和管理等。它是一种使用最为普及的微型计算机。

1.2 常用的数制及编码

1.2.1 常用的数制

（1）十进制数

十进制数中有 0～9 十个数字符号，任何一个数的大小都可以用这十个数字符号的组合来表示。对于十进制数 D 可用权展开式表示为

$$(D)_{10} = D_{n-1} \times 10^{n-1} + D_{n-2} \times 10^{n-2} + \cdots + D_0 \times 10^0 + D_{-1} \times 10^{-1} + \cdots + D_{-m} \times 10^{-m}$$

$$= \sum_{i=-m}^{n-1} D_i \times 10^i \tag{1-1}$$

式中，D_i 是 D 的第 i 位数码，是 0～9 等十个数码中的一个，基数为 10，10^i 称为十进制的权。

【例 1-1】 十进制数 12.86 可按权展开为

$$(12.86)_{10} = 1 \times 10^1 + 2 \times 10^0 + 8 \times 10^{-1} + 6 \times 10^{-2}$$

对于十进制数 12.86 也可写为 12.86D 或 $(12.86)_D$。

（2）二进制数

在二进制数中只有 0 和 1 两个数码。对于二进制数 B 可用权展开式表示为

$$(B)_2 = B_{n-1} \times 2^{n-1} + B_{n-2} \times 2^{n-2} + \cdots + B_0 \times 2^0 + B_{-1} \times 2^{-1} + \cdots + B_{-m} \times 2^{-m}$$

$$= \sum_{i=-m}^{n-1} B_i \times 2^i \tag{1-2}$$

式中，B_i 可取 0 或 1。基数为 2，2^i 称为二进制的权。二进制数的加减运算中遵循逢二进一、借一为二的规则。

【例 1-2】 二进制数 101.01 可按权展开为

$$(101.01)_2 = 1 \times 2^2 + 0 \times 2^1 + 1 \times 2^0 + 0 \times 2^{-1} + 1 \times 2^{-2}$$

对于二进制数 101.01 也可写为 101.01B 或 $(101.01)_B$。

（3）十六进制数

在十六进制数中，采用 0～9、A～F 共十六个数码，其中 A～F 相应的十进制数为 10～15。对于 16 进制数 H 可表示为

$$(H)_{16} = H_{n-1} \times 16^{n-1} + H_{n-2} \times 16^{n-2} + \cdots + H_0 \times 16^0 + H_{-1} \times 16^{-1} + \cdots + H_{-m} \times 16^{-m}$$

$$= \sum_{i=-m}^{n-1} H_i \times 16^i \tag{1-3}$$

式中，H_i 是 H 的第 i 位数码，是 0～F 共 16 个数码中的一个，基数为 16，16^i 称为十

六进制的权。十六进制的加减运算中遵循逢十六进一、借一为十六的规则。

【例 1-3】 十六进制数 2BA.7E 可按权展开为

$$(2BA.7E)_{16} = 2 \times 16^2 + 11 \times 16^1 + 10 \times 16^0 + 7 \times 16^{-1} + 14 \times 16^{-2}$$

同样对于十六进制数（2BA.7E）$_{16}$ 也可写为 2BA.7EH 或（2BA.7E）$_H$。

二进制数与十六进制数之间存在有一种特殊关系，即 $2^4 = 16$，也就是说一位十六进制数恰好可用四位二进制数表示，且它们之间的关系是唯一的。所以，在计算机应用中，虽然机器只能识别二进制数，但在数字的表达上更广泛地采用十六进制数。

表 1-2 给出了上述几种进位制之间的数码对照表。

表 1-2　几种进位制的数码对照

十 进 制	二 进 制	八 进 制	十 六 进 制	十 进 制	二 进 制	八 进 制	十 六 进 制
0	0	0	0	9	1001	11	9
1	1	1	1	10	1010	12	A
2	10	2	2	11	1011	13	B
3	11	3	3	12	1100	14	C
4	100	4	4	13	1101	15	D
5	101	5	5	14	1110	16	E
6	110	6	6	15	1111	17	F
7	111	7	7	16	10000	20	10
8	1000	10	8				

1.2.2　数制之间的转换

人们习惯于使用十进制，而微型计算机采用二进制进行运算、存储，因此必然会产生不同数制转换的问题。

（1）二进制、十六进制数转换为十进制数

二进制、十六进制数转换成十进制数时，只要将二进制数或十六进制数按相应的权表达式展开，再按十进制运算规则求和，即可得到它们对应的十进制数。

【例 1-4】 将二进制数 1101100.111 转换成十进制数。

解 $(1101100.111)_2 = 1 \times 2^6 + 1 \times 2^5 + 1 \times 2^3 + 1 \times 2^2 + 1 \times 2^{-1} + 1 \times 2^{-2} + 1 \times 2^{-3}$

$$= 64 + 32 + 8 + 4 + 0.5 + 0.25 + 0.125 = (108.875)_{10}$$

【例 1-5】 将十六进制数 19BC.8 转换成十进制数。

解 $(19BC.8)_{16} = 1 \times 16^3 + 9 \times 16^2 + B \times 16^1 + C \times 16^0 + 8 \times 16^{-1}$

$$= 4096 + 2304 + 176 + 12 + 0.5 = (6588.5)_{10}$$

（2）十进制数转换为二进制、十六进制数

十进制数整数和小数部分应分别进行转换。整数部分的转换采用的是除 2 取余法，直到商为 0，余数按倒叙排列，称为"倒叙法"。小数部分的转换采用乘 2 取整法，直到小数部分为 0，整数按顺序排列，称为"顺序法"。

【例 1-6】 将十进制数 61.125 转换为二进制数。

解　　　整数部分　　　　　　　　　　　　　　小数部分

61/2＝30　　余数＝1（最低位）　　　　0.125×2＝0.25　整数＝0（最高位）

30/2＝15　　余数＝0　　　　　　　　　0.25×2＝0.5　整数＝0

| 15/2＝7 | 余数＝1 | 0.5×2＝1.0 | 整数＝1(最低位) |

7/2＝3	余数＝1
3/2＝1	余数＝1
1/2＝0	余数＝1(最高位)

即　$(61.125)_{10}＝(111101.001)_2$

【例 1-7】　将十进制数 61.125 转换为十六进制数。

解　　　整数部分　　　　　　　　　　　小数部分

61/16＝3　　余数＝D(最低位)　　　　0.125×16＝2.0　　　整数＝2 (最高位)

3/16＝0　　余数＝3(最高位)

即　$(61.125)_{10}＝(3D.2)_{16}$

也可将十进制数先转换为二进制数，再转换为十六进制数。下面将会看到二进制数和十六进制数之间的转换是非常方便的。

（3）二进制数转换成十六进制数

二进制数转换成十六进制数的转换原则是"四位合成一位"，即从小数点开始向左右两边以每四位为一组，不足四位时补 0，然后每组改成等值的一位十六进制数即可。

【例 1-8】　将 $(1011111101.1001101)_2$ 转换成十六进制数。

解

0010	1111	1101	.	1001	1010
↓	↓	↓		↓	↓
2	F	D	.	9	A

即　$(1011111101.1001101)_2＝(2FD.9A)_{16}$

（4）十六进制数转换成二进制数

十六进制数转换成二进制数的转换原则是"一位分成四位"，即把 1 位十六进制数转换成对应的 4 位二进制数，然后按顺序连接即可。

【例 1-9】　将 $(FB6.DA3)_{16}$ 转换为二进制数。

解

F	B	6	.	D	A	3
↓	↓	↓		↓	↓	↓
1111	1011	0110	.	1101	1010	0011

即　$(FB6.DA3)_{16}＝(111110110110.110110100011)_2$

1.2.3　微型计算机常用的编码

计算机不仅要处理数制计算问题，还要处理大量非数值问题。由于在计算机中数是用二进制数表示的，计算机只能识别二进制数码。因此，不论是十进制数，还是英文字母、汉字以及其他信息（如语言、符号、声音等）必须先转换成二进制代码，才能让计算机接受。这种把信息编成二进制代码的方法，称为计算机的编码。

通常计算机编码分为数值编码和字符编码。下面对计算机的几种常用编码加以介绍。

（1）BCD 码（十进制数的二进制编码）

BCD（Binary Coded Decimal）码是指每位十进制数用 4 位二进制数码表示，使其既具有二进制数的形式又具有十进制数的特点。值得注意的是，四位二进制数有 16 种状态，但

BCD 码只选用 10 种状态来表示 0~9 这 10 个数码,其余六个是多余的,应该放弃不用。常用的 BCD 码有 8421 码、2421 码和余 3 码等,其中最常用的为 8421 码。BCD 码自然简单、书写方便。例如十进制数 86 的 BCD 码形式为 10000110B,即 86H。

【例 1-10】 写出十进数 976.93D 对应的 8421BCD 码。

解 $\qquad$ 976.93D=1001 0111 0110.1001 0011BCD

【例 1-11】 写出 8421BCD 码 101001.0110011BCD 对应的十进制数。

解 $\qquad$ 101001.0110011BCD=0010 1001.0110 0110BCD=29.66D

计算机的存储单元通常以字节(8 位二进制数)为最小单位,很多操作也是以字节为单位进行的,在一个字节中如何存放 BCD 码有两种方式。一种方式是在一个字节中存放两个 BCD 码,这种方式称为压缩 BCD 码表示法。在采用压缩 BCD 码表示十进制数时,一个字节就表示两位十进制数。例如 10000110B 表示十进制数 86。另一种方式是一个字节存放一个 BCD 码,即字节的高 4 位为 0,低 4 位为十进制数字的 BCD 码,该方式称为非压缩 BCD 码表示法。例如对于十进制数 86 的非压缩 BCD 码表示为 00001000 00000110B。

(2)ASCII 码

ASCII(American Standard Code for Information Interchange)码是美国国家信息交换标准代码。这种编码是字符编码,利用 7 位二进制数字 "0" 和 "1" 的组合码,对应着 128 个符号。

0~31 及 127(共 33 个)是控制字符或通讯专用字符(其余为可显示字符),它们并没有特定的图形显示,但会依不同的应用程序,而对文本显示有不同的影响;32~126(共 95 个)是字符(32sp 是空格,有些书将其归入控制字符),其中 48~57 为 0 到 9 十个阿拉伯数字,65~90 为 26 个大写英文字母,97~122 号为 26 个小写英文字母,其余为一些标点符号、运算符号等。

ASCII 码一般用一个字节来表示,其中最高位(bit7)通常用作奇偶校验,故也称为奇偶校验位,余下七位进行编码组合。"奇偶校验" 是一种简单且最常用的检验方法,可用来验证计算机在进行信息传输过程中是否有错。

(3)国标码

"国家标准信息交换用汉字编码"(GB 2312—80 标准),简称国标码。国标码是指 1980 年中国制定的用于不同的具有汉字处理功能的计算机系统间交换汉字信息时使用的编码。国标码是二字节码,用两个七位二进制数编码表示一个汉字。目前国标码收入 6763 个汉字,其中一级汉字(最常用)3755 个,二级汉字 3008 个,另外还包括 682 个西文字符、图符。顺便一提的是,在我国的台湾地区采用的是另一套不同标准码(BIG5 码),因此,两岸的汉字系统及各种文件不能直接相互使用。

1.3 无符号二进制数的算术运算和逻辑运算

1.3.1 二进制数的算术运算

(1)二进制加法

二进制加法运算规则如下。

$\qquad$ 0+0=0 $\qquad$ 0+1=1 $\qquad$ 1+0=1 $\qquad$ 1+1=0(产生进位)

【**例 1-12**】　计算 10100110B＋10110100B。

解

$$
\begin{array}{r}
1\,0\,1\,0\,0\,1\,1\,0\text{B}\\
+)\quad 1\,0\,1\,1\,0\,1\,0\,0\text{B}\\
\hline
1\,0\,1\,0\,1\,1\,0\,1\,0\text{B}
\end{array}
$$

即　　　　　　10100110B＋10110100B＝101011010B

（2）二进制减法

二进制数的减法规则如下。

0－0＝0　　　0－1＝1（产生借位）　　　1－0＝1　　　1－1＝0

【**例 1-13**】　计算 10100110B－00110100B。

解

$$
\begin{array}{r}
1\,0\,1\,0\,0\,1\,1\,0\text{B}\\
-)\quad 0\,0\,1\,1\,0\,1\,0\,0\text{B}\\
\hline
0\,1\,1\,1\,0\,0\,1\,0\text{B}
\end{array}
$$

即　　　　　　10100110B－00110100B＝01110010B

（3）二进制乘法

二进制乘法规则如下。

0×0＝0　　　0×1＝0　　　1×0＝0　　　1×1＝1

【**例 1-14**】　计算 1101B×1001B

解法 1

$$
\begin{array}{r}
1\,1\,0\,1\\
\times)\ 1\,0\,0\,1\\
\hline
1\,1\,0\,1\\
0\,0\,0\,0\\
0\,0\,0\,0\\
1\,1\,0\,1\\
\hline
1\,1\,1\,0\,1\,0\,1
\end{array}
$$

即　　　　　　1101B×1001B＝1110101B

解法 2　采用移位加的方法，则有

部分积	乘数	操作说明
0000	1001	判断位为1，加被乘数
＋ 1101		
1101		
0110	1100	右移一位
0011	0110	判断位为0，右移一位
0001	1011	判断位为0，右移一位
＋ 1101		判断位为1，加被乘数
1110	101	
0111	0101	右移一位

以上两种解法所得结果相同。微型计算机在对两个二进制数相乘时，是采用边移位边相加的方法实现的。某些微机内部只集成了加法、移位和判断电路，乘法运算通过程序实现。

（4）二进制除法

二进制数除法的计算方法，与十进制数除法类似，也由减法、上商等操作分步完成。

【**例 1-15**】　计算 1110101B÷1001B。

$$\begin{array}{r}
1101 \\
1001\overline{\smash{)}1110101} \\
\underline{1001} \\
1011 \\
\underline{1001} \\
1001 \\
\underline{1001} \\
0
\end{array}$$

即 $\qquad$ 1110101B $\div$ 1001B $=$ 1101B

除法是乘法的逆运算，所以二进制数的除法运算也可转换为减法和右移运算。每右移一位相当于除以 2，右移 n 位就相当于除以 2^n。

1.3.2　无符号数的表示范围

（1）无符号二进制数的表示范围

一个 n 位无符号二进制数的表示范围为 $0 \sim (2^n-1)$。例如一个 8 位二进制数的表示范围为 $0 \sim (2^8-1)$，即 00H $\sim$ 0FFH（$0 \sim 255$）。如果运算结果超出二进制数的表示范围，则会产生溢出，运算结果也不准确。

【例 1-16】　计算 11000101B $+$ 10101001B。

解 $\qquad$

$$\begin{array}{r}
1 1 0 0 0 1 0 1B \\
+)\quad 1 0 1 0 1 0 0 1B \\
\hline
1 0 1 1 0 1 1 1 0B
\end{array}$$

即 $\qquad$ 11000101B $+$ 10101001B $=$ 101101110B

由上式可知，上面两个 8 位二进制数相加的结果为 9 位二进制数，超出了 8 位数的表示范围。若仅取 8 位字长，则结果为 01101110B，显然是错误的，这种情况就称为溢出。事实上，11000101B $=$ 197D，10101001B $=$ 169D，$197+169=366$，相加结果大于 8 位无符号二进制数能够表示的最大值 255，所以最高位的进位丢失了，该进位代表了 256，所以最后的运算结果为 $366-256=110$，即 01101110B。

（2）无符号二进制数的溢出判断

设无符号二进制数的最高有效位 D_i 的进位（或借位）为 C_i，则两个无符号二进制数相加（或相减）时，若最高位产生进位（或借位），即 $C_i=1$，就产生了溢出。在［例 1-16］中，两个 8 为无符号二进制数相加，最高有效位（D_7 位）产生了进位 $C_7=1$，故结果出现了溢出。

1.3.3　二进制数的逻辑运算

逻辑运算是在对应的两个二进制位之间进行的，与相邻的高低位的值均无关，即不存在进位、借位等问题。基本逻辑运算包括"与"、"或"、"非"和"异或"4 种运算。

（1）逻辑与运算

逻辑与又称逻辑乘，常用"$\wedge$"运算符表示。逻辑与运算法则为

$$0 \wedge 0 = 0 \qquad 0 \wedge 1 = 0 \qquad 1 \wedge 0 = 0 \qquad 1 \wedge 1 = 1$$

即参加"与"操作的两位中只要有一位为 0，则"与"的结果就为 0，仅当两位均为 1 时，"与"的结果才为 1。

【例 1-17】　计算 11000101B $\wedge$ 10101001B。

解
$$
\begin{array}{r}
1\,1\,0\,0\,0\,1\,0\,1\text{B} \\
\land\ 1\,0\,1\,0\,1\,0\,0\,1\text{B} \\
\hline
1\,0\,0\,0\,0\,0\,0\,1\text{B}
\end{array}
$$

即　　　　　　　11000101B$\land$10101001B＝10000001B

（2）逻辑或运算

逻辑或运算又称逻辑加，常用"$\lor$"运算符表示。逻辑或运算的规则为

$$0\lor0=0 \qquad 0\lor1=1 \qquad 1\lor0=1 \qquad 1\lor1=1$$

即参加"或"操作的两位中只要有一位为 1，则"或"的结果就为 1，仅当两位均为 0 时，"或"的结果才为 0。

【例 1-18】　计算 11000101B$\lor$10101001B。

解
$$
\begin{array}{r}
1\,1\,0\,0\,0\,1\,0\,1\text{B} \\
\lor\ 1\,0\,1\,0\,1\,0\,0\,1\text{B} \\
\hline
1\,1\,1\,0\,1\,1\,0\,1\text{B}
\end{array}
$$

即　　　　　　　11000101B$\lor$10101001B＝11101101B

（3）逻辑非运算

逻辑非运算又称逻辑取反，常采用上横线"$-$"运算符表示。逻辑非运算规则为

$$\bar{0}=1 \qquad \bar{1}=0$$

【例 1-19】　计算$\overline{11000101\text{B}}$。

解　只要对 11000101B 按位取反即可

$\overline{11000101\text{B}}$＝00111010B

（4）逻辑异或

逻辑异或又称半加，是不考虑进位的加法，常采用"$\oplus$"运算符表示。逻辑异或的运算规则为

$$0\oplus0=0 \qquad 0\oplus1=1 \qquad 1\oplus0=1 \qquad 1\oplus1=0$$

即进行操作的两个二进制位相同时，结果为 0；不同时，结果为 1。

【例 1-20】　计算 11000101B$\oplus$10101001B。

解
$$
\begin{array}{r}
1\,1\,0\,0\,0\,1\,0\,1\text{B} \\
\oplus\ 1\,0\,1\,0\,1\,0\,0\,1\text{B} \\
\hline
0\,1\,1\,0\,1\,1\,0\,0\text{B}
\end{array}
$$

即　　　　　　　11000101B$\oplus$10101001B＝01101100B

1.4　有符号二进制数的表示及运算

计算机中处理的数据可分为有符号数和无符号数两类，在前面所举例子中，二进制数均为无符号数。但实际上，数是有正有负的，通常用"＋"、"－"分别表示正数和负数。然而在计算机中，所有的数均是由"0"和"1"两个数字组成，计算机并不能识别符号"＋"、"－"。那么在计算机中有符号的二进制数如何表示呢？

1.4.1　有符号数的表示方法

在计算机中数的正负号只能由"0"和"1"表示。一般规定一个有符号数的最高位为符号位，该位为"0"表示正，该位为"1"表示负。若字长为 8 位，则 D_7 为符号位，$D_6 \sim D_0$ 为数值位；若字长为 16 位，则 D_{15} 为符号位，$D_{14} \sim D_0$ 为数值位。

【例 1-21】 ＋1001100B 在计算机中表示为 01001100B

　　　　　　　　－1001100B 在计算机中表示为 11001100B

人们把符号数值化了的数称为机器数，如 01001100B 和 11001100B 就是机器数，而把原来的数值称为机器数的真值，如＋1001100B 和－1001100B。

机器数是计算机中数的基本形式，为了运算方便，机器数通常有原码、反码和补码三种形式。

（1）原码

对于一个二进制数，用最高位作为该数的符号位，且用"0"表示"＋"号，"1"表示"－"号，其余各位数表示其数值本身，则称为原码表示法。即在原码表示法中，不论数的正负，数值部分均保持原真值不变。

【例 1-22】 求＋20，－20 的原码。

解　$[+20]_原 = +10100B = 0\ 0010100B$（"＋"的符号位用 0 代替）

　　　$[-20]_原 = -10100B = 1\ 0010100B$（"－"的符号位用 1 代替）

值得注意的是，在原码表示法中，真值 0 的原码可表示为两种不同的形式，即＋0 和－0。

$$[+0]_原 = 00000000B$$

$$[-0]_原 = 10000000B$$

原码表示法的优点是简单、直观、易于理解，与真值间的转换比较方便。缺点是用计算机实现起来比较烦琐，不仅要考虑是做加法还是做减法，还要考虑数的符号和绝对值的大小，这使运算器的设计较为复杂，降低了运算器的运算速度。而补码表示法，则使加减运算容易实现，使运算器的结构大为简化。为了说明补码的概念，下面先介绍反码。

（2）反码

对正数而言，反码的表示方法同原码，即符号位为"0"，数值部分与真值相同；而对负数而言，反码的符号位与原码相同为"1"，数值部分为真值的各位按位取反。即

$$若[X]_原 = 0X_{n-1}X_{n-2}\cdots X_0，则[X]_反 = [X]_原 \tag{1-4}$$

$$若[X]_原 = 1X_{n-1}X_{n-2}\cdots X_0，则[X]_反 = 1\overline{X}_{n-1}\overline{X}_{n-2}\cdots\overline{X}_0 \tag{1-5}$$

【例 1-23】 求＋20，－20 的反码。

解　$[+20]_反 = [+20]_原 = 0\ 0010100B$（正数的反码同原码）

　　　$[-20]_反 = 1\ \overline{0}\ \overline{0}\ \overline{1}\ \overline{0}\ \overline{1}\ \overline{0}\ \overline{0}B = 1\ 1101011B$（符号位不变，其余按位取反）

注意，在反码表示法中，同原码一样，数 0 也有两种表示形式。

$$[+0]_反 = 00000000B$$

$$[-0]_反 = 11111111B$$

（3）补码

对于 n 位二进制数 X，补码的定义如下。

$$[X]_补 = \begin{cases} X, & 2^{n-1} > X \geqslant 0 \\ 2^n + X = 2^n - |X|, & 0 > X \geqslant -2^{n-1} \end{cases} \tag{1-6}$$

从定义不难发现，正数的补码与原码、反码的表示是完全相同的，负数的补码表示为该数的原码除符号位外按位取反后最末位加 1（即反码＋1）。

与原码、反码不同，数 0 的补码表示是唯一的。

$[+0]_{\text{补}}=[+0]_{\text{原}}=00000000$

$[-0]_{\text{补}}=[-0]_{\text{反}}+1=11111111+1=1\quad 00000000=00000000$（对 8 位字长，进位被舍掉）

注意，特殊数 10000000B，该数在原码中表示－0，在反码中表示－127，在补码中定义为－128，而对无符号数，10000000B＝128。

【例 1-24】 求＋20 和－20 的补码。

解 $[+20]_{\text{补}}=[+20]_{\text{反}}=[+20]_{\text{反}}=00010100$（正数的补码同原码）

$\qquad [-20]_{\text{补}}=[-20]_{\text{反}}+1=11101011B+1=11101100B$

特别需要指出，在计算机中凡是带符号的数一律用补码表示，且符号参加运算，其运算结果也用补码表示。若运算结果的符号位为"0"，则表示结果为正数，若运算结果的符号位为"1"，则表示结果为负数，它们是以补码形式表示的。如果想用原码表示，就要解决由补码求原码的问题。方法很简单，只要对补码再求补即可。即

$$[X]_{\text{原}}=[[X]_{\text{补}}]_{\text{补}} \tag{1-7}$$

【例 1-25】 已知 $[X]_{\text{补}}=11101100B$，求 X。

解 $\qquad\qquad [X]_{\text{原}}=[[X]_{\text{补}}]_{\text{补}}=10010100B$

$$X=-10100B=-20$$

1.4.2 补码的运算

两个 n 位二进制数补码的运算具有如下规则。

(1) $\qquad\qquad [X+Y]_{\text{补}}=[X]_{\text{补}}+[Y]_{\text{补}}(\text{mod } 2^n) \tag{1-8}$

即两个 n 位二进制数之和的补码等于两数补码之和。

当带符号两数采用补码形式表示时，进行加法运算可以把符号位和数值位一起进行运算（若符号位有进位，则丢掉），结果为两数之和的补码形式。

(2) $\qquad\qquad [X-Y]_{\text{补}}=[X]_{\text{补}}-[Y]_{\text{补}}(\text{mod } 2^n) \tag{1-9}$

即两个 n 位二进制数之差的补码等于两数补码之差。

带符号的两个数采用补码形式表示时，进行减法运算可以把符号位和数值位一起进行运算（若符号位有借位，则丢掉）结果为两数之差的补码形式。

(3) $\qquad\qquad [X-Y]_{\text{补}}=[X]_{\text{补}}+[-Y]_{\text{补}}(\text{mod } 2^n) \tag{1-10}$

即两个 n 位二进制数之差的补码等于第一个数的补码与第二个数负数的补码之和。

这里的 $[-Y]_{\text{补}}$ 称为对补码数 $[Y]_{\text{补}}$ 变补或求负，其规则为：对 $[Y]_{\text{补}}$ 的每一位（包括符号位）按位取反加 1，则结果就是 $[-Y]_{\text{补}}$。当然也可直接对－Y 求补码，结果也是相同的。式(1-10) 称为"变补相加法"。

在设计运算器时，利用这一公式使减法运算以"变补相加法"实现，可使运算器的结构得到简化。这是补码表示法的又一优点。

【例 1-26】 已知 $X=81$，$Y=60$，求 $[X-Y]_{\text{补}}$。

解法 1 $[X]_{\text{补}}=01010001B$，$[Y]_{\text{补}}=00111100B$

由式(1-9),得

$\qquad [X-Y]_{\text{补}}=00010101B$

解法 2 $[X]_{\text{补}}=01010001B$，$[-Y]_{\text{补}}=11000100B$

由式(1-10)得

$\qquad [X-Y]_{\text{补}}=00010101B$

注意，在字长为 n 位的机器中，最高位向上的进位是自然丢失的，本例就是这样的情况。

解法 1 和解法 2 的结果完全一致，再次说明了当两个符号数均用补码表示时，减法运算可以变为加法运算实现。

【例 1-27】 已知 $X=60$，$Y=81$，求 $[X-Y]_补$。

解 $$[X]_补=00111100B, \quad [Y]_补=01010001B$$
$$[-Y]_补=10101111B$$

由式(1-10)得

$$[X-Y]_补=11101011B$$

最高位 D_7 为 1，表明该数为负数，将后面 7 位 $D_6 \sim D_0$ 按位取反加 1，得到真值为 $-0010101B$，即 $-21D$。

【例 1-28】 已知 $X=60$，$Y=81$，求 $[X+Y]_补$。

解 $$[X]_补=00111100B, \quad [Y]_补=01010001B$$

由式(1-8)得

$$[X+Y]_补=10001101B$$

两个 8 位二进制正数相加，其结果的符号位为 1，即和为负数，显然是错误的，原因是运算结果超出了 8 位二进制补码数的表示范围。对于一个 n 位带符号的二进制数，其原码、反码和补码都是有一定的表示范围的。表 1-3 为 8 位二进制数的原码、反码和补码的对照表。

表 1-3　8 位二进制数的表示形式

机 器 数	无符号数	原 码	反 码	补 码
00000000	0	+0	+0	+0
00000001	1	+1	+1	+1
…	…	…	…	…
01111111	127	+127	+127	+127
10000000	128	−0	−127	−128
10000001	129	−1	−126	−127
…	…	…	…	…
11111110	254	−126	−1	−2
11111111	255	−127	−0	−1

1.4.3　有符号数的表示范围

(1) 带符号数的表示范围

① 8 位二进制数的表示范围如下。

原码：11111111B～01111111B，即 $-127 \sim +127$。

反码：10000000B～01111111B，即 $-127 \sim +127$。

补码：10000000B～01111111B，即 $-128 \sim +127$。

当 8 位二进制数运算结果超出上述范围时，就会产生溢出。

② 16 位二进制数的表示范围如下。

原码：FFFFH～7FFFH，即 $-32767 \sim +32767$。

反码：8000H～7FFFH，即 $-32767 \sim +32767$。

补码：8000H～7FFFH，即 $-32768 \sim +32767$。

当 16 位二进制数运算结果超出上述范围时，就会产生溢出。

（2）带符号数运算时的溢出判断

两个带符号数进行加减运算时，运算结果超出上述范围，就发生了溢出错误。显然，溢出只会在两个同符号数相加或两个异符号数相减时发生。下述规则可用于判断运算结果是否溢出。

设最高位的进位（或借位）为 C_i，次高位向最高位的进位（或借位）为 C_{i-1}，若

$$C_i \oplus C_{i-1} = 1$$

则结果产生溢出，即最高位和次高位的进位（或借位）标记一个为 1，另一个为 0 时，说明有溢出，否则，没有溢出。

对于两个 8 位二进制数相加减时，若 $C_7 \oplus C_6 = 1$，则结果有溢出。

【例 1-29】 已知 $X = 01111000B$，$Y = 01101001B$，求 $X + Y$。

解 $[X]_{补} = 01111000B$，$[Y]_{补} = 01101001B$

$$\begin{array}{r} 0\,1\,1\,1\,1\,0\,0\,0B \\ +)\ 0\,1\,1\,0\,1\,0\,0\,1B \\ \hline 1\,1\,1\,0\,0\,0\,0\,1B \end{array}$$

由于 $C_7 = 0$，$C_6 = 1$，$C_7 \oplus C_6 = 1$，故有溢出。事实上，两正数相加得负数，显然结果错误。

【例 1-30】 已知 $X = -60$，$Y = 81$，计算 $X - Y$。

解 $[X]_{补} = 11000100B$，$[Y]_{补} = 01010001B$

$\qquad\qquad\ [-Y]_{补} = 10101111B$

由式(1-10)

$$\begin{array}{r} 1\,1\,0\,0\,0\,1\,0\,0B \\ +)\ 1\,0\,1\,0\,1\,1\,1\,1B \\ \hline 1\,0\,1\,1\,1\,0\,0\,1\,1B \end{array}$$

由于 $C_7 = 1$，$C_6 = 0$，$C_7 \oplus C_6 = 1$，故有溢出。事实上，负数减正数得正数（最高位的进位 1 自然丢失），显然结果错误。另外，从 $-60 - 81 = -141$，可以看出结果超出了 8 位二进制数的表示范围，故产生溢出错误。

注意，无符号数和带符号数的溢出的条件是不一样的，因为它们可表示数的范围不一样。无符号数的溢出与否，仅由最高位向前是否有进位（或借位）决定；而对有符号数，则由最高位和次高位两位的进位（或借位）情况共同决定。一旦产生溢出，计算机会产生一个溢出中断，通知用户进行出错处理。

1.5 常用数据单位

（1）位（bit）

在计算机中最小的数据单位是二进制的一个数位。计算机中最直接、最基本的操作就是对二进制位的操作。我们把二进制数的每一位叫一个字位，或叫一个 bit。bit 是计算机中最基本的存储单元。

（2）字节（Byte）

一个 8 位的二进制数单元叫做一个字节，或称为 Byte。字节是计算机中最小的存储单元。其他容量单位还有千字节（KB）、兆字节（MB）、千兆字节（GB）以及兆兆字节

（TB）。它们之间有下列换算关系。

$$1B=8bits$$
$$K（Kilo，千）\quad 1KB=1024B=2^{10}B$$
$$M（Mega，百万，兆）\quad 1MB=1024KB=2^{20}B$$
$$G（Giga，十亿）\quad 1GB=1024MB=2^{30}B$$
$$T（Tril，万亿）\quad 1TB=1024GB=2^{40}B$$

（3）字

CPU 通过数据总线一次存取、加工和传送的数据称字，一个字由若干个字节组成。

（4）字长

一个字中包括二进制数的位数叫字长。例如，一个字由两个字节组成，则该字字长为 16 位。

较长的字长可以处理位数更多的信息，不同类型计算机的字长是不同的，"字长"是计算机功能的一个重要标志，"字长"越长表示功能越强。字长是由 CPU 芯片决定的，例如，80286CPU 字长为 16 位，即一个字长为两个字节，目前主流 CPU 的字长是 64 位。

1.6　微型计算机系统组成

微型计算机系统由硬件和软件两大部分组成。硬件是指构成计算机的实在的物理设备，是看得见、摸得着的物体。软件一般是指在计算机上运行的程序（广义的软件还包括由计算机管理的数据和以及有关的文档资料），是指示计算机工作的命令。

1.6.1　硬件系统

微型计算机系统的硬件由微型计算机和外部设备（包括输入设备和输出设备）组成。微型计算机包含微处理器（CPU）、存储器、输入输出接口及其他功能部件（如定时/计数器、中断系统）等，它们通过系统总线，即地址总线（AB）、数据总线（DB）和控制总线（CB）连接起来。图 1-2 为微型计算机硬件系统的结构框图。

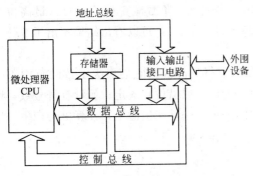

图 1-2　微型计算机硬件系统的结构框图

（1）微处理器（或中央处理单元，CPU）

微处理器是采用大规模集成电路技术生产的半导体芯片，芯片内集成了控制器、运算器和若干高速存储单元（即寄存器）。微处理器及其支持电路构成了微机系统的控制中心，对系统的各个部件进行统一的协调和控制。

① 运算器（又称算术逻辑单元，ALU）。运算器是一个数据加工部件，主要完成二进制算术运算及逻辑运算。新型 CPU 的运算器还可完成各种浮点运算。运算器的位数越多，计算的精度就越高。

② 控制器。控制器一般由指令寄存器、指令译码器和操作控制电路组成。它是 CPU 的指挥控制部件，通过指令译码产生各操作控制信号，控制各部件有条不紊地工作。具体功能是：依次从内存中读出一系列指令，并进行解释和处理，然后向计算机各部件发出相应的控

制信号，有序地控制各部件完成规定的操作。同时微型计算机还应具有响应外部突发事件的能力，控制器能在适当的时刻响应这些外部的请求，并作出处理。

③ 寄存器。寄存器是 CPU 内部的临时存储单元，它可分为专用寄存器和通用寄存器。专用寄存器用来存放特定的数据或地址，如堆栈指针（SP）、程序计数器（PC）和标志寄存器等。通用寄存器则由程序员规定用途，可用来存放地址和数据，减少 CPU 访问存储器的次数，提高运行速度。

（2）存储器（Memory）

存储器用来存储以二进制形式表示的数据和程序。为解决容量与成本的矛盾，通常存储器由内存储器和外存储器构成。

① 内存储器。由半导体存储器构成，特点是速度快，但成本高。程序和数据运行时，存放在内存中。

② 外存储器。由磁盘、磁带、光盘、U 盘（优盘，也称闪存盘）等构成，特点是容量大、成本低，可脱机保存信息，存放暂时不用的程序和数据。

（3）输入输出（I/O）设备和输入输出接口

输入输出设备是指微机上配备的输入（Input）设备和输出（Output）设备，也称外部设备或外围设备，简称外设（Peripheral），其作用是让用户与微机实现交互。

微型计算机上配置的标准输入设备是键盘，标准输出设备是显示器，二者又合称为控制台。微机还可选择鼠标器、打印机、绘图仪、扫描仪等 I/O 设备。作为外部存储器驱动装置的磁盘驱动器，既是输出设备，又是输入设备。

由于 I/O 设备种类繁多，结构、原理也不同，有机械式、电子式和电磁式等，它们的工作速度、驱动方法差别很大，无法与微处理器直接匹配，所以不可能将它们直接连接到微机主机。这就需要通过一个中间部件来充当主机和外设间的桥梁，由该部件来完成信号变换、数据缓冲、联络控制等工作，该部件就称为输入输出接口（I/O 接口）。I/O 接口有时又称为适配器（I/O adapter）。在微机中，较复杂的 I/O 接口电路常制成独立的电路板，也常被称为接口卡（Card），使用时将其插在微机主板上。

（4）系统总线

总线是由一组导线和相关电路组成，是各种公共信号线的集合，是微机各部分传递信息的"信息高速公路"。这里的系统总线（System Bus）是指微机系统中，CPU、存储器和 I/O 接口之间进行信息交换的总线。系统总线包括地址总线、数据总线和控制总线。

① 地址总线（Address Bus，AB）。地址总线用于传送 CPU 发出的地址信息，是单向总线。在该组信号线上，微处理器输出将要访问的主存单元或 I/O 端口的地址信息。地址线的多少决定了系统能够直接寻址存储器的容量大小和外设端口范围。

② 数据总线（Data Bus，DB）。数据总线用来在 CPU 与存储器以及 I/O 接口之间传送指令代码和数据信息，是双向总线。数据线的多少决定了一次能够传送数据的位数。通常微处理器的位数和外部数据总线位数一致。

③ 控制总线（Control Bus，CB）。控制总线用来传送使微机各个部件协调工作的控制信号、时序信号和状态信息等，从而保证正确执行指令所要求的各种操作。其中一类是 CPU 向存储器和外设发出的信息；另一类是存储器或外设向 CPU 发出的信息。可见，控制总线中每一根线的传输方向是一定的，即单向的，但控制总线作为一个整体是双向的。

1.6.2　软件系统

为解决某些特定问题所编制的具有特定功能的各种程序、文件、数据等统称为计算机软件系统。计算机的软件系统可分为系统软件和应用软件两类。

系统软件是为了最大限度地发挥计算机功能，便于使用、管理和维护计算机硬件的软件，它也是应用软件的支撑软件，可以为应用软件提供良好的运行环境。

系统软件主要包括操作系统（OS）和系统实用程序。操作系统是一套复杂的系统程序，用于管理计算机的硬件与软件资源、进行任务调度、提供文件管理系统和人机接口等。系统实用程序包括各种高级语言的翻译/编译程序、汇编程序、数据库系统、文本编辑程序以及诊断和调试程序，此外还包括许多系统工具程序等。

应用软件是为了解决用户某一领域的实际问题而编制的计算机应用程序。具有明显针对性和专用性。例如，办公自动化系统、财务管理系统、数学计算程序、检测与控制程序、图像处理程序等。

习题 1

1-1　计算机中常用的计数制有哪些？

1-2　什么是机器码？什么是真值？

1-3　什么是原码、反码和补码？计算机中用补码表示带符号数有什么优点？

1-4　8 位和 16 位二进制数的原码、反码和补码的表示范围分别是多少？

1-5　简述微型计算机系统的基本硬件构成及各部分功能。

1-6　简述微型计算机的分类方法。

1-7　系统软件与应用软件的区别是什么？

1-8　微型计算机采用的总线结构有什么优点？它可分为哪几类总线？并说明相应的功能。

1-9　完成下列数制的转换。

(1) 1011.1101B＝（　　　　）D＝（　　　　）H；

(2) 110.101B＝（　　　　）D＝（　　　　）H；

(3) 166.25＝（　　　　）B＝（　　　　）H；

(4) 1011011.101B＝（　　　　）H＝（　　　　）BCD；

(5) 100001100011.01000101BCD＝（　　　　）D。

1-10　写出下列真值对应的原码、反码和补码。

(1) ＋1100110B；(2) －1000100B；(3) －86。

1-11　写出下列机器数分别作为原码、反码和补码时，其表示的真值分别是多少？

(1) 01101110B；(2) 10110101B

1-12　已知 X 和 Y 的真值，试分别计算 $[X+Y]_补$ 和 $[X-Y]_补$，并指出是否产生溢出（设补码均用 8 位二进制表示）。

(1) $X=+1000100B$，$Y=-0010010B$；

(2) $X=+1100001B$，$Y=+1000010B$；

(3) $X=-1101001B$，$Y=-1010101B$。

1-13　用十六进制写出下列字符的 ASCⅡ 码。

(1) NBA；(2) HELLO! 2009。

2 80C51 单片机的基本结构和工作原理

MCS-51 单片机是美国 Intel 公司开发的高档 8 位单片机系列，是在我国应用最为广泛的单片机系列。80C51 系列单片机是第三代单片机的代表，它包括了 Intel 公司发展 MCS-51 系列的新一代产品，如 8XC152、80C51FA/FB 等，还包括了 ATMEL、Philips、Siemens 等公司推出的以 80C51 为核心的大量各具特色的且与 MCS-51 兼容的单片机。本章将从硬件设计和程序设计的角度，介绍该系列单片机的基本结构及工作原理。

2.1 80C51 单片机的组成

80C51 系列单片机采用了 CMOS 技术，与 MCS-51 系列单片机相比，集成度高、速度快、功耗低。其基本组成框图如图 2-1 所示，下面对各组成部分进行简要介绍。

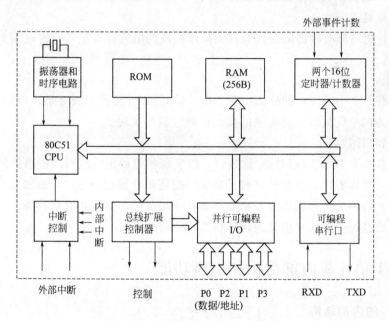

图 2-1 80C51 单片机的基本组成框图

（1）中央处理器（CPU）

单片机中央处理器和通用微处理器基本相同，只是增设了"面向对象"的处理功能。如位处理、查表、多种跳转、乘除法运算、状态检测、中断处理等，增强了实时性。

（2）存储器

目前微型计算机和单片机的存储器主要有两种结构，即哈佛（Harvard）结构和普林斯顿（Princeton）结构。所谓哈佛结构，是将程序存储器和数据存储器截然分开，分别寻址的结构；而普林斯顿结构，则是将程序和数据共用一个存储器空间的结构。80C51 系列单片机采用前者。

① 程序存储器（ROM）。程序存储器用来存放程序和始终要保留的常数。常用的有片

内掩膜 ROM、可编程 ROM（PROM）、可擦除可编程 ROM（EPROM）、电可擦除可编程型 ROM（E²PROM）。

8031 片内没有程序存储器；

8051 内部设有 4KB 的掩模 ROM 程序存储器；

8751 是将 8051 片内的 ROM 换成 EPROM；

89C51 则换成 4KB 的闪速 E²PROM；

89S51 结构同 89C51，4KB 的闪速 E²PROM 可在线编程；

增强型 52，54，58 系列的存储容量为普通型分别为 8KB，16KB，64KB。

② 数据存储器（RAM）。数据存储器存放程序运行中所需要的常数和变量。51 系列内部 RAM 容量为 128B，52 系列为 256B。

（3）I/O 接口

① 并行 I/O 接口。80C51 单片机内部有 4 个 8 位 I/O 接口，不仅可灵活地用作输入或输出，而且还具有多种功能。

② 串行口。80C51 单片机有一个全双工的串行口，以实现单片机和其他设备间的串行通信。该串行口还可作为同步移位器使用。

（4）时钟电路。

80C51 单片机内部有时钟电路，但石英晶体和微调电容需外接，时钟电路为单片机产生时钟脉冲序列。

（5）中断。

80C51 共有 5 个中断源，即外部中断 2 个，定时器/计数器中断 2 个，串行口中断 1 个，全部中断源分为两个优先级，优先级的高低可通过编程实现。

（6）定时器/计数器

80C51 共有 2 个 16 位的定时器/计数器，以实现精确的定时或对外部事件的计数功能。

从以上内容可以看出，单片机突破了常规的按逻辑功能划分芯片，由多片构成微型计算机的设计思想，将构成计算机的许多功能集成在一块晶体芯片上，它已具备了计算机的基本功能，实际上已经是一个简单的微型计算机系统了。

2.2 80C51 单片机内部结构和引脚功能

2.2.1 80C51 的内部结构

80C51 单片机的内部结构如图 2-2 所示。它主要由以下几个部分组成：1 个 8 位的中央处理器；4KB 的 EPROM/ROM；128B 的 RAM；32 条 I/O 线；2 个定时器/计数器；1 个具有 5 个中断源、2 个优先级的中断嵌套结构；用于多处理机通信、I/O 口扩展的全双工通用异步接收发送器（UART）；特殊功能寄存器（SFR）；1 个片内振荡器和时钟电路。这些部件通过内部总线连接起来，构成一个完整的微型计算机。下面按其部件功能分别予以介绍。

2.2.2 中央处理器（CPU）

中央处理器是单片机内部的核心部件，它决定了单片机的主要功能特性。中央处理器从功能上可分为运算器、控制器两部分。下面对这两部分以及涉及到的硬件分别进行介绍。

（1）运算器

运算器由运算逻辑单元 ALU、累加器 ACC（A）、暂存寄存器、B 寄存器、程序状态标

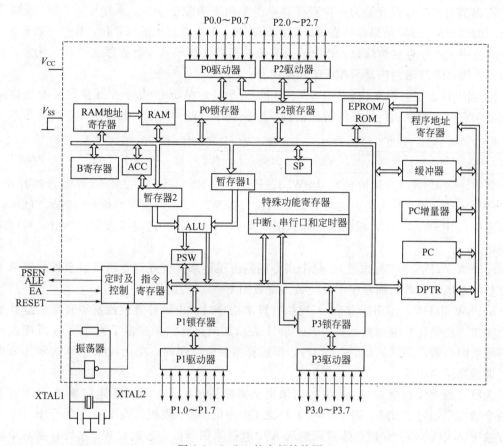

图 2-2 80C51 的内部结构图

志寄存器 PSW 以及 BCD 码运算修正电路等组成。

① 算术逻辑单元 ALU。算术逻辑单元 ALU 的结构如图 2-3 所示。ALU 功能十分强大，不仅可以对 8 位变量进行逻辑"与"、"或"、"异或"、循环求补、清零等基本操作，还可以进行加、减、乘、除等基本运算，并具有数据传输、程序转移等功能。为了乘除运算的需要，设置了 B 寄存器。

② 累加器 ACC。累加器 ACC（简称累加器 A）为一个 8 位寄存器，它是 CPU 中使用最频繁的寄存器。大部分单操作数指令的操作数取自累加器 A，很多双操作数指令的一个操作数取自累加器 A，加、减、乘和除等算术运算指令的运算结果都存放在累加器 A 或 AB 寄存器中，在变址寻址方式中累加器被作为变址寄存器使用。

需要注意的是，在 80C51 单片机，还有一部分可以不经过累加器 A 的传送指令，如：寄存器直接寻址单元之间；直接寻址单元与间接寻址单元之间；寄存器、直接寻址单元、间接寻址单元与立即数之间的传送指令。其目的是加快传送速度，减少累加器 A 的堵塞现象。

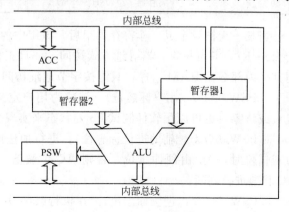

图 2-3 ALU 结构

③ B 寄存器。B 寄存器为 8 位寄存器，主要用于乘除指令中。乘法中，ALU 的两个输入分别为 A、B，运算结果存放在 AB 寄存器对中。A 中存放积的低 8 位，B 中存放积的高 8 位。除法中，A 中存放被除数，B 中放入除数，商数存放于 A，余数存放于 B。当然 B 寄存器也可作为一个普通的内部 RAM 单元使用。

④ 程序状态字。程序状态字 PSW(Program Status Word) 是一个逐位定义的 8 位标志寄存器，它保存指令执行结果的特征信息，以供程序查询和判别。其各位的定义如下。

PSW.7	PSW.6	PSW.5	PSW.4	PSW.3	PSW.2	PSW.1	PSW.0	
CY	AC	F0	RS1	RS0	OV	…	P	字节地址 D0H

其中，除 PSW.1（保留位）、PSW.3、PSW.4（RS0、RS1，工作寄存器选择控制位）及 PSW.5(F0，用户标志位）之外，其余四位：PSW.0(P，奇偶校验位）、PSW.2(OV，溢出标志位）、PSW.6(AC，辅助进位标志位）及 PSW.7(CY，进位标志位）都由运算结果直接决定。

a. PSW.0(P，奇偶标志位)。每个指令周期由硬件来置位或清零用以表示累加器 A 中 1 的位数的奇偶性，若累加器中 1 的位数为奇数则 P=1，否则 P=0。

b. PSW.2(OV，溢出标志位)。当执行算术指令时，由硬件置位或清零来指示运算是否产生溢出。在带符号的加减运算中，OV=1 表示加减运算结果超出了累加器 A 所能表示的有符号数的有效范围（-128～+127），即运算结果是错误的，反之，OV=0 表示无溢出产生，即运算结果正确。

无符号数乘法指令 MUL 的执行结果也会影响溢出标志，若置于累加器 A 和寄存器 B 的两个数乘积超过了 255，则 OV=1，反之 OV=0。由于乘积的高 8 位存放于 B 中，低 8 位存放于 A 中，OV=0 则意味着只要从 A 中取得乘积即可，否则要从 BA 寄存器对中取得乘积结果。

在除法运算中，DIV 指令也会影响溢出标志，当除数为 0 时，OV=1，否则 OV=0。

c. PSW.3，PSW.4(RS0，RS1，工作寄存器选择控制位)。该两位通过软件置"0"或"1"来选择当前工作寄存器组，具体见表 2-1。

表 2-1　工作寄存器组选择

RS1	RS0	所选中的寄存器组	RS1	RS0	所选中的寄存器组
0	0	寄存器 0 组(00H～07H)	1	0	寄存器 2 组(10H～17H)
0	1	寄存器 1 组(08H～0FH)	1	1	寄存器 3 组(18H～1FH)

当某一组被设定成工作寄存器组后，该组中的 8 个寄存器，从低地址到高地址就分别称为 R0～R7，并可按寄存器寻址方式访问。一旦工作寄存器组被指定后，另外三组寄存器则同其他内部数据 RAM 一样，只能按字节地址访问。

d. PSW.5(F0，用户标志位)。该位为用户定义的状态标记，用户根据需要用软件对其置位或清零，也可以用软件测试 F0 的状态来实现分支转移。

e. PSW.6(AC，辅助进位标志位)。进行加法或减法操作时，当发生低四位向高四位进位或借位时，AC 由硬件置位，否则 AC 位被清"0"。在进行十进制调整指令时，将借助 AC 状态进行判断。

f. PSW.7(CY，进位标志位)。在执行某些算术和逻辑指令时，可以被硬件或软件置位或清零。在算术运算中它可作为进位标志，表示运算结果中高位是否有进位或借位的状态。

在布尔操作中，它作累加器使用，在位传送、位与和位或等位操作中，都要使用进位标志位。

（2）控制器

控制器是单片机的神经中枢，与运算器一起组成中央处理器。在 80C51 单片机中，控制器电路包括程序计数器 PC、程序地址寄存器、指令寄存器、指令译码器、数据指针 DPTR、堆栈指针 SP、条件转移逻辑电路、缓冲器以及定时控制电路等。其功能是控制指令的读出、译码和执行，协调单片机各部分正常工作。

① 程序计数器 PC。PC（Program Counter）是中央控制器中最基本的寄存器，是一个独立的 16 位计数器，其内容为将要执行的指令地址，寻址范围可达 64KB。PC 有自动增"1"的功能，从而实现程序的顺序执行。PC 没有地址，是不可寻址的，因此用户不能对其进行读写，但可以通过跳转、调用、返回等指令改变其内容，以实现程序的转移。

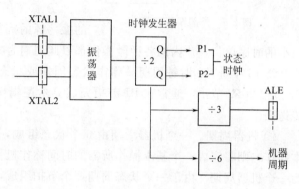

图 2-4 单片机时钟电路

② 数据指针 DPTR。数据指针是 80C51 中一个功能比较特殊的 16 位寄存器。主要是作为片外数据存储器寻址用的地址寄存器（间址寻址），故称数据指针。DPTR 也可作为访问程序存储器的基址寄存器。有关 DPTR 作地址寄存器和程序存储器的基址寄存器的详细内容参见第 3 章。

2.2.3 时钟电路及 CPU 工作时序

80C51 芯片内部有时钟电路，但晶体振荡器和微调电容必须外接。时钟电路为单片机产生工作所需的时钟脉冲序列，而时序电路所研究的是指令执行中各信号之间的相互关系。单片机本身就如同一个复杂的同步时序电路，为了保证同步工作方式的实现，电路应在唯一的时钟信号控制下严格地按时序进行工作。

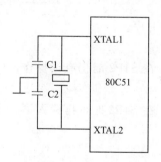

图 2-5 内部振荡电路

（1）时钟电路

80C51 单片机时钟电路如图 2-4 所示，时钟信号可由内部振荡方式或外部振荡方式得到。

内部振荡方式：在 80C51 芯片内部有一个高增益反相放大器，其输入端为芯片引脚 XTAL1，其输出端为引脚 XTAL2。只需要在片外通过 XTAL1 和 XTAL2 引脚跨接晶体振荡器和在引脚与地之间加接微调电容，形成反馈电路，振荡器即可工作，如图 2-5 所示。

外部振荡方式：把外部已有的时钟信号引入单片机内。该方式适宜用来使单片机的时钟信号与外部信号保持同步。外部振荡方式的外部电路如图 2-6 所示。

由图可见，外部振荡信号由 XTAL1 引入，XTAL2 端悬空不用。为了使进入单片机的时钟信号为 TTL 电平，通常使外部信号经过一个 TTL 反相器后接入 XTAL1。需要注意，

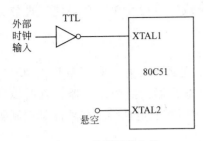

图 2-6　外部振荡电路

这里引入外部振荡信号的方式是针对 80C51 系列单片机的，对于其他系列的单片机情况会有所不同，读者应参考该系列单片机的有关资料。

（2）CPU 工作时序

下面首先介绍与 CPU 工作时序相关的几个基本概念。

① 振荡周期。振荡周期指为单片机提供定时信号的振荡源的周期或外部输入时钟的周期。振荡周期为最小的时序单位，片内的各种微操作都以此周期为时序基准。

② 时钟周期。时钟周期又称作状态周期或状态时间 S，它是振荡周期的两倍，它分为 P1 节拍和 P2 节拍，通常在 P1 节拍完成算术逻辑操作，在 P2 节拍完成内部寄存器之间的传送操作。

③ 机器周期。一个机器周期由 6 个状态组成，如果把一条指令的执行过程分作几个基本操作，则将完成一个基本操作所需的时间称作机器周期。单片机的单周期指令执行时间就为一个机器周期。由于一个状态周期 2 个节拍组成，而一个机器周期由 6 个状态组成，故一个机器周期共有 12 个振荡脉冲周期，可依次表示为 S1P1（状态 1 拍 1）、S1P2（状态 1 拍 2）……S6P2（状态 6 拍 2），因此机器周期就是振荡脉冲的 12 分频。

④ 指令周期。指令周期即执行一条指令所占用的全部时间，通常为 1～4 个机器周期。它是最大的时序定时单位。80C51 的指令周期根据指令的不同，可包含有一、二、四个机器周期。

当外接 12MHz 的晶振时，80C51 单片机的四个周期分别为：振荡周期＝$1/12\mu s$，时钟周期（状态周期）＝$1/6\mu s$，机器周期＝$1\mu s$，指令周期＝$1～4\mu s$。

80C51 共有 111 条指令，全部指令按其长度可分为单字节指令、双字节指令和三字节指令。执行这些指令所需要的机器周期数目是不同的，包括以下几种情况。

单字节单机器周期指令、单字节双机器周期指令、单字节四机器周期指令（乘法指令和除法指令）、双字节单机器周期指令、双字节双机器周期指令和三字节双机器周期指令（所有三字节指令均是双机器周期指令）。

图 2-7 所表示的是几种典型单机器周期和双机器周期指令的时序。

a. 单机器周期指令，如图 2-7(a)，(b) 所示。

单字节时，执行在 S1P2 开始，操作码被读入指令寄存器；在 S4P2 时仍有读操作，但被读入的字节（即下一操作码）被忽略，且此时 PC 并不增量。

双字节时，执行在 S1P2 开始，操作码被读入指令寄存器；在 S4P2 时，再读入第二个字节。

以上两种情况均在 S6P2 时结束操作。

b. 双机器周期指令，如图 2-7 (c)，(d) 所示。

单字节时，执行在 S1P2 开始，在整个两个机器周期中，共发生四次读操作，但是后三次操作都无效。

双字节时，执行在 S1P2 开始，操作码被读入指令寄存器；在 S4P2 时，再读入的字节被忽略。由 S5 开始送出外部数据存储器的地址，随后是读或写的操作。在读、写期间，ALE 不输出有效信号。

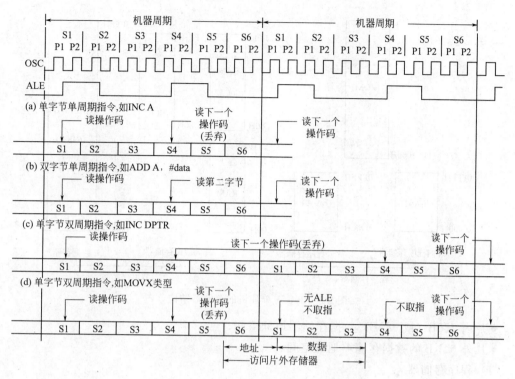

图 2-7　几种典型指令的取指、执行时序

　　图中的 ALE 信号是为地址锁存而定义的，该信号每有效一次对应单片机进行的一次读指令操作。ALE 信号以振荡脉冲六分之一的频率出现，因此在一个机器周期中，ALE 信号两次有效，第一次在 S1P2 和 S2P1 期间，第二次在 S4P2 和 S5P1 期间，有效宽度为一个状态。

　　需要说明的是，时序图中只表现了取指令操作的有关时序，而没有表现指令执行的内容。例如，算术/逻辑操作发生在节拍 1 期间，内部寄存器之间的传送发生在节拍 2 期间。

2.2.4　80C51 单片机的存储器结构

　　80C51 单片机系列的存储器采用的是哈佛（Harvard）结构，即将程序存储器和数据存储器截然分开，程序存储器和数据存储器各有自己的寻址方式、寻址空间和控制系统。

　　在 80C51 单片机中，不仅在片内驻留了一定容量的程序存储器和数据存储器及众多的特殊功能寄存器，而且还具有极强的外部存储器扩展能力，寻址范围分别可达 64KB，寻址和操作简单方便。

　　80C51 单片机的存储器、特殊功能寄存器（SFR）及位地址空间的结构如图 2-8 所示。

①　在物理上设有 4 个存储器空间。

- 程序存储器：片内程序存储器；
　　　　　　　　片外程序存储器。
- 数据存储器：片内数据存储器；
　　　　　　　　片外数据存储器。

②　在逻辑上设有 3 个存储器地址空间。

- 片内、片外统一的 64KB 程序存储器地址空间；

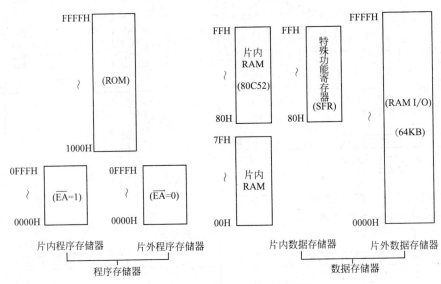

图 2-8　80C51 单片机的存储器结构

- 片内 256B（或 384B）数据存储器地址空间；
- 片外 64KB 的数据存储器地址空间。

（1）程序存储器

程序存储器内部结构参见图 2-8，程序存储器就是用来存放编好的程序和表格常数，它以程序计数器 PC 作地址指针。由于 80C51 单片机采用 16 位的程序计数器和 16 位的地址总线，因此，可寻址的地址空间为 64KB，且这 64K 地址是片内外连续、统一的。

① 片内程序存储器和片外程序存储器。整个程序存储器可分为两部分：片内程序存储器和片外程序存储器，可由 $\overline{EA}$ 引脚所接的电平高低决定。

$\overline{EA}=1$ 时，程序从片内程序存储器空间开始执行，即访片内程序存储器；当 PC 值超出片内 ROM 容量时，自动转向片外程序存储器空间执行。

$\overline{EA}=0$ 时，系统全部执行片外程序存储器程序。

需要说明的是，80C51 单片机内部有 4KB 的 E^2PROM，外部可扩展 64KB 的 ROM，但实际有效的程序存储器容量是 64KB，而不是 68KB。

对于片内无 ROM 的 80C31/80C32 单片机，应将 $\overline{EA}$ 引脚固定接低电平，以迫使系统全部执行片外程序存储器程序。

② 程序存储器特定的入口地址。程序存储器的某些地址被保留用于特定的程序入口地址，如复位控制和中断控制。表 2-2 为 80C51 单片机复位和中断程序入口地址表。

表 2-2　80C51 单片机复位和中断程序入口地址表

操　作	入口地址	操　作	入口地址
复位或非屏蔽中断	0000H	定时器/计数器 T1 溢出	001BH
外部中断 0	0003H	串行口中断	0023H
定时器/计数器 T0 溢出	000BH	定时器/计数器 T2/T2EX 下降沿（80C52 系列）	002BH
外部中断 1	0013H		

单片机复位后程序计数器 PC 的内容为 0000H，故系统必须从 0000H 单元开始取指令

来执行程序。一般在 0000H 或其他中断入口地址单元存放一条跳转指令（如 LJMP ××××H），加跳转指令的原因是：由于两个中断入口间仅有 8 个单元或更少，存放中断服务程序显然是不够的，中断服务程序必然放在别处，因此要转入实际的中断服务程序必须加跳转指令。

（2）数据存储器

数据存储器由随机存取存储器 RAM 构成，用于存放随机数据。80C51 单片机数据存储器可分为片内数据存储器和片外数据存储器，它们是两个独立的地址空间。

① 片内数据存储器。片内数据存储器包括片内数据 RAM 区和特殊功能寄存器（SFR）区，如图 2-9 所示。

对于 80C51 系列单片机，片内数据 RAM 区有 128 个字节，其编址为 00H～7FH；特殊功能寄存器区有 128 个字节，其编址为 80H～FFH；二者连续而不重叠。

对于 80C52 系列单片机，片内数据 RAM 区有 256 个字节，其编址为 00H～FFH；特殊功能寄存器区有 128 个字节，其编址为 80H～FFH。后者与前者高 128 个字节的编址是重叠的。由于访问它们所用的指令不同，并不会引起混乱。具体地说，究竟访问哪一个区是通过不同的寻址方式来加以区别，即访问高 128B RAM 时，应采用间接寻址方式；访问 SFR 区时，则应采用直接寻址方式（直接寻址方式是访问特殊功能寄存器的唯一方式）。

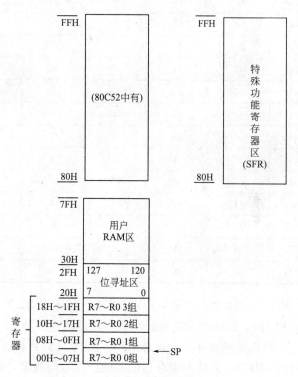

图 2-9 片内数据存储器地址空间分布图

a. 片内数据 RAM 区。片内数据 RAM 区由工作寄存器区、位寻址区和用户 RAM 区组成。

工作寄存器区：片内数据 RAM 区的 0～1FH 共 32 个字节单元，是 4 个通用工作寄存器组（表 2-1），每个组包含 8 个 8 位寄存器（R0～R7）。在某一时刻，只能选用一个工作寄存器组。究竟哪一组工作是通过软件对程序状态字（PSW）中的 RS0（PSW.3），RS1（PSW.4）位的设置来实现的。

位寻址区：片内数据 RAM 区的 20H～2FH 共 16 个字节单元，包含 128 位，是可位寻址的 RAM 区。这 16 个字节单元，既可进行字节寻址，又可实现位寻址。表 2-3 示出了字节地址与位地址之间的关系。

用户 RAM 区：片内数据 RAM 区的 30H～7FH 共 80 个字节单元，对用户 RAM 区的使用没有任何规定或限制，一般用于存放用户数据及作堆栈使用，可以采用直接字节寻址的方法访问。

表 2-3　字节地址与位地址的关系

字节地址	位 地 址							
	bit7	bit6	bit5	bit4	bit3	bit2	bit1	bit0
2FH	7F	7E	7D	7C	7B	7A	79	78
2EH	77	76	75	74	73	72	71	70
2DH	6F	6E	6D	6C	6B	6A	69	68
2CH	67	66	65	64	63	62	61	60
2BH	5F	5E	5D	5C	5B	5A	59	58
2AH	57	56	55	54	53	52	51	50
29H	4F	4E	4D	4C	4B	4A	49	48
28H	47	46	45	44	43	42	41	40
27H	3F	3E	3D	3C	3B	3A	39	38
26H	37	36	35	34	33	32	31	30
25H	2F	2E	2D	2C	2B	2A	29	28
24H	27	26	25	24	23	22	21	20
23H	1F	1E	1D	1C	1B	1A	19	18
22H	17	16	15	14	13	12	11	10
21H	0F	0E	0D	0C	0B	0A	09	08
20H	07	06	05	04	03	02	01	00

对于 80C52 型单片机，还有高 128B 的数据 RAM 区。这一区域只能采用间接字节寻址的方法访问，以区别于对特殊功能寄存器区（80H～FFH）的访问。

b. 特殊功能寄存器。内部 RAM 的高 128 字节单元为特殊功能寄存器区，其单元地址为 80H～FFH。因这些寄存器的功能已作专门规定，即用以存放相应功能部件的控制命令、状态或数据。故称为特殊功能寄存器（SFR）。

80C51 系列单片机设有 128 B 片内数据 RAM 结构的特殊功能寄存器空间区。除程序计数器 PC 和 4 个通用工作寄存器组外，其余所有的寄存器都在这个地址空间内。

对于 80C51 系列单片机，共定义了 21 个特殊功能寄存器，其名称和字节地址列于表 2-4 中。对于 80C52 型单片机，除上述 80C51 的 21 个之外，还增加了 5 个特殊功能寄存器，共计 26 个，其名称、符号及地址单元列于表 2-4 中。从表中可以看出在 128 B 空间中存在着许多空闲地址，这为 80C51 系列单片机功能的增加提供了极大的可能性，但就目前而言用户对空闲地址的操作是无意义的。

对特殊功能寄存器只能用直接寻址方式访问，书写时既可以使用寄存器符号，也可以使用寄存器单元地址。例如：ACC 或 0E0H，P1 或 90H，TMOD 或 89H。

在 80C51/52 型单片机中，有 11/12 个寄存器是可以位寻址的，它们的共同特点是字节地址正好能被 8 整除，而且字节地址与该字节最低位的位地址相同。特殊功能寄存器的这些位大多有着专门的定义和用途。

表 2-4　特殊功能寄存器名称、符号及地址一览表

专用寄存器名称	符号	地址	位地址与位名称							
			D7	D6	D5	D4	D3	D2	D1	D0
P0 口	P0	80H	87	86	85	84	83	82	81	80
堆栈指针	SP	81H								
数据指针低字节	DPL	82H								
数据指针高字节	DPH	83H								
定时器/计数器控制	TCON	88H	TF1 8F	TR1 8E	TF0 8D	TR0 8C	IE1 8B	IT1 8A	IE0 89	IT0 88
定时器/计数器方式选择	TMOD	89H	GATE	C/$\overline{T}$	M1	M0	GATE	C/$\overline{T}$	M1	M0
定时器/计数器 0 低位	TL0	8AH								
定时器/计数器 1 低位	TH0	8BH								
定时器/计数器 0 高位	TL1	8CH								
定时器/计数器 1 高位	TH1	8DH								
P1 口	P1	90H	97	96	95	94	93	92	91	90
电源控制	PCON	97H	SMOD	—	—	—	GF1	GF0	PD	IDL
串行控制	SCON	98H	SM0 9F	SM1 9E	SM2 9D	REN 9C	TB8 9B	RB8 9A	TI 99	RI 98
串行数据缓冲区	SBUF	99H								
P2 口	P2	A0H	A7	A6	A5	A4	A3	A2	A1	A0
中断允许寄存器	IE	A8H	EA AF	— AE	ET2 AD	ES AC	ET1 AB	EX1 AA	ET0 A9	EX0 A8
P3 口	P3	B0H	B7	B6	B5	B4	B3	B2	B1	B0
中断优先级控制	IP	B8H	— BF	— BE	PT2 BD	PS BC	PT1 BB	PX1 BA	PT0 B9	PX0 B8
定时器/计数器 2 控制	T2CON	C8H	TF2 CF	EXF2 CE	RCLK CD	TCLK CC	EXEN2 CB	TR2 CA	C/$\overline{T2}$ C9	CP/$\overline{RL2}$ C8
定时器/计数器 2 自动重装低字节	RLDL	CAH								
定时器/计数器 2 自动重装高字节	RLDH	CBH								
定时器/计数器 2 低字节	TL2	CCH								
定时器/计数器 2 高字节	TH2	CDH								
程序状态字	PSW	D0H	C D7	AC D6	F0 D5	RS1 D4	RS0 D3	OV D2	— D1	P D0
累加器	ACC	E0H	E7	E6	E5	E4	E3	E2	E1	E0
B 寄存器	B	F0H	F7	F6	F5	F4	F3	F2	F1	F0

c. 堆栈及堆栈指针。堆栈是在片内数据 RAM 区中，数据先进后出或后进先出的区域。堆栈指针（stack pointer）在 80C51 单片机中存放当前的堆栈栈顶的存储单元地址的一个 8 位寄存器。

堆栈共有两种操作：进栈和出栈。不论是数据进栈还是数据出栈，都是对栈顶单元进行的，即对栈顶单元的写和读操作。

80C51 单片机的堆栈是向上生成的：进栈时，SP 的内容是增加的，即先 SP＋1，后写入数据；出栈时，SP 的内容是减少的，即先读出数据，后 SP−1。

系统复位后，SP 内容为 07H。如不重新定义，则以 07H 为栈底，压栈的内容从 08H 单元开始存放。考虑到 00H～1FH 单元为通用寄存器区，20H～2FH 为位寻址区，堆栈最好在内部 RAM 的 30H～7FH 中开辟，故通常在程序开始处将 SP 的内容初始化为 30H。

堆栈的使用有两种方式。一种是自动方式，即在调用子程序或中断时，断点地址自动进栈。从子程序返回时，断点地址自动弹回 PC。

另一种是指令方式，即使用专用的堆栈操作指令执行进栈出栈操作，进栈操作指令为 PUSH，出栈操作指令为 POP。例如：保护现场就是一系列指令方式的进栈操作；而恢复现场就是一系列指令方式的出栈操作。

② 片外数据存储器。片外数据存储器是在外部存放数据的区域，这一区域用寄存器间接寻址的方法访问，所用的寄存器为 DPTR，R1 或 R0。当用 R1，R0 寻址时，由于 R0，R1 为 8 位寄存器，因此最大寻址范围为 256 B；当用 DPTR 寻址时，由于 DPTR 为 16 位存器，因此最大寻址范围为 64 KB。

80C51 单片机的外部数据存储器和外部 I/O 口实行统一编址，并使用相同的 $\overline{RD}$，$\overline{WR}$ 作选通控制信号，均使用 MOVX 指令访问。

80C51 单片机有 16 位地址线，最多可扩展 64KB 外部数据存储器，这和 DPTR 所能寻址的最大范围一致。

2.2.5　80C51 单片机的引脚功能

80C51 有 40 引脚双列直插（DIP）和 44 引脚（QFP）封装形式。图 2-10 是 80C51/80C52 的封装图。

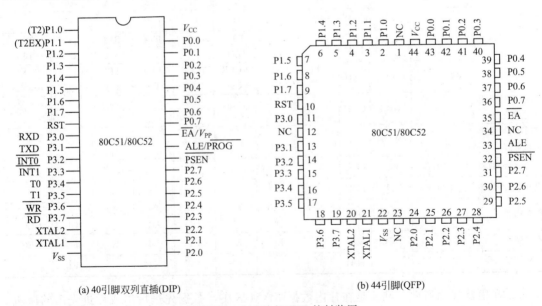

(a) 40引脚双列直插(DIP)　　　　(b) 44引脚(QFP)

图 2-10　80C51/80C52 的封装图

（1）信号引脚介绍

① P0.0～P0.7。P0.0～P0.7 是 P0 口 8 位双向口线。P0 口是漏极开路的双向 I/O 口，当使用片外存储器（ROM 及 RAM）时，作地址和数据总线分时复用。在程序校验期间，输出指令字节（这时，需加外部上拉电阻）。P0 口（作为总线时）能驱动 8 个 LSTTL

负载。

②　P1.0～P1.7。P1.0～P1.7 是 P1 口的 8 位双向口线。P1 口是准双向 I/O 口,具有内部上拉电阻。在编程/校验期间,用做输入低位字节地址。P1 口可以驱动 4 个 LSTTL 负载。

③　P2.0～P2.7。P2.0～P2.7 是 P2 口的 8 位双向口线。P2 口也是准双向 I/O 口,具有内部上拉电阻。当使用片外存储器(ROM 及 RAM)时,输出高 8 位地址。在编程/校验期间,接收高位字节地址。P2 口可以驱动 4 个 LSTTL 负载。

④　P3.0～P3.7。P3.0～P3.7 是 P3 口的 8 位双向口线。P3 口也是准双向 I/O 口,具有内部上拉电阻。P3 还提供各种替代功能。在提供这些功能时,其输出锁存器应由程序置 1。P3 口可以驱动 4 个 LSTTL 负载。

⑤　ALE/$\overline{\text{PROG}}$。ALE/$\overline{\text{PROG}}$ 是地址锁存允许信号。在系统扩展时,ALE 用于将 P0 口输出的低 8 位地址锁存到外部地址锁存器,以实现 P0 口低位地址和数据的分时复用。此外在不访问外部存储器时,ALE 是以晶振频率的 1/6 的固定频率输出正脉冲,故它也可以作为外部时钟源或外部定时脉冲源使用。第二功能 $\overline{\text{PROG}}$ 是对 80C51 单片机编程时作为编程脉冲的输入端。ALE 可以驱动 8 个 LSTTL 负载。

⑥　$\overline{\text{PSEN}}$。$\overline{\text{PSEN}}$ 是片外程序存储器选通信号,低电平有效。在从片外程序存储器取指期间,在每个机器周期中,当 $\overline{\text{PSEN}}$ 有效时,程序存储器的内容被送上 P0 口(数据总线)。$\overline{\text{PSEN}}$ 可以驱动 8 个 LSTTL 负载。

⑦　$\overline{\text{EA}}$/V_{PP}。$\overline{\text{EA}}$/V_{PP} 是访问外部程序存储器选通信号。当其为低电平时,对 ROM 的读操作限定为外部存储器;当其为高电平时,对 ROM 的读操作是从内部开始的,当 PC 值大于内部程序存储器地址范围时,CPU 自动转向读外部程序存储器。第二功能 V_{PP} 用于编程时接入 21V 或 12V 的编程电压。

⑧　RST。RST 为复位输入信号,高电平有效。在振荡器工作时,在 RST 上作用两个机器周期以上的高电平,将单片机复位。

⑨　XTAL1 和 XTAL2。当使用芯片内部时钟时,这两根引线用于外接石英晶体和微调电容;当使用外部时钟时,用于接外部时钟脉冲信号。详细内容可参见 2.2.3 节时钟电路及 CPU 工作时序。

⑩　V_{CC} 和 V_{SS}。V_{CC} 在运行和程序校验时加＋5V。V_{SS} 接地。

以上为 89C51 单片机芯片引脚的定义和简单说明。

(2) 信号引脚的第二功能

由于单片机芯片的引脚数目是有限的,而单片机为实现其功能所需要的信号数目要多于引脚数,为了解决这一矛盾,给一些信号引脚赋予双重功能。如将前述的信号定义为第一功能的话,则根据需要再定义的信号就是它的第二功能。

具有第二功能的引脚有 ALE/$\overline{\text{PROG}}$,$\overline{\text{EA}}$/V_{PP} 及 P3.0～P3.7,ALE/$\overline{\text{PROG}}$,$\overline{\text{EA}}$/V_{PP} 的第二功能前面已经介绍,下面给出 P3 口线的第二功能,具体定义如下。

P3.0——RXD(串行输入口),输入。

P3.1——TXD(串行输出口),输出。

P3.2——$\overline{\text{INT0}}$(外部中断 0),输入。

P3.3——$\overline{\text{INT1}}$(外部中断 1),输入。

P3.4——T0(定时器 0 外部输入),输入。

P3.5——T1（定时器 1 外部输入），输入。

P3.6——$\overline{WR}$（片外数据存储器写选通），输出，低电平有效。

P3.7——$\overline{RD}$（片外数据存储器读选通），输出，低电平有效。

由于一般情况下，第一功能与第二功能是单片机在不同的工作方式下的信号，不会发生使用上的矛盾，但是 P3 口的状况有所不同，它的第二功能信号都是单片机的重要控制信号，因此在实际使用时，先要保证第二功能信号，剩下的口线才能利用其第一功能（数据位的输入输出）。

2.2.6　布尔（位）处理器

在 80C51 单片机系统中，与字节处理器相对应，有一个功能相对独立的布尔（位）处理机，这是 80C51 系列单片机的突出优点之一，给"面向控制"的实际应用带来了极大的方便。

布尔（位）处理机借用进位标志 CY 作为位累加器，在布尔运算中，CY 是数据源之一，又是运算结果的存放处，位数据传送的中心。根据 CY 的状态，程序转移，如 JC rel，JNC rel 等。

布尔（位）处理机的位存储器包括位寻址的 RAM（RAM 区中的 0～127 位，包含在 20H～2FH 单元内）和位寻址的寄存器（特殊功能寄存器（SFR）中的可以位寻址的位），其中并行 I/O 口中的每一位均可位寻址。

布尔（位）处理机指令系统中有 17 条专门进行位处理的指令集，可以实现对位的置位、清 0、取反、转送、逻辑运算、控制转移等操作。如指令 JBC bit，rel，当 bit＝1 时，就对该 bit 位清 0，然后转移到 rel 处；否则，程序顺序执行。有关位操作指令的使用将在第 3 章详细介绍。

利用位逻辑操作功能进行随机逻辑设计，可把逻辑表达式直接变换成软件执行，方法简便，免去了过多的数据往返传送、字节屏蔽和测试分支，大大简化了编程，节省了存储器空间，加快了处理速度，增强了实时性能。还可实现复杂的组合逻辑处理功能。所有这些，特别适用于某些数据采集、实时测控等应用系统。这是其他微机机种所无可比拟的。

2.3　80C51 单片机的工作方式

80C51 单片机工作方式有复位方式、程序执行方式、低功耗方式等工作方式，下面分别予以介绍。

2.3.1　复位方式

（1）复位功能

复位也叫初始化，其主要功能是使 CPU 和系统中其它部件都处于一个确定的初始状态，并从这个状态开始工作。例如初始化置 PC 值为 0000H，使单片机从 0000H 单元开始执行程序。除了进入系统的正常初始化之外，当由于程序运行出错或操作错误使系统处于死锁状态时，为摆脱困境，也需按复位键以重新启动。

除 PC 之外，复位操作还对其他一些特殊功能寄存器有影响，它们的复位状态见表 2-5，表中×＝0 或 1。

表 2-5　80C51 复位状态表

寄存器	复位时内容	寄存器	复位时内容
PC	0000H	IE	0×000000B
ACC	00H	TL0	00H
B	00H	TH0	00H
PSW	00H	TL1	00H
SP	07H	TH1	00H
DPTR	0000H	SCON	00H
P0～P3	FFH	SBUF	不定
TMOD	00H	PCON	0×××0000B
TCON	00H	IP	××000000B

复位操作还对单片机的个别引脚信号有影响。例如在复位期间,ALE 和 $\overline{\text{PSEN}}$ 信号变为无效状态,即 ALE=1, $\overline{\text{PSEN}}$ =1。片内 RAM 不受复位操作影响,V_{CC} 加电时,RAM 内容不变。只要 RESET 引脚保持高电平,单片机将循环复位。

（2）复位信号

RST 引脚是复位信号的输入端。复位信号是高电平有效,高电平时间应持续 24 个振荡脉冲周期（即两个机器周期）以上。若使用频率为 12MHz 的晶振,则复位信号持续时间应超过 $2\mu s$ 才能完成复位操作。产生复位信号的电路逻辑图如图 2-11 所示。

整个复位电路包括芯片内、外两部分。外部电路产生的复位信号（RST）送斯密特触发器,再由片内复位电路在每个机器周期的 S5P2 时刻对斯密特触发器的输出进行采样,然后才得到内部复位操作所需要的信号。

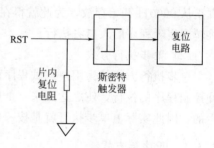

图 2-11　复位电路逻辑图

（3）复位方式

复位操作有上电自动复位、按键电平复位和外部脉冲复位三种方式,如图 2-12 所示。

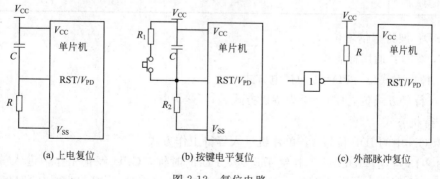

(a) 上电复位　　　　(b) 按键电平复位　　　　(c) 外部脉冲复位

图 2-12　复位电路

最简单的上电复位电路如图 2-12(a) 所示。上电瞬时,电源（V_{CC} = +5V）对 RC 电路充电,在 RST 引脚出现正脉冲。只要使 RST 引脚保持 $10\mu s$ 以上高电平,就能使单片机可靠复位,故通常选 $C=10\mu F$, $R=8.2k\Omega$。

按键电平复位电路如图 2-12(b) 所示。当按下按钮时，电源对电容 C 充电，使复位端 RST 达到高电平，此高电平只要持续 2 个机器周期以上，即可达到复位的目的。松开按钮后，电容通过单片机内部电阻放电，逐渐使 RST 恢复为低电平，就完成了一个复位过程。

实际上，图 2-12(b) 兼有上电复位功能和按键复位功能，容易看出，当按键松开时，图 2-12(b) 和图 2-12(a) 是完全一样的。电阻电容参数可取 $R_1 = 200\Omega$，$R_2 = 8.2\text{k}\Omega$，$C = 10\mu F$。在实际的工程应用中，如果没有特殊要求，一般都采用这种复位方式。

外部脉冲复位电路如图 2-12(c) 所示。它是由外部提供一个复位脉冲，此复位脉冲应保持宽度大于 2 个机器周期。复位脉冲过后，由内部下拉电阻保证 RST 端的低电平。

2.3.2　程序执行方式

程序执行方式是单片机的基本工作方式，通常可分为连续执行工作方式和单步执行工作方式。

（1）连续执行方式

连续执行方式是 80C51 单片机的正常工作方式，单片机在这种方式下按照程序一步一步地完成程序所规定的任务。

由于复位后 PC＝0000H，因此程序执行总是从地址 0000H 开始的。但一般程序并不是真正从 0000H 开始存放，为此就得在 0000H 开始的单元中存放一条无条件转移指令，以便跳转到实际程序的入口去执行。

（2）单步执行方式

单步执行方式是为用户调试程序而专门设立的一种工作方式。所谓单步就是通过外来脉冲控制程序的执行，使之达到来一个脉冲就执行一条指令的目的。而外来脉冲是通过按键产生的，因此实际上单步执行就是按一次按键执行一条指令。

2.3.3　低功耗方式

80C51 有两种低功耗方式，即待机方式和掉电方式。两种方式所涉及的硬件如图 2-13 所示。这两种方式都是由特殊功能寄存器中的电源控制寄存器（PCON）的有关位来控制的。PCON 是一个逐位定义的 8 位寄存器，其格式如下。

位序	D7	D6	D5	D4	D3	D2	D1	D0
位符号	SMOD	—	—	—	GF1	GF0	PD	IDL

SMOD：波特率倍增位。

GF0，GF1：通用标志位。

PD：掉电方式位，PD＝1 为掉电方式。

IDL：待机方式位，IDL＝1 为待机方式。

（1）待机方式

将 PCON 中的 IDL 位置 1，单片机进入等待工作方式。

由图 2-13 可见，$\overline{\text{IDL}}＝0$，封锁了送入 CPU 的时钟，CPU 停止工作，进入等待状态。而时钟信号仍继续供给中断系统、串行口和定时器，中断系统、串行口和定时器仍保持工作状态；CPU 的状态被全部保持下来，程序计数器 PC、全部特殊功能寄存器 SFR 和内部 RAM 中的内容也保持不变；ALE，$\overline{\text{PSEN}}$ 均为高电平。此时，单片机功耗比程序执行方式大大降低。

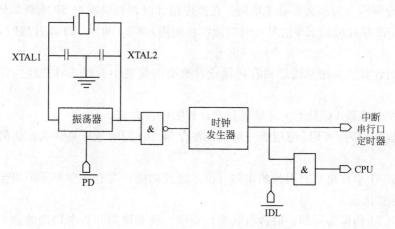

图 2-13 低功耗工作方式控制电路图

退出待机方式有两种方法。

第一种方法是中断退出。在待机方式下，若引入一个外中断请求信号，在单片机响应中断的同时，PCON.0 位（即 IDL 位）被硬件自动清"0"，单片机就退出待机方式而进入正常工作方式。在中断服务程序中只需安排一条 RETI 指令，就可以使单片机恢复正常工作后，返回断点继续执行程序。

第二种方法是硬件复位退出。此时按一下复位按钮，或在 RST 引脚上送一个脉宽大于两个机器周期的脉冲，PCON 中的 IDL 被硬件清 0，CPU 重新开始执行用户程序。

PCON 中的通用标志位 GF0 和 GF1 可用来指示中断是在正常运行期间，还是在待机工作方式期间发生的。GF0 和 GF1 可通过软件置位或清 0。

（2）掉电保护方式

将 PCON 中的 PD 置位，单片机就进入掉电工作方式。当 80C51 单片机，在检测到电源故障时，除进行信息保护外，还应把 PCON.1 位置"1"，使之进入掉电方式。此时单片机一切工作都停止，只有内部 RAM 和特殊功能寄存器 SFR 中的数据被保存。ALE，$\overline{PSEN}$均为低电平。此时单片机的功耗降至最低。

需要强调的是：当单片机进入掉电方式时，必须使外围器件和设备均处于禁止状态。如有必要，应断开这些电路电源，以使整个系统的功耗降到最低。

要退出掉电工作方式，只有用硬件复位。复位后，SFR 中的内容将被初始化，但内部RAM 的内容不变。

单片机还有一种工作方式，即编程与加密工作方式。单片机的编程与加密通常是由专门的设备来完成的，这种设备称为编程器或烧录器。编程器产品的种类很多，功能也不尽相同。基于上述原因，本书对此种工作方式不予介绍。

习题 2

2-1 80C51 单片机包含哪些主要逻辑功能部件？各个逻辑功能部件的主要功能是什么？

2-2 80C51 单片机的存储结构有何特点？简述 80C51 单片机的存储空间的分配。

2-3 片内 RAM 低 128 字节单元分为哪三部分？各部分主要功能是什么？

2-4 程序状态字寄存器 PSW 中包含哪些标志位？各位的含义及用途是什么？

2-5 何为堆栈？为什么要设置堆栈？在程序设计时，有时需对 SP 重新赋值，为什么？

2-6 80C51 单片机的 $\overline{EA}$ 信号有何功能？在使用 80C31 和 89C51 单片机时，$\overline{EA}$ 信号应如何处理？

2-7 微型计算机采用总线结构有何优点？典型的微机中有哪几种总线？各传送什么类型的信息？

2-8 程序计数器 PC 是不可寻址寄存器，有哪些特点？

2-9 系统复位后，CPU 使用哪一组工作寄存器？它们的地址是什么？如何改变当前工作寄存器组？

2-10 80C51 单片机具有很强的布尔（位）处理功能？共有多少单元可以位寻址？采用布尔处理有哪些优点？

2-11 80C51 的振荡周期、时钟（状态）周期、机器周期和指令周期的含义及它们之间的关系是什么？当主频为 6MHz 时，机器周期是多少？执行一条指令最多需要多少时间？

2-12 单片机的复位方法有哪两种？复位后各寄存器及 RAM 中的状态如何？

2-13 80C51 单片机的 $\overline{PSEN}$，$\overline{RD}$，$\overline{WR}$，XTAL1 和 XTAL2 引脚各有何作用？单片机时钟电路分别采用内部和外部振荡方式时，XTAL1 和 XTAL2 引脚应如何连接？

2-14 单片机"面向控制"的应用特点，在硬件结构方面有哪些体现？

2-15 如何使 80C51 单片机工作于待机方式？又如何退出待机方式？

2-16 当 80C51 单片机，在检测到电源故障时，应如何处理？

3 80C51 单片机指令系统

我们知道微型计算机是由 CPU、存储器以及输入输出设备等部件组成的，这些部件统称为硬件。一台计算机只有硬件是不能正常工作的，必须配备各种各样的软件才能实现其运算和控制功能，而软件中最基础的部分就是计算机的指令系统。对单片机进行编程，首先要熟悉单片机的指令系统。对于不同的单片机，指令系统各不相同。本章介绍 80C51 单片机指令的分类、格式及寻址方式，然后较为系统地介绍指令系统。

3.1 概述

指令是计算机能够直接识别和执行的命令，一台计算机所能执行的全部指令的集合称为指令系统。80C51 系列单片机完全继承了 MCS-51 的指令系统，共有 111 条指令。

3.1.1 指令的分类

（1）按指令所占的字节数划分

① 单字节指令（49 条）；

② 双字节指令（46 条）；

③ 三字节指令（16 条）。

（2）按指令的执行时间划分

① 单周期指令（65 条）；

② 双周期指令（44 条）；

③ 四周期指令（2 条）。

（3）按指令的功能划分

① 数据传送类指令（28 条）；

② 算术运算类指令（24 条）；

③ 逻辑运算类指令（25 条）；

④ 控制转移类指令（17 条）；

⑤ 布尔（位）操作类指令（17 条）。

3.1.2 指令的格式

指令的表示方法称之为指令格式，其内容包括指令的长度和指令内部信息的安排等。80C51 单片机汇编语言指令由操作码和操作数两部分组成，其格式为

　　　　　操作码　　［操作数］

［　］中的内容表示可选项；操作码规定了指令所实现的操作功能；操作数表示操作的对象。操作数可能是一个具体的数据，也可能是指出取得数据的地址或符号。操作数常常由源操作数和目的操作数组成。在某些指令中，操作数仅有一个（如指令 INC R1 只有一个操作数）或没有（如空操作指令 NOP 没有操作数）。

源操作数是指令执行过程中所需的数据，目的操作数是指令操作的结果存放

地址。

3.1.3　指令中常用的符号

在说明和使用 80C51 单片机的指令时，经常使用一些符号。下面将所使用的一些符号的意义做一简单说明。

Rn：当前寄存器组的 8 个通用寄存器 R0～R7 中的一个。

Ri：可用作间接寻址的寄存器，只能是 R0 或 R1 寄存器，所以 i＝0，1。

Direct：内部 RAM 单元的 8 位地址，既可以指片内 RAM 的低 128 个单元地址，也可以指特殊功能寄存器的地址或符号名称，因此 direct 表示直接寻址方式。

♯data：8 位立即数，即 8 位二进制常数，取值范围是 00H～0FFH。

♯data16：16 位立即数，即 16 位二进制常数，取值范围是 0000H～0FFFFH。

addr16：16 位目的地址，只限于在 LCALL 和 LJMP 指令中使用。

addr11：11 位目的地址，只限于在 ACALL 和 AJMP 指令中使用。

rel：用补码形式表示的相对转移指令中的偏移量，取值范围是 －128～＋127。

DPTR：数据指针。

bit：内部 RAM(包括特殊功能寄存器) 中的直接寻址位。SFR 中的位地址可以直接出现在指令中。为了阅读方便，也可用 SFR 的名字和所在的数位表示。例如 PSW 中的奇偶校验位，既可写为 D0H，也可写为 PSW.0。

A：累加器 ACC。

B：B 寄存器。

C：进位标志位，是布尔处理机中的累加器，也称之为累加位。

@：间址寄存器或基址寄存器的前缀标志。

/：位地址的前缀标志，表示对该位操作数取反。

(×)：某寄存器或某单元的内容。

((×))：由×寻址的单元中的内容。

←：箭头左边的内容被箭头右边的内容所取代。

$：表示当前指令的地址。

3.2　寻址方式

指令由操作码和操作数组成，操作码规定了指令的操作性质，而参与这些操作的数就是操作数。这些操作数存放在什么地方，以什么方式寻找它们，操作完成后的结果又以什么方式存放，放在什么地方。从这个角度看，计算机执行程序实际上是一个不断寻找操作数并进行操作的过程。因此，将寻找操作数的方法定义为指令的寻址方式。

根据指令操作的需要，计算机有多种寻址方式。寻址方式越多，计算机的功能越强，灵活性越大，能更有效地处理各种数据，指令系统也就越复杂。80C51 系列单片机指令系统中共有以下 7 种寻址方式。

(1) 立即寻址

立即寻址是指将操作数直接存放在指令中，作为指令的一部分存放在代码段内。出现在指令中的操作数称为立即数，因此就将这种寻址方式称为立即寻址。为了与直接寻址指令中

的直接地址相区别,在立即数前面加前缀"♯"。例如

指令 MOV　A,♯90H

此指令的功能是将 8 位立即数 90H 送入累加器 A 中,如图 3-1 所示。

80C51 单片机有 8 位立即数和 16 位立即数,其中只有 MOV　DPTR,♯data16 指令的立即数为 16 位。例如

MOV　DPTR,♯1000H

此指令的功能是将 16 位立即数 1000H 送入数据指针寄存器 DPTR 中。

图 3-1　立即寻址示意图

(2) 直接寻址

直接寻址是将操作数的地址直接存放在指令中。这种寻址方式的操作数只能存放在片内数据存储器和特殊功能寄存器中。例如

MOV　A,3AH

此指令的功能是将内部数据存储器 3AH 单元中的内容送入累加器 A 中(如图 3-2 所示),即

(A)←(3AH)

如 3AH 单元的内容为 90H,则执行该指令后,累加器 A 中的内容为 90H。

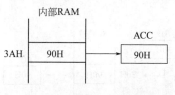

图 3-2　直接寻址示意图

直接寻址指令很多,读者在使用时必须注意以下几点。

① 当直接寻址的地址为特殊功能寄存器 SFR 时,可以使用 SFR 的名称,也可以使用 SFR 的物理地址。例如

MOV　A,P1

MOV　A,90H

以上两条指令的作用是完全相同的,即将 90H 单元的内容赋给累加器 A。为了阅读程序方便,通常采用第一种表示方式。

② 在 80C51 单片机中,累加器有三种表示形式 A,ACC,0E0H,例如

INC　A

INC　ACC

INC　0E0H

这三条指令的功能都是使累加器的内容加 1,但第一条指令是寄存器寻址,后两条指令是直接寻址。

③ 注意直接地址和位地址之间的区别。例如

MOV　A,30H

MOV　C,30H

第一条指令是将直接地址 30H 中的内容(8 位二进制数)送给累加器 A;第二条指令是将位地址 30H 中的内容(1 位二进制数)送给进(借)位标志位 C_Y。

④ 直接寻址是访问特殊功能寄存器的唯一方法。

(3) 寄存器寻址

此处的寄存器指 R0～R7、累加器 A、通用寄存器 B、数据指针寄存器 DPTR 和位累加位 C(即进位标志位 C)。

寄存器寻址是指在指令中将指定寄存器的内容作为操作数。因此指定了寄存器就能得到了操作数。例如

MOV　A，R0

此指令的功能是将 R0 中的内容送入累加器 A 中（如图 3-3 所示），即

(A)←(R0)

如通用寄存器 R0 中的内容为 80H，则执行该指令后，累加器 A 中的内容为 80H。

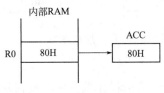

图 3-3　寄存器寻址示意图

（4）寄存器间接寻址

寄存器间接寻址是操作数存放在以寄存器内容为地址的单元中。可以看出，在寄存器寻址方式中，寄存器中存放的是操作数；而在寄存器间接寻址方式中，寄存器中存放的则是操作数的地址。这就是说，指令的操作数是通过寄存器间接得到的，因此，称为寄存器间接寻址。例如

MOV　A，@R0

该指令的功能是以 R0 中的内容作为地址，将此地址中的内容送入累加器 A 中（如图 3-4 所示），即

(A)←((R0))

如 R0 中的内容为 30H，30H 单元的内容为 90H，则执行该指令后，累加器 A 中的内容为 90H。

对于寄存器间接寻址应注意以下几点。

① 对于片内 RAM 低 128 单元，只能使用 R0 或 R1 为间址寄存器，其通用形式写为 @Ri(i=0，1)。

② 对于片外 RAM64KB 使用 DPTR 作为间址寄存器，其形式为 @DPTR，例如

MOVX　A,@DPTR

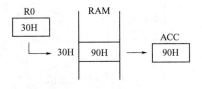

图 3-4　寄存器间接寻址示意图

其功能是把 DPTR 指定的片外 RAM 单元的内容送累加器 A。

③ 对于片外 RAM 低 256 单元，除可使用 DPTR 作为间址寄存器外，也可使用 R0 或 R1 作间址寄存器。例如：MOVX　A，@R0，即把 R0 指定的片外 RAM 单元的内容送累加器 A。

④ 堆栈操作指令（PUSH 和 POP）也应算作是寄存器间接寻址，即以堆栈指针（SP）作间址寄存器的间接寻址方式。

（5）变址寻址

变址寻址是指操作数存放在基址寄存器和变址寄存器的内容相加形成的数为地址的单元中。其中基址寄存器为数据指针寄存器 DPTR 或程序计数器 PC，变址寄存器为累加器 A。例如

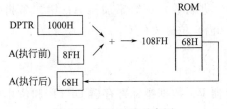

图 3-5　变址寻址示意图

MOVC　A，@A+DPTR

该指令的功能是将累加器 A 的内容与数据指针寄存器 DPTR 中的内容相加，并将相加的结果作为地址，然后将该地址的内容送入 A 中（如图 3-5 所示）。即

(A)←((A)+(DPTR))

如 DPTR 的内容为 1000H，累加器 A 的内容为 8FH，程序存储器 108FH 单元的内容为 68H，则执行指令后累加器 A 的内容为 68H。

对 80C51 系列的指令系统中的变址寻址指令有如下特点。

① 变址寻址方式只能对程序存储器进行寻址，或者说是专门针对程序存储器的寻址方式。

② 变址寻址指令只有如下三条。

MOVC　A，@A＋DPTR

MOVC　A，@A＋PC

JMP　　@A＋DPTR

其中，前两条是程序存储器读指令，后一条是无条件转移指令。

③ 尽管变址寻址方式复杂，但这三条指令却都是单字节指令。

④ 变址寻址方式用于查表操作，还可用于散转操作。

（6）相对寻址

相对寻址是将程序计数器 PC 的当前值与指令第二字节给出的偏移量相加，从而形成转移的目标地址。这个偏移量是相对于 PC 当前值而言，故称为相对寻址。相对寻址方式是为实现程序的相对转移而设立的。例如

JC　60H

该指令表示若进位位 C 为 0，则程序计数器 PC 中的内容不变，即不转移；若进位位 C 为 1，则以程序计数器 PC 中当前值为基地址，加上偏移量 60H 后所得结果作为该转移指令的目的地址，其执行示意图如图 3-6 所示。

假设上述指令存放在 1000H，1001H，则执行该指令后，PC 的当前值为 1002H。如果进位位 C＝0，则顺序执行；如果 C＝1，则程序转移到 1062 处继续执行。

对相对转移指令需作如下说明。

① 80C51 系列单片机的指令系统中，以"rel"表示偏移量，把 PC 的当前值加上偏移量就构成了程序转移的目的地址。而 PC 的当前值

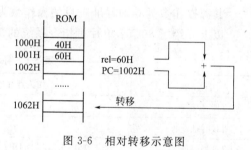

图 3-6　相对转移示意图

是指执行完转移指令后的 PC 值，即转移指令的 PC 值加上它的字节数。因此转移的目的地址可用如下公式表示。

$$目的地址＝转移指令所在地址＋转移指令字节数＋rel$$

② 偏移量 rel 是一个带符号的 8 位二进制补码数，所能表示的数的范围是 −128〜+127。

③ 在编程时，相对寻址中的偏移量往往用符号代替，此符号就是要跳转到目标地址的那条指令的标号。这样可使编程人员省去用补码计算偏移量的麻烦，但必须保证程序的跳转范围在 −128〜+127 之间，超出此范围程序就会出错。

（7）位寻址

位寻址是指对片内 RAM 中 20H〜2FH 的 128 个位地址，以及 SFR 中的 11 个可进行位寻址的寄存器中的位地址寻址。位寻址方式与直接寻址方式的执行过程相似，所不同的是指令中的地址是位地址而不是存储器单元地址。

对这些寻址位在指令中有如下几种表示方法。

① 直接使用位地址表示方法。例如

MOV　C，30H

该指令是将 RAM 中位寻址区 30H 位地址中的内容赋给位累加器 C。

② 单元地址加位的表示方法。例如

MOV　C，98H.6

该指令是将 98H 单元位 6 的值赋给位累加器 C。

③ 特殊功能寄存器符号加位的表示方法。例如

MOV　C，ACC.6

该指令是将累加器 A 位 6 的值赋给位累加器 C。

④ 位名称表示方法，特殊功能寄存器中的一些寻址位是有名称的。例如

MOV　C，F0

该指令等同于 MOV　C，PSW.5，因为 PSW 寄存器位 5 为 F0 标志位。

⑤ 利用伪指令定义位地址。有关伪指令的内容参见 4.1 节。

位寻址方式是 80C51 单片机的特有功能，丰富的位操作指令为逻辑运算、逻辑控制以及各种状态标志的设置提供了方便。

因为指令操作常伴有从右向左传送数据的内容，所以常把左边操作数称为目的操作数，而右边操作数称为源操作数。上面所讲的各种寻址方式都是针对源操作数的，实际上，目的操作数也有寻址的问题。例如

MOV　R7，#68H

其源操作数为立即寻址，目的操作数为寄存器寻址。

以上介绍了 80C51 单片机指令系统的 7 种寻址方式，它们的寻址空间见表 3-1。

表 3-1　寻址方式和寻址空间

寻址方式	相关寄存器	寻址空间
立即寻址		程序存储器
直接寻址		片内 RAM 低 128B 和 SFR
寄存器寻址	R0～R7,A,B,DPTR,C_Y	
寄存器间接寻址	@R0,@R1,SP	片内 RAM
	@R0,@R1,@DPTR	片外 RAM
变址寻址	@A+DPTR,@A+PC	程序存储器
相对寻址	PC+rel	程序存储器
位寻址	C_Y,SFR	片内 RAM 的位地址区 可以位寻址的特殊功能寄存器

3.3　指令系统

3.3.1　数据传送类指令

数据传送类指令是最常用、最基本的一类指令，用来将源操作数传送到目的操作数，而源操作数的内容不变。源操作数可以采用立即寻址、直接寻址、寄存器寻址、寄存器间接寻

址和变址寻址 5 种寻址方式，目的操作数可以采用直接寻址、寄存器寻址和寄存器间接寻址 3 种寻址方式。

80C51 单片机具有丰富的数据传送指令，能实现多种数据的传送操作。数据传送指令共有 28 条，可分为内部传送指令、外部传送指令、查表指令、交换指令、堆栈操作指令。

（1）内部传送指令（16 条）

内部传送指令是指在单片机芯片内的寄存器和存储器之间进行的数据传送。下面把内部传送指令按传送的目的单元进行分类介绍。

① 以累加器 A 为目的操作数的指令（4 条）。

```
MOV   A,♯data        ;(A)←♯data
MOV   A,direct       ;(A)←(direct)
MOV   A,Rn           ;(A)←(Rn)
MOV   A,@Ri          ;(A)←((Ri))
```

这组指令的功能是把源操作数的内容送入累加器。源操作数有立即寻址、直接寻址、寄存器寻址和寄存器间接寻址等寻址方式。

指令中 Rn 表示工作寄存器 R0～R7，Ri 表示间接寻址寄存器 R0 或 R1。

② 以 Rn 为目的操作数的指令（3 条）。

```
MOV   Rn,A           ;(Rn)←(A)
MOV   Rn,♯data       ;(Rn)←♯data
MOV   Rn,direct      ;(Rn)←(direct)
```

这组指令的功能是把源操作数的内容送入工作寄存器（R0～R7）。源操作数有寄存器寻址、立即寻址和直接寻址等寻址方式。

③ 以直接地址 direct 为目的操作数的指令（5 条）。

```
MOV   direct,A       ;(direct)←(A)
MOV   direct,♯data   ;(direct)←♯data
MOV   direct1,direct2 ;(direct1)←(direct2)
MOV   direct,Rn      ;(direct)←(Rn)
MOV   direct,@Ri     ;(direct)←((Ri))
```

这组指令的功能是把源操作数的内容送入由直接地址指出的存储单元。源操作数有寄存器寻址、立即寻址、直接寻址和寄存器间接寻址等寻址方式。

直接地址 direct 为 8 位直接地址，可寻址 0～255 个单元，对于 80C51 可直接寻址内部 RAM0～127 个地址单元和 128～255 地址的特殊功能寄存器。对 80C51 而言，128～255 这 128 个地址单元中很多是没有定义的。对于无定义的单元进行读写时，读出的为不定数，而写入的数将被丢失。

④ 以 @Ri 为目的操作数的指令（3 条）。

```
MOV   @Ri,A          ;((Ri))←(A)
MOV   @Ri,♯data      ;((Ri))←♯data
MOV   @Ri,direct     ;((Ri))←(direct)
```

这组指令的功能是把源操作数的内容送入由 R0 或 R1 的内容所指的内部 RAM 中的存储单元。源操作数有寄存器寻址、立即寻址和直接寻址等寻址方式。

⑤ 以 DPTR 为目的操作数的传送指令（1 条）。

　　MOV　DPTR，♯data16　　　；(DPTR)←data16

　　这条指令是将 16 位立即数送入寄存器 DPTR 中。其中高 8 位数据送入 DPH，低 8 位数据送入 DPL 中。源操作数为立即寻址方式。

　　【例 3-1】　设片内 RAM 中，(40H)＝50H，指出运行下面程序后，各有关单元、寄存器中的内容。

　　　　MOV　30H，♯40H　　　　　；(30H)＝40H
　　　　MOV　R0，♯30H　　　　　　；(R0)＝30H
　　　　MOV　A，@R0　　　　　　　；(A)＝(30H)＝40H
　　　　MOV　R1，A　　　　　　　　；(R1)＝(A)＝40H
　　　　MOV　50H，@R1　　　　　　；(50H)＝(40H)＝50H
　　　　MOV　40H，50H　　　　　　；(40H)＝(50H)＝50H

　　　　结果为：(A)＝40H，(R0)＝30H，(R1)＝40H
　　　　　　　　(30H)＝40H，(40H)＝50H，(50H)＝50H。

　　(2) 外部数据传送指令 (4 条)

　　外部数据传送指令是指累加器 A 和外部数据存储器 (RAM) 之间的数据传送指令。CPU 与外部 RAM 各单元之间的数据传送只能通过累加器 A 间接进行。

　　单片机访问外部数据存储器均采用寄存器间接寻址方式，而间接寻址的寄存器为 R0，R1 和 DPTR。用 DPTR 作间址寄存器的寻址范围为 64KB，而用 R0 或 R1 作间址寄存器的寻址范围为外部数据存储器的低 256 字节单元。4 条外部数据传送指令为

　　　　MOVX　A，@DPTR　　　　　；(A)←((DPTR))
　　　　MOVX　A，@Ri　　　　　　 ；(A)←((Ri))
　　　　MOVX　@DPTR，A　　　　　；((DPTR))←(A)
　　　　MOVX　@Ri，A　　　　　　 ；((Ri))←(A)

　　这组的功能是实现累加器 A 与外部数据存储器或 I/O 口之间传送一个字节数据的指令。

　　【例 3-2】　将内部 RAM 中 60H 单元的内容送入外部 RAM 的 2000H 单元。

　　解　MOV　A，60H
　　　　　MOV　DPTR，♯2000H
　　　　　MOVX　@DPTR，A

　　【例 3-3】　将外部 RAM2000H 单元的内容送入内部 RAM60H 单元。

　　解　MOV　DPTR，♯2000H
　　　　　MOVX　A，@DPTR
　　　　　MOV　60H，A

　　(3) 查表指令 (2 条)

　　程序存储器除了存放程序外，还可存放表格常数。查表指令为找出表格中所需常数的指令。这样的指令有 2 条，它们是

　　　　MOVC　A，@A＋DPTR　　　；(A)←((A)＋(DPTR))
　　　　MOVC　A，@A＋PC　　　　 ；(A)←((A)＋(PC))

　　这两条指令的功能均是从程序存储器中读取数据，执行过程相同，其差别是基址不同，因此适用范围也不同。第一条指令为远查表指令，可在 64KB 的程序存储器空间寻址。基址寄存器为 DPTR，因此表格可在程序存储器的任何位置存放。第二条指令为近查表指令，查

表范围为查表指令后 256B 的地址空间。该指令的基址寄存器为 PC，查表的地址为 (A) +
(PC)，其中 (PC) 为程序计数器的当前内容，即查表指令的地址加 1。

(4) 数据交换指令 (5 条)

数据交换指令是将操作数的内容进行全字节交换或半字节交换。

① 半字节交换指令 (2 条)。

SWAP　A　　　　　　 ; $(A)_{3\sim0} \longleftrightarrow (A)_{7\sim4}$

XCHD　A,@Ri　　　　 ; $(A)_{3\sim0} \longleftrightarrow ((Ri))_{3\sim0}$

第一条指令为累加器低 4 位与高 4 位交换指令。第二条指令为 RAM 单元低 4 位内容与
累加器低 4 位内容交换。

② 全字节交换指令 (3 条)。

XCH　A,Rn　　　　　 ; $(A) \longleftrightarrow (Rn)$

XCH　A,direct　　　 ; $(A) \longleftrightarrow (direct)$

XCH　A,@Ri　　　　 ; $(A) \longleftrightarrow ((Ri))$

这 3 条指令均是将源字节单元的内容与目的单元的内容相交换。

【例 3-4】 将内部 RAM60H 单元的的内容的高 4 位和低 4 位进行交换。

解　XCH　A，60H

　　SWAP　A

　　XCH　A，60H

(5) 堆栈操作指令 (2 条)

在 80C51 内部 RAM 中有一先进后出、后进先出的区域 (LIFO)，称为堆栈。堆栈是为
执行中断程序、子程序调用、参数传递而设置的。执行这些程序前，需要保护断点、保护现
场，可将断点和现场要保护的数据压入栈内保存起来；执行完程序后，从栈内弹出这些数
据，恢复现场并返回。保护数据为入栈，弹出数据为出栈。入栈和出栈的指令共有两条

PUSH　direct　　　　　 ; $(SP) \leftarrow (SP) + 1, ((SP)) \leftarrow (direct)$

POP　direct　　　　　 ; $(direct) \leftarrow ((SP)), (SP) \leftarrow (SP) - 1$

入栈 (PUSH) 操作指令的具体操作为：首先将堆栈指针 SP 的内容加 1，然后将直接
地址 direct 中的内容压入堆栈指针 SP 指向的内部 RAM 单元。

出栈 (POP) 操作指令的具体操作为：首先将堆栈指针 SP 指向的内部 RAM 单元的内
容弹出到直接地址 direct 单元中，然后将使堆栈指针的内容减 1。

入栈和出栈均不影响标志位。

【例 3-5】 设 (SP)=30H，(A)=98H，执行指令 PUSH　ACC 后，堆栈指针 SP 中的
内容和内部 RAM31H 单元的内容分别是什么？

解　(SP)=31H

　　(31H)=98H

【例 3-6】 设 (SP)=33H，(32H)=7AH，(33H)=8BH，执行指令 POP　ACC 后，
堆栈指针 SP 中的内容和累加器 A 中的内容分别是什么？

解　(SP)=32H

　　(A)=8BH

注意，出栈时首先使栈顶的内容出栈，然后栈指针 SP 的内容减 1。

3.3.2 算术运算类指令

算术运算类指令是单片机能完成算术运算操作的指令。它包括加、减、乘、除以及 BCD 码调整等指令。这类指令会影响程序状态标志寄存器 PSW 中的有关标志位。

（1）加法指令（14 条）

加法类指令共 14 条，包括加法、带进位的加法、加 1 以及二-十进制调整 4 组指令。

① 不带进位位的加法指令 ADD（4 条）。

```
ADD   A,♯data          ;(A)←(A)＋♯data
ADD   A,Rn             ;(A)←(A)＋(Rn)
ADD   A,direct         ;(A)←(A)＋(direct)
ADD   A,@Ri            ;(A)←(A)＋((Ri))
```

ADD 指令是将源操作数的内容与累加器 A 中的内容相加，并将结果存入 A 中。

这类指令将影响标志位 C_Y，AC，P，OV。

a. 若 D7 位产生进位，则 C_Y 置 1；否则 C_Y 清 0。

b. 若 D3 位产生进位，则 AC 置 1；否则 AC 清 0。

c. 若累加器 A 中 1 的个数为奇数，则 P 置 1；否则 P 清 0。

d. 当和的 bit7 与 bit6 中有一位进位而另一位不产生进位时，OV 置 1，否则为 OV 清 0。OV＝1 表示运算结果有溢出，即：两个正数相加，和为负数；或两个负数相加，和为正数的错误结果。

【例 3-7】 设（A）＝0A0H，（60H）＝87H。写出执行指令 ADD A，60H 后，PSW 中相关标志位的状态。

执行结果为（A）＝27H，C_Y＝1，AC＝0，P＝0，OV＝1。

② 带进位位的加法指令 ADDC（4 条）。

```
ADDC  A,♯data          ;(A)←(A)＋data＋(C_Y)
ADDC  A,Rn             ;(A)←(A)＋(Rn)＋(C_Y)
ADDC  A,direct         ;(A)←(A)＋(direct)＋(C_Y)
ADDC  A,@Ri            ;(A)←(A)＋((Ri))＋(C_Y)
```

ADDC 指令是将源操作数的内容与累加器 A 相加，再加上进位位 C_Y 的内容，将结果存放在累加器 A 中。带进位位的加法指令主要应用于多字节的加法运算。使用此指令进行单字节或多字节的最低 8 位数的加法运算时，应首先将进位位 C_Y 清零。这组指令对 PSW 各位的影响与 ADD 指令相同。

③ 加 1 指令（5 条）。

```
INC   Rn               ;(Rn)←(Rn)＋1
INC   direct           ;(direct)←(direct)＋1
INC   @Ri              ;((Ri))←((Ri))＋1
INC   A                ;(A)←(A)＋1
INC   DPTR             ;(DPTR)←(DPTR)＋1
```

这组指令的功能是将指定单元的内容加 1，结果仍送回该单元中。这组指令除累加器 A 中的内容影响奇偶标志位 P 外，不影响 PSW 中其余各个标志位。

④ BCD 码调整指令 DA A（1 条）。

DA A 指令用来对 BCD 码的加法运算结果进行修正。它紧跟在加法指令 ADD 和 AD-

DC 指令之后。若两个压缩型 BCD 码按二进制数相加之后，必须经此指令的调整才能得到压缩型 BCD 码的和数。

执行本指令时的操作如下。

若（A3～0）＞9 或（AC）＝1，则执行（A3～0）＋6→（A3～0）。

若（A7～4）＞9 或（C$_Y$）＝1，则执行（A7～4）＋6→（A7～4）。

本指令是根据 A 中的数值或 PSW 的状态，决定对 A 是否进行加 06H，60H 或 66H 的操作。

例如：作十进制加法 68＋77＝145，但执行下述指令

MOV　A，♯68H

ADD　A，♯77H

后，（A）＝DFH，因为 CPU 是按二进制规则运算的，结果显然不正确。但如在上述两条指令后加 BCD 码调整指令

DA　　A

则按该指令的操作规则可知（A）＝45H，（C$_Y$）＝1，结果正确。其调整过程如下算式所示

$$
\begin{array}{r}
1\,1\,0\,1\,1\,1\,1\,1 \\
+\quad 0\,1\,1\,0\,0\,1\,1\,0 \\
\hline
1\,0\,1\,0\,0\,0\,1\,0\,1
\end{array}
$$
　　；（A3～0）＞9，（A7～4）＞9，故加上 66H

（2）减法指令（8 条）

减法指令包括带借位减法指令、减 1 指令两组指令。

① 带借位减法指令 SUBB(4 条)。

SUBB　A,♯data　　　；(A)←(A)−data−(C$_Y$)

SUBB　A,Rn　　　　；(A)←(A)−(Rn)−(C$_Y$)

SUBB　A,direct　　　；(A)←(A)−(direct)−(C$_Y$)

SUBB　A,@Ri　　　　；(A)←(A)−((Ri))−(C$_Y$)

带借位的减法指令是将累加器 A 中的内容减去源操作数的内容，再减去进位位 C$_Y$ 的内容，其结果存放在累加器 A 中。该指令主要用于多字节数的减法运算。使用该指令进行单字节或多字节的最低字节的减法运算时，应首先将进位位 C$_Y$ 清零。

减法指令对标志位的影响如下。

a. 若 D7 位有借位则 C$_Y$ 置 1，否则 C$_Y$ 清 0。

b. 若 D3 位有借位，则 AC 置 1，否则 AC 清 0。

c. 若累加器 A 中 1 的个数为奇数，则 P 置 1；否则 P 清 0。

d. 若 D7 位和 D6 位中有一位需借位而另一位不借位，则 OV 置 1，否则 OV 清 0。

OV 位用于带符号的整数减法。OV＝1，则表示正数减负数结果为负数，或负数减正数结果为正数的错误结果。

② 减 1 指令 DEC(4 条)。

DEC　　Rn ；(Rn)←(Rn)−1

DEC　direct；(direct)←(direct)−1

DEC　@Ri ；((Ri))←((Ri))−1

DEC　A　；(A)←(A)−1

这组减1指令是将指定单元内容减1，结果仍送回到该单元中。减1指令除"DEC　A"影响奇偶标志外，其余不影响PSW中的任何标志位。

（3）乘法指令 MUL（1条）

MUL　AB　　　　　；(A)×(B)→(BA)

乘法指令的功能是将A和B中两个无符号8位二进制数相乘，所得的16位积的低8位存于A中，高8位存于B中。该指令对标志位的影响如下。

① 执行 MUL 指令后，C_Y 清0。

② 如果乘积大于255时，即乘积高位B不为0时，OV置1；否则，OV清0。

③ 奇偶标志P同上。

【例3-8】　设(A)=80H(128D)，(B)=60H(96D)，问执行指令

MUL　AB

后，累加器A和B寄存器中的内容是什么？PSW中 C_Y 和OV状态如何？

解　(A)=00H，(B)=30H，(C_Y)=0，(OV)=1。

执行结果为乘积(BA)=3000H(12288D)，即(A)=00H，(B)=30H，(OV)=1，(C_Y)=0。

（4）除法指令 DIV（1条）

DIV　AB　　　　　；(A)÷(B)，商→(A)，余数→(B)

除法指令的功能是将A中无符号8位二进制数除以B中的无符号8位二进制数，所得商存于A中，余数部分存于B中。该指令对标志位的影响如下。

① 执行 DIV 指令后，C_Y 清0。

② 当除数 (B)=0 时，OV置1；否则，OV清0。

③ 奇偶标志P同上。

【例3-9】　设(A)=80H(128D)，(B)=60H(96D)，问执行指令

DIV　AB

后，累加器A和B寄存器中的内容是什么？PSW中 C_Y 和OV状态如何？

解　(A)=01H，(B)=20H，(C_Y)=0，(OV)=0

3.3.3　逻辑运算类指令

逻辑运算类指令包括逻辑与、逻辑或、逻辑异或、循环移位、清零与求反共24条指令。这些指令中的操作数都是8位，它们的寻址方式有立即寻址、直接寻址、寄存器寻址和寄存器间接寻址。这些指令中除与累加器A有关的指令影响奇偶标志位P以外，均不影响标志位。

（1）逻辑与运算指令（6条）

ANL　A,#data　　；(A)←(A)∧#data

ANL　A,direct　　；(A)←(A)∧(direct)

ANL　A,Rn　　　；(A)←(A)∧(Rn)

ANL　A,@Ri　　　；(A)←(A)∧((Ri))

ANL　direct,#data　；(direct)←(direct)∧#data

ANL　direct,A　　；(direct)←(direct)∧(A)

逻辑与运算指令是将两个操作数按位进行"与"运算，结果存放在目的操作数中，而源

操作数保持不变。逻辑与运算的一个主要作用是使目的操作数的某些位清零。

【**例 3-10**】 将 30H 单元中的压缩 BCD 码转换为非压缩的 BCD 码，存入 31H 和 32H 单元中。

解 根据题意，编程如下。

```
MOV   A,30H          ;取原 BCD 码
ANL   A,#00001111B   ;清高 4 位,保留低 4 位
MOV   31H,A          ;低 4 位 BCD 码存入 31H 单元
MOV   A,30H          ;取原 BCD 码
ANL   A,#11110000B   ;清低 4 位,保留高 4 位
SWAP  A              ;A 的高 4 位和低 4 位交换
MOV   32H,A          ;高 4 位 BCD 码存入 32H 单元
```

（2）逻辑或运算指令（6 条）

```
ORL   A,#data        ;(A)←(A)∨#data
ORL   A,direct       ;(A)←(A)∨(direct)
ORL   A,Rn           ;(A)←(A)∨(Rn)
ORL   A,@Ri          ;(A)←(A)∨((Ri))
ORL   direct,#data   ;(direct)←(direct)∨#data
ORL   direct,A       ;(direct)←(direct)∨(A)
```

逻辑或运算指令是将两个操作数按位进行"或"运算，结果存放在目的操作数中，而源操作数内容保持不变。逻辑或运算的一个主要作用是使目的操作数的某些位置 1。

【**例 3-11**】 设（A）＝0ABH，（R1）＝0FH，问执行指令

$$ORL \quad A,R1$$

后，累加器 A 中的内容是什么？

解 （A）＝0AFH，即该指令将累加器 A 的高 4 位保留，低 4 位置 1。

（3）逻辑异或运算指令（6 条）

```
XRL   A,#data        ;(A)←(A)⊕#data
XRL   A,direct       ;(A)←(A)⊕(direct)
XRL   A,Rn           ;(A)←(A)⊕(Rn)
XRL   A,@Ri          ;(A)←(A)⊕((Ri))
XRL   direct,#data   ;(direct)←(direct)⊕#data
XRL   direct,A       ;(direct)←(direct)⊕(A)
```

逻辑异或运算指令是将两个操作数按位进行"异或"运算，结果存放在目的操作数中，而源操作数内容保持不变。逻辑异或运算的一个主要作用是使目的操作数的某些位取反，其他位保持不变。

【**例 3-12**】 设（A）＝0ABH，（R1）＝0FH，问执行指令

$$XRL \quad A,R1$$

后，累加器 A 中的内容是什么？

解 （A）＝0A4H，即累加器 A 的高 4 位不变，低 4 位取反。

（4）循环移位指令（4 条）

```
RL    A              ;(a_{i+1})←(a_i)(i=0~6),(a_0)←(a_7)
```

RR　A　　　　　　；$(a_{i+1}) \rightarrow (a_i)(i=0 \sim 6)$，$(a_0) \rightarrow (a_7)$

RLC　A　　　　　　；$(a_{i+1}) \leftarrow (a_i)(i=0 \sim 6)$，$C_Y \leftarrow (a_7)$，$(a_0) \leftarrow (C_Y)$

RRC　A　　　　　　；$(a_{i+1}) \rightarrow (a_i)(i=0 \sim 6)$，$C_Y \rightarrow (a_7)$，$(a_0) \rightarrow (C_Y)$

这组指令的前两条指令将累加器 A 的内容循环左移和循环右移一位，这两条指令是不带进位位 C_Y 的循环移位指令，它们不影响标志位。后两条指令分别将累加器 A 的内容，连同进位位 C_Y 一起循环左移或循环右移一位，这两条指令是带进位位 C_Y 的循环移位指令，它们不影响 C_Y 之外的标志位。这组指令的功能如图 3-7 所示。

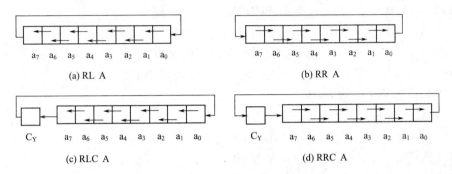

（a）RL　A　　　　　　　　　　　　　　（b）RR　A

（c）RLC　A　　　　　　　　　　　　　　（d）RRC　A

图 3-7　循环移位指令示意图

顺便提一下，有些书将半字节交换指令（SWAP　A）也归入移位指令。

（5）清零与取反指令（2 条）

CLR　A　　　　　　　　　；$(A) \leftarrow 0$

CPL　A　　　　　　　　　；$(A) \leftarrow \overline{(A)}$

第一条指令对累加器清 0，此操作不影响标志位。例如：设（A）=98H，执行 CLR　A 指令，执行结果为（A）=00H。

第二条指令对累加器 A 的内容逐位取反，结果仍存在 A 中，此操作不影响标志位。例如：设（A）=98H，执行 CPL　A 指令，执行结果为（A）=67H。

3.3.4　控制转移类指令

控制转移类指令通过修改 PC 的内容来控制程序走向，以满足复杂控制任务的需要。80C51 单片机设有丰富的控制转移指令，共有 17 条，包括无条件转移指令、条件转移指令、循环转移指令、比较转移指令、子程序调用和返回指令以及空操作指令等。

（1）无条件转移指令（4 条）

SJMP　　　rel

AJMP　　　addr11

LJMP　　　addr16

JMP　　　　@A+DPTR

这组指令的功能是程序无条件地转移到指令所指定的目标地址去执行。

① 相对转移指令 SJMP rel。相对转移指令其目标地址是由 PC（程序计数器）和指令的第二字节带符号的相对地址（rel）相加而成的。rel 的取值范围是 $-128 \sim +127$，并且以补码的形式出现。正数表示程序向后跳转，负数表示程序向前跳转。在编写程序时，为省去计算偏移量的麻烦，往往用符号代替相对地址。例如执行指令

HERE：SJMP　　HERE

程序将在本语句"暂停"，相对偏移量 rel＝FEH（即－2）。通常将上述指令简写为

　　SJMP　　$

　　② 绝对转移指令 AJMP addr11。绝对转移指令提供 11 位目标地址，目标地址由指令第一字节的高三位 a10～a8 和指令第二字节的 a7～a0 所组成。指令提供的 11 位目标地址，送入 PC10～PC0，而 PC15～PC11 的值不变。因此，程序的目标地址必须和 AJMP 指令后第一条指令的第一个字节在同一个 2KB 范围内。例如：

　　设（PC）＝0123H，标号 LOOP 所指的单元是 0345H，指令

　　AJMP　　LOOP

的执行结果是（PC）＝0345H，即程序转到标号 LOOP 处继续执行；如果标号 LOOP 所指的单元是 2345H，则使用该指令将是错误的，因为源地址和目标地址的高 5 位不同了。

　　③ 长转移指令 LJMP　addr16。长转移指令直接给出了 16 位绝对地址作为转移的目标地址，所以该指令可以转移到 64KB 程序存储器空间的任何位置。例如，设

　　（PC）＝0123H

标号 LOOP 所指的单元是 4567H，指令

　　LJMP　　LOOP

的执行结果是：（PC）＝4567H，即程序转到标号 LOOP 处继续执行。

　　④ 间接转移指令 JMP　@A＋DPTR。间接转移指令也称为变址寻址转移指令。其目标地址是将累加器 A 中的 8 位无符号数与数据指针 DPTR 的内容相加而得。相加运算不影响累加器 A 和数据指针 DPTR 的原内容。若相加的结果大于 64KB，则从程序存储器的零地址往下延续。例如，设

　　（PC）＝0123H，（A）＝2，（DPTR）＝3000H

指令

　　JMP　　@A＋DPTR

的执行结果是：（PC）＝3002H，即程序转向 3002H 单元继续执行。

　　通常以 DPTR 存放基址，而根据 A 的不同取值实现多分支转移。

　　(2) 条件转移指令（2 条）

　　JZ　　　rel

　　JNZ　　rel

　　① 累加器为零转移指令 JZ rel。该指令首先对累加器 A 的内容进行判断：若（A）＝0，则（PC）＋2＋rel→（PC）；否则，（PC）＋2→（PC）。即当累加器 A 的内容为零时，程序转移至相对当前 PC 内容 rel 处；否则程序顺序执行。

　　② 累加器非零转移指令 JNZ rel。该指令首先对累加器 A 的内容进行判断：若（A）≠0，则（PC）＋2＋rel→（PC）；否则，（PC）＋2→（PC）。即当累加器 A 的内容不为零时，程序转移；否则程序顺序执行。

　　(3) 比较转移指令（4 条）

　　CJNE　A，#data，rel

　　CJNE　A，direct，rel

　　CJNE　Rn，#data，rel

　　CJNE　@Ri，#data，rel

　　① CJNE　#data，rel。当（A）≠data 时，则（PC）＋3＋rel→（PC）；否则，

(PC)+3→(PC)。即当累加器 A 的内容与立即数 data 不相等时，程序转移至相对当前 PC 内容 rel 处；否则程序顺序执行。

② CJNE　A，direct，rel。当（A）≠（direct）时，则（PC）+3+rel→(PC)；否则，(PC)+3→(PC)。即当累加器 A 的内容与 direct 单元内容不相等时，程序转移至相对当前 PC 内容 rel 处；否则程序顺序执行。

③ CJNE　Rn，♯data，rel。当（Rn）≠data 时，则（PC）+3+rel→(PC)；否则，(PC)+3→(PC)。即当寄存器 Rn 的内容与立即数 data 不相等时，程序转移至相对当前 PC 内容 rel 处；否则程序顺序执行。

④ CJNE　@Ri，♯data，rel。当（(Ri)）≠data 时，则（PC）+3+rel→(PC)；否则，(PC)+3→(PC)。即当寄存器 Ri 所指向的单元的内容与立即数 data 不相等时，程序转移至相对当前 PC 内容 rel 处；否则程序顺序执行。

需要注意以下几点。

a. 这 4 条指令是将两个无符号操作数作比较，如果它们的值不相等则转移，否则顺序执行。

b. 这 4 条指令的执行将影响标志位 C_Y。如果目的操作数大于等于源操作数，则将进位标志清零，否则将进位标志置位。

c. 这 4 条指令只能判别是否相等。如要判别大小，则必须用到进位标志 C_Y。

（4）循环转移指令（2 条）

DJNZ　Rn，rel

DJNZ　direct，rel

① DJNZ　Rn，rel。该指令的功能是：（Rn）-1→(Rn)，若（Rn）≠0，则（PC）+2+rel→(PC)；否则，(PC)+2→(PC)。即该指令首先将指定的 Rn 的内容减 1，并判别其内容是否为 0。若不为 0，转向目标地址，继续执行循环程序；若为 0，则结束循环程序段，程序往下执行。

② DJNZ　direct，rel。该指令的功能是：（direct）-1→(direct)，若（direct）≠0，则（PC）+2+rel→(PC)；否则，(PC)+2→(PC)。即该指令首先将指定的 direct 单元的内容减 1，并判别其内容是否为 0。若不为 0，转向目标地址，继续执行循环程序；若为 0，则结束循环程序段，程序往下执行。

以上两条指令用在循环程序中，循环次数放在工作寄存器 Rn 或直接地址单元中。

（5）子程序调用及返回指令（4 条）

ACALL　addr11

LCALL　addr16

RET

RETI

① 绝对调用指令。

ACALL　addr11　　　；(PC)+2→(PC)

　　　　　　　　　　；(SP)+1→(SP)，(PC7～PC0)→((SP))

　　　　　　　　　　；(SP)+1→(SP)，(PC15～PC8)→((SP))

　　　　　　　　　　；addr11→(PC10～PC0)，(PC15～PC11)不变

该指令无条件地调用首地址为 addr11 处的子程序。执行时，首先把 PC 加 2 以获得下一

条指令的地址，将这 16 位的地址压进堆栈（先 PCL，后 PCH），同时栈指针加 2。然后将指令提供的 11 位目标地址，送入 PC10～PC0，而 PC15～PC11 的值不变，程序转向子程序的首地址开始执行。注意由于目标地址的高 5 位不变，故所调用的子程序的首地址必须与 ACALL 后面指令的第一个字节在同一个 2KB 区域内。本指令的操作不影响标志位。

② 长调用指令。

LCALL　addr16　　　　　；(PC)＋3→(PC)

　　　　　　　　　　　　；(SP)＋1→(SP)，(PC7～PC0) →((SP))

　　　　　　　　　　　　；(SP)＋1→(SP)，(PC15～PC8) →((SP))

　　　　　　　　　　　　；addr16→(PC)

该指令无条件地调用首地址为 addr16 处的子程序。执行时，把 PC 加 3 以获得下一条指令的地址，将这 16 位的地址压进堆栈（先 PCL，后 PCH），同时栈指针加 2。然后将指令所提供的 16 位目标地址送入 PC，程序转向子程序的首地址开始执行。所调用的子程序的首地址可以在 64KB 范围内。本指令的操作不影响标志位。

③ 子程序返回指令。

RET　　　　　　　；((SP))→(PC15～PC8)，(SP)－1→(SP)

　　　　　　　　　；((SP))→(PC7～PC0)，(SP)－1→(SP)

该指令执行时表示结束子程序，返回调用指令 ACALL 或 LCALL 的下一条指令，继续往下执行。执行时将栈顶的断点的地址送入 PC(先弹出 PCH，后弹出 PCL)，并把栈指针减 2。本指令的操作不影响标志位。

④ 中断返回指令。

RETI　　　　　　；同 RET

该指令执行从中断程序的返回，并清除内部相应的中断状态寄存器。因此，中断服务程序必须以 RETI 为结束指令。CPU 执行 RETI 指令后至少再执行一条指令，才能响应新的中断请求。

(6) 空操作指令（1 条）。

NOP　　　　　　　；(PC)＋1→(PC)

该指令除了使 PC 内容加 1 外，不执行任何操作，只是在时间上占用一个机器周期，故该指令的目的是产生一个机器周期的延时。

3.3.5　布尔（位）操作指令

80C51 单片机内部的位累加器 C_Y，内部数据存储器中的 128 位位地址，11 个有位寻址功能的特殊功能寄存器，以及 17 条布尔（位）操作指令，构成了一个布尔（位）处理器。布尔（位）处理器可以完成位传送、布尔（位）逻辑运算和布尔（位）控制转移等操作。

(1) 位传送指令（2 条）

MOV　C,bit　　　　　；(C_Y)←(bit)

MOV　bit,C　　　　　；(bit)←(C_Y)

第一条指令是将位地址中的内容送入位累加器 C_Y，第二条指令是将位累加器 C_Y 中的内容送到位地址中。这两条指令不影响 C_Y 之外的标志位。

例如：设 (C_Y)＝1，执行指令

MOV　　P1.0,C

执行结果为 P1.0 口线输出 "1"。

又如：设 P1 口的内容为 10101010B，执行指令

MOV　　C,P1.0

执行结果为（C_Y）＝0。

（2）位逻辑操作指令（6 条）

ANL	C, bit	；(C_Y)←(C_Y)∧(bit)
ANL	C, /bit	；(C_Y)←(C_Y)∧($\overline{bit}$)
ORL	C, bit	；(C_Y)←(C_Y)∨(bit)
ORL	C, /bit	；(C_Y)←(C_Y)∨($\overline{bit}$)
CPL	C	；(C_Y)←($\overline{C_Y}$)
CPL	bit	；(bit)←($\overline{bit}$)

前两条是位逻辑与指令，指令的功能是将指定位（bit）的内容或指定位内容取反后（原内容不变）与位累加器 C_Y 的内容进行逻辑与运算，结果仍存于 C_Y 中。操作不影响 C_Y 之外的标志位。

第三、四条指令是位逻辑或指令。指令的功能是将指定位（bit）的内容或指定位内容取反后（原内容不变）与 C_Y 的内容进行逻辑或运算，结果仍存于 C_Y 中。操作不影响 C_Y 之外的标志位。

第五、六条指令是位逻辑取反指令，指令的功能是将 C_Y 或指定位（bit）取反。操作不影响 C_Y 之外的标志位。

（3）位状态控制指令（4 条）

CLR	C	；(C_Y)←0
CLR	bit	；(bit)←0
SETB	C	；(C_Y)←1
SETB	bit	；(bit)←1

前两条指令是位清零指令，指令的功能是将 C_Y 或指定位（bit）清 0。操作不影响 C_Y 之外的标志位。

后两条指令是位置位指令，指令的功能是将 C_Y 或指定位（bit）置 1。操作不影响 C_Y 之外的标志位。

（4）位条件转移指令（5 条）

JC	rel	；若(C_Y)＝1，则(PC)＋2＋rel→(PC)
		；否则，(PC)＋2→(PC)
JNC	rel	；若(C_Y)＝0，则(PC)＋2＋rel→(PC)
		；否则，(PC)＋2→(PC)
JB	bit, rel	；若(bit)＝1，则(PC)＋3＋rel→(PC)
		；否则，(PC)＋3→(PC)
JNB	bit, rel	；若(bit)＝0，则(PC)＋3＋rel→(PC)
		；否则，(PC)＋3→(PC)
JBC	bit, rel	；若(bit)＝1，则(PC)＋3＋rel→(PC)，0→(bit)
		；否则，(PC)＋3→(PC)

前两条指令为位累加器条件转移指令，指令的功能是对 C_Y 进行检测，当 $(C_Y)=1$ 或 $(C_Y)=0$ 时，程序转向 PC 当前值（即 $(PC)+2$）与第二字节中带符号的相对地址（rel）之和的目标地址，否则程序往下顺序执行。因此转移的范围是 $-128\sim127$B。操作不影响标志位。

例如，设 $(C_Y)=0$，执行如下程序

```
JC    LOOP1
JNC   LOOP2
```

后，程序转向 LOOP2 处执行。

第三、四条指令为判位变量转移指令，指令的功能是检测指定位，当位变量分别为 1 或 0 时，程序转向 PC 当前值与第二字节中带符号的相对地址（rel）之和的目标地址，否则程序往下顺序执行。因此转移的范围是 $-128\sim127$B。操作不影响标志位。

例如，设 $(A)=10101010$B，执行指令为

```
JNB   ACC.7，LOOP1
JNB   ACC.6，LOOP2
```

则程序转向 LOOP2 处执行。

最后一条指令为判位变量转移并清零指令，指令的功能是检测指定位，当位变量为 1 时，则将该位清 0，并且程序转向 PC 当前值与第二字节中带符号的相对地址（rel）之和的目标地址，否则程序往下顺序执行。因此转移的范围是 $-128\sim127$B。操作不影响标志位。

例如，设 $(A)=10101010$B，执行指令为

```
JBC   ACC.6，LOOP1
JBC   ACC.7，LOOP2
```

则程序转向 LOOP2 处执行，且 $(A)=00101010$B（ACC.7 被清 0）。

【例 3-13】 用 80C51 单片机实现 $Y=\overline{X0 \cdot X1+X2 \cdot \overline{X3}}$ 逻辑运算的功能。

解　选择 P1 口的 P1.0～P1.3 分别代表逻辑变量 X0～X3 作为输入变量，P1.7 代表 Y 作为输出变量，程序如下。

```
MOV  C，P1.0        ；读入变量 X0
ANL  C，P1.1        ；计算 X0·X1
MOV  30H，C         ；暂存中间结果
MOV  C，P1.2        ；读入变量 X2
ANL  C，/P1.3       ；计算 X2·X3
ORL  C，30H         ；计算出 X0·X1+X2·X3
CPL  C             ；取反
MOV  P1.7，C        ；输出结果
```

习题 3

3-1　简述基本概念：指令、指令系统、汇编语言指令、程序。

3-2　指出 80C51 单片机的 7 种寻址方式并说明它们各自的寻址空间。

3-3　简述 80C51 汇编语言指令格式。

3-4　要访问特殊功能寄存器和片外数据存储器应采用什么寻址方式。

3-5　80C51 单片机的指令系统可分为哪几类？请说明各类指令的功能。

3-6　"DA　A" 指令的作用是什么？如何使用？

3-7　用指令实现下述功能。

（1）内部 RAM30H 单元内容送 R0。

（2）将立即数 10H 送入内部 RAM30H 单元。

（3）R0 内容送入 R1。

（4）内部 RAM30H 单元内容送外部 RAM30H 单元。

（5）外部 RAM3000H 单元内容送内部 RAM30H 单元。

（6）ROM3000H 单元内容送内部 RAM30H 单元。

3-8　已知内部 RAM 中，（30H）＝40H，（40H）＝50H，（50H）＝5AH，（5AH）＝60H，ROM 中（125AH）＝88H，试分析下面程序的运行结果，并指出每条指令的源操作数寻址方式。

```
MOV   A, 50H
MOV   R0, A
MOV   P1, ♯0F0H
MOV   @R0, 30H
MOV   DPTR, ♯1200H
MOVX  @DPTR, A
MOVC  A, @A＋DPTR
MOV   40H, 50H
MOV   P2, P1
```

3-9　设（R1）＝31H，内部 RAM31H 的内容为 68H，32H 单元的内容为 60H，（A）＝10H。请指出运行下面的程序后各单元内容的变化。

```
MOV   A, @R1
MOV   @R1, 32H
MOV   32H, A
MOV   R1, ♯45H
```

3-10　已知当前 PC 值为 2000H，用两种方法将 ROM207FH 单元中的常数送入累加器 A。

3-11　试编程将外部 RAM 中 31H 和 32H 单元内容相乘，结果的低 8 位和高 8 位分别存入内部 RAM 的 31H 和 32H 单元。

3-12　用逻辑移位的方法实现累加器 A 中的无符号数乘 8，将 R0 寄存器中的数除以 2。

3-13　将下列十六进制数变成二进制数，然后分别完成逻辑乘、逻辑加和逻辑异或操作。

（1）33H 和 BBH；

（2）78H 和 0FH。

3-14　已知（A）＝8AH，请指出下列程序执行后，累加器 A 及 PSW 中进位位 CY、奇偶位 P 和溢出位 OV 的值。

（1）ADD　A, ♯7FH；

（2）SUBB　A, ♯7FH；

（3）ANL　A，#0FH；

（4）XRL　A，#0F0H。

3-15　说明指令"AJMP　addr11"和指令"LJMP　addr16"的异同？为什么 SJMP 指令的 rel＝0FEH 时，将实现单指令的无限循环？

3-16　已知延时程序为

DELAY：MOV　R0，#0A0H

LOOP1：MOV　R1，#0FFH

LOOP2：NOP

　　　　DJNZ　R1，LOOP2

　　　　DJNZ　R0，LOOP1

若系统的晶振频率为12MHz，请指出该延时子程序的延时时间。

3-17　用两种方法实现累加器 A 和寄存器 R0 内容的互换。

3-18　请说明"PUSH"指令和"POP"指令的执行过程。

3-19　请说明"RET"指令和"RETI"指令的执行过程。

3-20　用 80C51 单片机实现 $Y=X_0+X_1 \cdot X_2+\overline{X_3} \oplus X_4$ 逻辑运算的功能。

3-21　已知：（30H）＝11001001B

　　　　　　（31H）＝00001111B

请给出下列每条指令执行后注释中的结果。

MOV　32H，30H　　　；（32H）＝＿＿＿＿＿＿＿＿＿＿

ANL　32H，#0FH　　；（32H）＝＿＿＿＿＿＿＿＿＿＿

MOV　A，31H　　　　；（A）＝＿＿＿＿＿＿＿＿＿＿

SWAP　A　　　　　　；（A）＝＿＿＿＿＿＿＿＿＿＿

RL　　A　　　　　　；（A）＝＿＿＿＿＿＿＿＿＿＿

ANL　A，#0F0H　　　；（A）＝＿＿＿＿＿＿＿＿＿＿

ORL　32H，A　　　　；（32H）＝＿＿＿＿＿＿＿＿＿＿

4 汇编语言程序设计

4.1 汇编语言程序设计基础

4.1.1 机器语言、汇编语言与高级语言

（1）机器语言

在计算机中，所有的数符都是用二进制代码来表示的，指令也是用二进制代码来表示。这种用二进制代码表示的指令系统称为机器语言系统，简称为机器语言。直接用机器语言编写的程序称为手编程序或机器语言程序。

由于机器语言能被计算机直接识别和执行，因而其执行速度快，但对于程序员来说，用机器语言编写程序非常烦琐，不易看懂，且难以记忆，容易出错。为了克服这些缺点，就产生了汇编语言和高级语言。

（2）汇编语言

助记符是根据机器指令不同的功能和操作对象来描述指令的符号，用助记符表示指令系统的语言称为汇编语言或符号语言。由于助记符接近于自然语言，因而与机器语言相比，它在程序的编写、阅读和修改等方面都较为方便，不易出错，而且执行速度和机器语言完全相同。

汇编语言和机器语言一样，都脱离不开具体的机器，因此，这两种语言均为"面向机器"的语言。对于不同系列的单片机，其汇编语言一般是不同的。

用汇编语言编写的程序称为汇编语言源程序。由于计算机只能识别和执行机器语言，因此必须将汇编语言源程序"翻译"成能够在计算机上执行的机器语言（称为目标代码程序），这个翻译过程称为汇编（assemble）。用人工查表的方式进行翻译称为"人工汇编"。这种方法效率低且容易出错，所以通常采用"机器汇编"。完成汇编过程的系统程序称为汇编程序（assembler）。汇编过程如图 4-1 所示。

汇编语言语句可分为两大类：指令性语句和指示性语句。

指令性语句是由指令组成的、由 CPU 执行的语句。第 3 章中介绍的所有用助记符表示的指令都属于指令性语句。

指示性语句不是由 CPU 执行，而是用来告诉汇编程序如何对程序进行汇编的指令。由于它不能生成目标代码，故又被称为伪指令语句或伪指令。

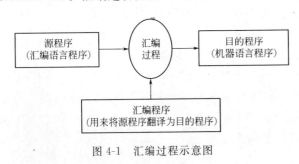

图 4-1 汇编过程示意图

（3）高级语言

高级语言（例如：BASIC，FORTRAN，COBOL，PASCAL 等）都是一些参照数学语言而设计的、近似于人们日常用语的语言。这种语言不仅直观、易学、易懂，而且通用性

强，易于移植到不同类型的计算机中去。

但是，汇编语言是计算机能提供给用户的最快而又最有效的语言，也是能利用计算机所有硬件特性并能直接控制硬件的唯一语言。因而，在对于程序的空间和时间要求很高的场合，汇编语言是必不可缺的。很多需要直接控制硬件的应用场合，则更是非用汇编语言不可。

4.1.2 汇编语言的格式

汇编语言源程序一般由四部分组成，即标号、操作码、操作数和注释，它们之间应用分隔符隔开，常用的分隔符有空格" "、逗号","、冒号":"和分号";"。

汇编语言指令格式如下。

［标号:］操作码 ［源操作数］［，目的操作数］［；注释］

（1）标号

标号用在指令的前边，必须跟":"，表示符号地址。一般在程序中有特定用途的地方加标号，如转移目标执行指令的前面需加标号，并不是所有指令前面都需要加标号。标号通常是以字母开头的8个或8个以下的字母数字序列，标号不能是系统中的保留字符和汇编符，如"MOV"、"ACC"、"SUBB"等，标号不能重复定义。

（2）操作码

操作码是指令的助记符，表示指令的性质，指示 CPU 执行何种操作。

（3）操作数

操作数包括源操作数和目的操作数，可以是参与运算的数或数的地址。

（4）注释

注释是对语句的说明，只是为了阅读和理解方便，汇编程序对注释部分不予理会。

4.1.3 伪指令

伪指令是不要求计算机做任何操作，也没有对应的机器码，不产生目标程序，不影响程序的执行，仅仅能够帮助进行汇编的一些指令。这些指令不属于指令系统中的指令，汇编时也不产生机器代码，不是 CPU 能执行的指令，故称为伪指令。伪指令只提供汇编控制信息，如指定程序或数据存放的起始位置，标号地址的具体取值，给出一些连续存放数据的地址，为源程序预留存储空间以及指示汇编语言源程序何时结束等。下面介绍 80C51 单片机中常用的伪指令。

（1）定位伪指令 ORG

格式:［标号:］ORG n（通常用十六进制数表示）

该伪指令的功能是规定其后面的目标程序或数据块的起始地址。ORG n 规定其后的程序或数据块从地址 n 开始存放。n 可以是十进制常数，也可以是十六进制常数。例如

```
          ORG    1000H
START:        MOV    R0，#0AFH
                ⋮
```

"ORG 1000H"规定了标号 START 的地址是 1000H，即本段程序从 1000H 开始存放。

在一个程序中，可以多次使用 ORG 伪指令，以规定不同的程序段或数据段的起始地址，地址一般应从小到大，不能重复。

（2）结束汇编伪指令 END

格式：［标号：］END

END 是汇编语言源程序的结束标志，表示汇编结束。在 END 以后所写的指令，汇编程序都不予处理。一个源程序只能有一个 END 命令，否则就有一部分指令不能被汇编。如果 END 前面加标号的话，则应与被结束程序段的起始点的标号一致，以表示结束的是哪一个程序段。

（3）定义字节伪指令 DB

格式：［标号：］DB X1，X2，…，Xn

该伪指令的功能是将 X1，X2，…，Xn 存入从标号开始的连续单元中。其中 Xi 为 8 位二进制数据（2 位十六进制数据）或 ASCII 码，表示 ASCII 码时应使用 ' '。当 Xi 为数值常数时，取值范围为 00H～FFH；为字符串常数时，其长度不应超过 80 个字符。例如

```
                ORG     1000H
        DB      10H，20H，30H
                ORG     1100H
TABA：DB        11H，12H，13H
        DB      'A'，'BCD'，'1'
```

以上伪指令经汇编后

```
        (1000H)=10H
        (1001H)=20H
        (1002H)=30H
        (1100H)=11H
        (1101H)=12H
        (1102H)=13H
        (1103H)=41H        ；41H 是字母 A 的 ASCII 码
        (1104H)=42H        ；'B'=42H
        (1105H)=43H        ；'C'=43H
        (1106H)=44H        ；'D'=44H
        (1107H)=31H        ；'1'=31H
```

（4）定义字伪指令 DW

格式：［标号：］DW X1，X2，…，Xn

该伪指令的功能是将 Xi 存入从标号开始的连续单元中。其中 Xi 为 16 位二进制常数，它占据两个存储单元。汇编时，机器自动按高 8 位在先，低 8 位在后的格式排列。例如：

```
                ORG     2000H
        DW      1234H，8FH
```

以上伪指令经汇编后

```
        (2000H)=12H
        (2001H)=34H
        (2002H)=00H
        (2003H)=8FH
```

（5）预留存储单元伪指令 DS

格式：[标号:] DS　表达式

该伪指令的功能是从标号地址开始，保留若干个字节单元的存储空间备用。保留的字节单元数由表达式的值决定。例如

$$ORG \quad 1000H$$
$$DS \quad 10H$$
$$DB \quad 30H，40H，50H$$

该伪指令定义 10H 个存储单元（1000H～100FH）备用，然后从 1010H 开始，按照下一条 DB 指令赋值

$$(1010H)=30H$$
$$(1011H)=40H$$
$$(1012H)=50H$$

（6）赋值伪指令 EQU

格式：标号　EQU　表达式

该伪指令的功能是将伪指令 EQU 后面的表达式的值赋给前面的标号。例如

$$K1 \quad EQU \quad 10H \quad\quad ;K1 与 10H 等值$$
$$MOV \quad R1，K1 \quad\quad ;(R1) \leftarrow (10H)$$

使用该伪指令应注意以下几点。

① 指令中的标号不是转移指令中出现的标号，而是出现在操作数中的标号。

② 指令中的名称必须先定义后使用，因此它总是出现在程序的开头。

使用赋值伪指令给程序的编制、调试和修改带来方便。例如在程序中多次使用某一数据，可以使用 EQU 指令将该数据赋给一个标号。一旦此数据发生变化，只要修改 EQU 指令中的数据即可。若不使用 EQU 指令，则要对所有涉及这一数据的指令进行修改。另外，使用 EQU 指令也极大地提高了程序的可读性。

（7）数据地址赋值伪指令 DATA

格式：标号　DATA　表达式

该伪指令的功能是将数据地址或代码地址赋予规定的标号。DATA 伪指令的功能与 EQU 有些类似，可以将一个表达式的值赋给一个标号，但它与 EQU 伪指令有如下区别。

① 表达式可以是数据或地址，但不可以是汇编符号（如 R0 等）。

② DATA 定义的标号可以先使用后定义，故该指令可以放在程序的开头或末尾。

例如：　　MOV　R1，K1　　　　;(R1) ← (10H)
$$K1 \quad DATA \quad 10H$$

（8）位地址定义伪指令 BIT

格式：标号　BIT　位地址

该伪指令的功能是将位地址赋予 BIT 前面的标号，经赋值后可用该标号代替 BIT 后面的位地址。例如

$$F12 \quad BIT \quad P1.2$$

经过以上伪指令定义后，在程序中就可以把 F12 作为位地址来使用。

4.1.4　汇编语言程序设计的步骤

汇编语言设计可以分为以下几个步骤。

（1）明确设计任务

对现有的已知条件和要完成的任务进行深入细致地了解和分析，将一个实际问题转化为计算机可以处理的问题。

（2）确定算法找出合理的计算方法及适当的数据结构，从而确定解题步骤。

要完成较为复杂的运算和控制操作，必须选择合适的算法，这是能否编出高质量程序的关键。

（3）根据算法画出程序流程图

流程图给出了程序结构，直观地表示程序的执行过程。它将算法和解题步骤具体化，减少了出错的可能性。

（4）根据流程图编写源程序

针对流程图中细化的各部分功能，编写出具体程序，然后根据流程图各部分之间的关系，构成一个完整的程序。

采用汇编语言编写程序应注意以下几点。

① 应该合理分配存储空间和工作单元。

② 将多次使用的程序段写成子程序。

③ 尽可能用标号或变量来代替绝对地址或常数。

（5）上机调试程序

可以利用仿真软件进行仿真调试，也可以翻译成目标程序在单片机上运行调试，直到程序正确为止。

（6）程序优化

同一个任务，可能有多种设计方法，找出一种较为简洁明了，相对容易实现的方法也是很重要的。

4.2　程序设计实例

4.2.1　顺序结构程序设计

顺序结构程序是最常见、最简单、最基本的程序。它按照程序编写的顺序依次执行。

【**例 4-1**】 将双字节原码右移 1 位。

解　根据题意画出程序流程图（如图 4-2 所示）。

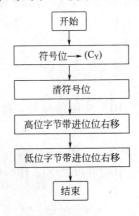

图 4-2　双字节原码右移 1 位流程图

设双字节原码高位字节存于 R2，低位字节存于 R3。根据流程图编写程序如下。

```
ORG     1000H
MOV     A，R2            ；取高位字节
MOV     C，ACC. 7        ；暂存符号位
CLR     ACC. 7          ；清符号位
RRC     A               ；带进位位右移 1 位
MOV     R2，A            ；存移位后的高位字节
MOV     A，R3            ；取低位字节
RRC     A               ；带进位位右移 1 位
MOV     R3，A            ；存移位后的低位字节
END
```

【例 4-2】 将 30H 单元两位压缩 BCD 码转换成二进制数，结果存入 31H 单元。

解

```
START：MOV   A，30H         ；取 2 位压缩 BCD
      ANL    A，♯0F0H      ；清低位 BCD 码，保留高位 BCD 码
      SWAP   A
      MOV    B，♯0AH
      MUL    AB            ；高位 BCD 码×10
      MOV    R7，A
      MOV    A，30H
      ANL    A，♯0FH       ；清高位 BCD 码，保留低位 BCD 码
      ADD    A，R7         ；高位 BCD 码×10＋低位 BCD 码
      MOV    31H，A        ；存转换结果
      END
```

4.2.2 分支程序设计

分支结构程序的主要特点是程序中包含条件判断，根据条件的成立与否执行不同的程序段。分支程序结构如图 4-3 所示。一般可用比较转移指令、条件转移指令和位转移指令等实现程序的分支。

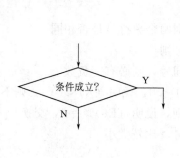

图 4-3 分支程序的结构

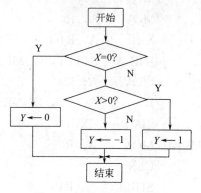

图 4-4 求符号函数流程图

【例 4-3】 编制符号函数程序。符号函数方程如下。

$$Y=\begin{cases}1, & X>0 \\ 0, & X=0 \\ -1, & X<0\end{cases}$$

解　设变量 X 存放于 30H 单元，函数 Y 存放于 40H 单元。

程序流程图如图 4-4 所示。

根据流程图编程如下。

```
          ORG      1000H
          X        EQU   30H
          Y        EQU   40H
          MOV      A, X                ; 取变量 X
          JZ       STOR                ; 若 X>0，转 STOR
          JNB      ACC. 7，POST        ; 若 X>0，转 POST
          MOV      A, ♯0FFH            ; 若 X<0，-1→（A）
          SJMP     STOR                ; 转 STOR
POST：    MOV      A, ♯01H             ; 1→(A)
STOR：    MOV      Y, A                ; 存结果
          END
```

【例 4-4】　设 30H，31H 单元存有两个带符号数，试比较它们的大小，将小数存于 30H 单元、大数存于 31H 单元。

解法 1　由于 80C51 没有带符号数比较的指令，因此采用以下几个步骤来达到两个带符号数比较大小的目的。首先判断两个数是否是同符号数，如果是同符号数，则先清进位位，后两数相减，根据进位标志可判断两数大小；如果不同号，只要判断哪一个数为负数，即可判断出大小。

根据上述思路，编程如下。

```
           ORG      0200H
           X        EQU   30H
           Y        EQU   31H
START：    MOV      R0, X             ; 将两个带符号数暂存与 R0，R1
           MOV      R1, Y
           MOV      A, R0
           XRL      A, R1             ; 判别两个数符号是否相同
           JNB      ACC. 7，COMPAR    ; 同号则比较
           MOV      A, R0             ; 不同号，则必有一负数
           JB       ACC. 7，DONE      ; (R0)<0，说明 (X)<(Y)，则不交换
           SJMP     EXCH              ; 否则，说明 (R0)>=0，交换
COMPAR：   MOV      A, R0             ; 同号，比较大小
           CLR      C
           SUBB     A, R1
           JC       DONE              ; (R0)<(R1)，不用交换
EXCH：     MOV      A, X              ; 交换 X 单元和 Y 单元内容
```

```
        XCH     A，Y
        MOV     X，A
DONE：SJMP    $                        ；结束
        END
```

解法 2 两个带符号数的比较也可利用两数相减后的正负和溢出标志结合起来进行判断。

若 X−Y>0，OV=0，则 X>Y；

　　　　OV=1，则 X<Y；

若 X−Y<0，OV=0，则 X<Y；

　　　　OV=1，则 X>Y。

程序如下。

```
        ORG     0200H
        X       EQU  30H
        Y       EQU  31H
        CLR     C
        MOV     A，X
        SUBB    A，Y              ；两数相减
        JZ      DONE             ；X=Y，则转到 DONE
        JB      ACC.7，NEG        ；X−Y<0，则转到 NEG
        JB      OV，DONE          ；X−Y>0，OV=1，则 Y>X，不交换
        SJMP    EXCH             ；X−Y>0，OV=0，则 X>Y，交换
NEG：   JB      OV，EXCH          ；X−Y<0，OV=1，则 X>Y，交换
        SJMP    DONE             ；X−Y<0，OV=0，则 X<Y，不交换
EXCH：  MOV     A，X              ；交换 X 单元和 Y 单元内容
        XCH     A，Y
        MOV     X，A
DONE：  SJMP    $                 ；结束
        END
```

4.2.3 散转程序设计

散转程序属于分支程序的范畴，是一种并行多分支程序，主要用于处理分支较多的情况。它根据某种输入或运算结果分别转向各个处理程序。与分支程序不同的是，散转程序一般采用"JMP @A+DPTR"指令，根据 A 和 DPTR 的内容，直接跳转到相应的分支程序执行，而分支程序一般是采用条件转移或比较转移指令实现程序的跳转，在分支较多的情况下，比较繁琐。

【**例 4-5**】 已知在一单片机系统中设置了"+"，"−"，"×"，"÷"4 个运算符，运算符的键值分别为 0，1，2，3，假设键值已经读入到工作寄存器 R7 中，要求根据键值号进行相应的运算。操作数由 P1，P2 口输入，运算结果仍有 P1，P2 口输出。P1 口输入被加数、被减数、被乘数、被除数，输出运算结果的低 8 位或商；P2 口输入加数、减数、乘数、除数，输出进位、借位、运算结果的高 8 位、余数。

```
START: MOV      P1, #0FFH              ; 置 P1 口为输入状态
       MOV      P2, #0FFH              ; 置 P2 口为输入状态
       MOV      DPTR, #TABLE          ; 置"＋，－，×，÷"表首地址
       CLR      C
       MOV      A, R7
       SUBB     A, #04H
       JNC      ERROR                 ; 键值不是 0~3，转出错处理子程序
       ADD      A, #04H
       RL       A
       RL       A                     ; 键号×4，得到正确的散转偏移号
       JMP      @A+DPTR               ; 散转
TABLE: ACALL    PRADD                 ; 转加法子程序
       SJMP     PREND
       ACALL    PRSUB                 ; 转减法子程序
       SJMP     PREND
       ACALL    PRMUL                 ; 转乘法子程序
       SJMP     PREND
       ACALL    PRDIV                 ; 转除法子程序
PREND: SJMP     $                     ; 结束
ERROR: (出错处理)
       AJMP     PREND
PRADD: MOV      A, P1                 ; 读被加数
       ADD      A, P2                 ; (P1) ＋ (P2)
       MOV      P1, A                 ; "和"送 P1 口
       CLR      A
       ADDC     A, #0                 ; (CY)→(A)→(P2)
       MOV      P2, A                 ; 进位送 P2 口
       RET
PRSUB: MOV      A, P1                 ; 读被减数
       CLR      C
       SUBB     A, P2                 ; (P1)－(P2)
       MOV      P1, A                 ; "差"送 P1 口
       CLR      A
       RLC      A                     ; (CY)→(A)→(P2)
       MOV      P2, A                 ; 借位送 P2 口
       RET
PRMUL: MOV      A, P1                 ; 读被乘数
       MOV      B, P2                 ; 取乘数
       MUL      AB                    ; (P1)×(P2)
       MOV      P1, A                 ; 乘积低 8 位送 P1 口
```

	MOV	P2，B	；乘积高 8 位送 P2 口
	RET		
PRDIV：	MOV	A，P1	；读被除数
	MOV	B，P2	；取除数
	DIV	AB	；(P1)÷(P2)
	MOV	P1，A	；商送 P1 口
	MOV	P2，B	；余数送 P2 口
	RET		
	END		

本例中，由于 ACALL 和 SJMP 为双字节指令，因此键号必须先乘以 4，以便得到正确的散转偏移位置，如果将 ACALL 指令改为 LCALL，则键号必须乘以 5。另外需要注意的是，由于本例采用 ACALL 指令，故每个分支的入口地址和 ACALL 指令的下一条指令的第一个字节必须在同一个 2KB 储存区域，如改用 LCALL 指令则不受该限制。

本例中，在调用加法、减法、乘法子程序后，必须加"SJMP　PREND"指令，否则将导致错误。例如：假设程序运行前，R7 中的内容为 0，本应只进行加法运算，如果没有"SJMP　PREND"指令，将导致加法、减法、乘法和除法子程序均被运行一遍，这显然是与题意不符的。

4.2.4　循环程序设计

在实际应用中，往往需要多次重复执行一段完全相同的操作，而只是参与操作的操作数不同，这时就可采用循环程序，以缩短程序，减少程序所占的内存空间。循环程序结构如图 4-5 所示，从图中可以看出循环程序一般包括以下几个部分。

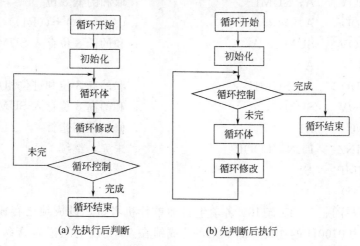

(a) 先执行后判断　　　　(b) 先判断后执行

图 4-5　循环程序结构图

① 循环初始化：循环初始化程序段位于循环程序开头，用于完成循环前的准备工作。例如，对循环体中使用的存储单元和各寄存器赋予规定的初始值和循环次数。

② 循环体：循环体就是程序中需要重复执行的部分，是循环结构主体。

③ 循环修改：每执行一次循环，就要对有关参数进行修改，使指针指向下一数据所在的位置，为进入下一轮循环做准备。

④ 循环控制：在程序中还须根据循环计数器的值或其他条件，来决定循环是否该结束。如果满足循环执行条件则继续下一轮循环，否则结束循环。

循环程序存在两种结构，一种是图 4-5(a) 所示的结构，它是先执行循环体和循环修改，再进行循环控制判断；另一种是图 4-5(b) 所示的结构，它是先进行循环控制判断，再执行循环体和循环修改。

80C51 设有功能极强的循环修改、控制指令。

DJNZ　　　Rn，rel　　　；以工作寄存器作控制计数器

DJNZ　　　direct，rel　　；以直接寻址单元作控制计数器

循环程序在实际应用程序设计中应用极广，下面将举例说明。

【例 4-6】 已知内部 RAM 的 31H 单元开始有一无符号数据块，块长在 30H 单元。请编写程序求数据块中各数累加和并存入 28H 和 29H 单元。

解 用 LEN 表示数据块长度，用 BLOCK 表示数据块起始位置，SUMH 和 SUML 分别表示累加和的高 8 位和低 8 位。编程如下。

```
          ORG    1000H
LEN       EQU    30H
SUMH      EQU    28H
SUML      EQU    29H
BLOCK     EQU    31H
          MOV    SUML，#00H        ；清和低 8 位单元
          MOV    SUMH，#00H        ；清和高 8 位单元
          MOV    R1，#BLOCK        ；数据起始地址送 R1
LOOP：    MOV    A，SUML           ；取和的低 8 位
          ADD    A，@R1            ；(A)←(A)+((R1))
          MOV    SUML，A           ；和的低 8 位存入 SUML 单元
          CLR    A
          ADDC   A，SUMH           ；和的高 8 位和进位相加
          MOV    SUMH，A           ；和的高 8 位存入 SUMH 单元
          INC    R1                ；修改数据指针
          DJNZ   LEN，LOOP         ；未完，继续
          SJMP   $                 ；结束
          END
```

【例 4-7】 某学院三年级有 180 名学生参加单片机考试，设成绩已存放在 80C51 外部 RAM 起始地址为 0100H 的连续存储单元，若成绩在 90 分以上的记为 A 级，在 80～89 分的记为 B 级，在 70～79 分的记为 C 级，在 60～69 分的记为 D 级，低于 60 分的记为 E 级。试编程统计获得各个等级的学生人数并存入内部 RAM31H～35H 单元。

解 为了使程序便于阅读和理解，用 SCOREAD 表示存放成绩的起始单元，NUM 表示学生人数，GRANDA，GRANDB，GRANDC，GRANDD 和 GRANDE 分别表示获等级 A，B，C，D 和 E 人数的存储单元。编程如下。

```
          ORG      1000H
SCOREAD   EQU      0100H
```

```
NUM        EQU      180
GRANDA     EQU      31H
GRANDB     EQU      32H
GRANDC     EQU      33H
GRANDD     EQU      34H
GRANDE     EQU      35H
           CLR      A
           MOV      GRANDA, A          ; 各等级单元清 0
           MOV      GRANDB, A
           MOV      GRANDC, A
           MOV      GRANDD, A
           MOV      GRANDE, A
           MOV      R2, ♯NUM           ; 考试总人数送 R2
           MOV      DPTR, ♯SCOREAD     ; DPTR 指向学生成绩起始地址
LOOP：     MOVX     A, @DPTR           ; 某学生成绩送 A
           CJNE     A, ♯90, LOOP1      ; 与 90 分作比较，形成 CY
LOOP1：    JNC      CLASS1             ; 大于等于 90 分，转 CLASS1
           CJNE     A, ♯80, LOOP2      ; 与 80 分作比较，形成 CY
LOOP2：    JNC      CLASS2             ; 大于等于 80 分，转 CLASS2
           CJNE     A, ♯70, LOOP3      ; 与 70 分作比较，形成 CY
LOOP3：    JNC      CLASS3             ; 大于等于 70 分，转 CLASS3
           CJNE     A, ♯60, LOOP4      ; 与 60 分作比较，形成 CY
LOOP4：    JNC      CLASS4             ; 大于等于 60 分，转 CLASS4
           INC      GRANDE             ; 等级 E 人数加 1
           SJMP     NEXT
CLASS1：   INC      GRANDA             ; 等级 A 人数加 1
           SJMP     NEXT
CLASS2：   INC      GRANDB             ; 等级 B 人数加 1
           SJMP     NEXT
CLASS3：   INC      GRANDC             ; 等级 C 人数加 1
           SJMP     NEXT
CLASS4：   INC      GRANDD             ; 等级 D 人数加 1
NEXT：     INC      DPTR               ; 指向下一个学生的成绩
           DJNZ     R2, LOOP           ; 未完，继续循环
           SJMP     $                  ; 结束
           END
```

4.2.5 查表程序

在单片机应用系统中，经常用到查表程序。在很多情况下，本来需要通过计算才能解决的问题可以用查表方法解决。例如对于离散函数 $Y_n = f(X_n)$，如果函数关系式较复杂，用

单片机编制计算程序很麻烦，且执行时间也较长。如果预先计算出每一个 X_i 对应的 Y_i 的值，存放在 ROM 中，在单片机工作时，只要根据 X_i 值，即可查到 Y_i 的值，这样就大大节省了单片机的计算时间，也使编程简单多了。实际上，对于很多单调的连续函数，通过离散化的方法，也可用查表程序使编程简单化。

一般表格常量设置在程序存储器的某一区域内。在 80C51 指令集中，设有两条查表指令

$$\text{MOVC} \quad \text{A，@A+DPTR}$$
$$\text{MOVC} \quad \text{A，@A+PC}$$

这两条指令有如下的特点。

① 均从程序存储器的表格区域读取表格值。

② DPTR 和 PC 均为基址寄存器，指示表格首地址。但两者的区别是：选用 DPTR 作表首地址指针，表域可设置在程序存储器 64 KB 范围内的任何区域；采用 PC 作表首地址指针，则表域必须紧跟在该查表指令之后，这使表域设置受到限制，且编程较麻烦，需计算偏移量（表格首地址与查表指令下一条指令的首地址的差），但可节省存储空间。

③ 在指令执行前，累加器 A 的内容指示查表值距表首地址的无符号偏移量，因而由它限制了表格的长度，一般不超过 256 个字节单元。如果超过 256 个字节单元，对于第一条查表指令编程较烦琐，需要更改基址寄存器 DPTR 的值，并且执行完指令"MOVC A，@A+DPTR"后，需将 DPTR 值改回，仍然指向表首；对于第二条查表指令，无法实现。

④ 当上述查表指令执行完，自动恢复原 PC 值，仍指向查表指令的下一条指令继续顺序执行。

当用 DPTR 作基址寄存器时，查表的步骤分三步。

① 基址值（表格首地址）→（DPTR）。

② 变址值（表中要查的项的地址与表格首地址的差）→（A）。

③ 执行指令"MOVC A，@A+DPTR"完成查表。

当用 PC 作基址寄存器时，由于 PC 本身是一个程序计数器，与指令的存放地址有关，所以查表时其操作有所不同，也可分为三步。

① 变址值（表中要查的项的地址与表格首地址的差）→（A）。

② 偏移量（表格首地址与查表指令下一条指令的首地址的差）+（A）→（A）。

③ 执行指令"MOVC A，@A+PC"完成查表。

下面举例说明，根据查表参数（或序号）查找对应值的查表方法。

【例 4-8】 已知 R2 低 4 位有一个十六进制数（0～F 中的一个），请编写能把它转换成相应 ASCII 码并送回 R2 的程序。

本例给出三种解法，一种是计算法，另外两种是查表法，请读者自行比较它们的优劣。

解法 1 计算法。查 ASCII 码表可知：数字 0～9 的 ASCII 码分别是 30H～39H；英文大写字母 A～F 的 ASCII 码分别是 41H～46H。可见数字的 ASCII 码值与其值相差 30H；字母的 ASCII 码值与其值相差 37H。实现转换的程序如下。

```
ORG    1000H
MOV    A，R2          ;取要转换的数
ANL    A，#0FH        ;屏蔽高 4 位
CJNE   A，#10，LOOP    ;和 10 比较
```

```
LOOP:  JC     AD30H              ；有借位说明（A)<10，则加 30H
       ADD    A，♯07H            ；无借位，加 07H＋30H
AD30H: ADD    A，♯30H            ；得 ASCII 码
       MOV    R2，A              ；存结果
       SJMP   $
       END
```

解法 2 利用指令 "MOVC A，@A＋DPTR" 的查表法。

```
       ORG    1000H
       MOV    DPTR，♯ASCTAB      ；DPTR 指向表首
       MOV    A，R2              ；取要转换的数
       ANL    A，♯0FH            ；屏蔽高 4 位
       MOVC   A，@A＋DPTR        ；查表
       MOV    R2，A              ；存结果
       SJMP   $
ASCTAB:DB     '0123456789ABCDEF'
       END
```

解法 3 利用指令 "MOVC A，@A＋PC" 的查表法。

```
       ORG    1000H
       MOV    A，R2              ；取要转换的数
       ANL    A，♯0FH            ；屏蔽高 4 位
       ADD    A，♯03H            ；加偏移量
       MOVC   A，@A＋PC          ；查表
       MOV    R2，A              ；存结果
       SJMP   $
ASCTAB:DB     '0123456789ABCDEF'
       END
```

【例 4-9】 设有一起始地址为 DTABLE 的数据表格，表中存有 1000 个双字节的元素。试编写能根据元素的序号查找对应元素的程序。假设序号已经存放在 RAM 中的 31H（低字节）和 32H（高字节）单元，查找到的元素仍放入 31H 和 32H 单元。

解 因为表格的长度大于 256 个字节，所以不能采用查表指令 "MOVC A，@A＋PC"，而只能采用另一条查表指令 "MOVC A，@A＋DPTR"。由于表格内的元素为双字节元素，故元素的序号应乘以 2，再与 DPTR 中的数据表格起始地址相加，以获得数据元素的绝对地址。程序如下。

```
        ORG    1000H
XL      EQU    31H
XH      EQU    32H
CHKTAB: MOV    DPTR，♯DTABLE      ；DPTR 指向表格起始位置
        MOV    A，XL             ；低字节送入 A
        CLR    C                ；清进位位
        RLC    A                ；低字节×2
```

```
        XCH     A, XH                       ; 2XL 暂存入 XH，高字节送入 A
        RLC     A                           ; 高字节×2
        XCH     A, XH                       ; 存高字节，取低字节到 A
        ADD     A, DPL                      ; 2×低字节+(DPL)
        MOV     DPL, A                      ; 得绝对地址低字节
        MOV     A, DPH
        ADDC    A, XH                       ; 2×高字节+(DPH)+(CY)
        MOV     DPH, A                      ; 得绝对地址高字节
        CLR     A
        MOVC    A, @A+DPTR                  ; 查表得元素高字节
        MOV     XH, A                       ; 存高字节
        MOV     A, ♯1
        MOVC    A, @A+DPTR                  ; 查表得元素低字节
        MOV     XL, A                       ; 存低字节
        RET                                 ; 返回主程序
DTABLE: DW ……                              ; 元素表格，高字节在前
        ⋮
        DW ……
        END
```

以上程序是以子程序的形式编写的，故可以被其他程序调用。本例中子程序名为 CHK-TAB，有关子程序的内容将在下面予以详细介绍。

4.2.6　子程序

在实际的程序设计中，将那些需多次应用的、完成相同的某种基本运算或操作的程序段从整个程序中独立出来，单独编制成一个程序段，尽量使其标准化，并存放于某一存储区域。需要时通过指令进行调用。这样的程序段，称为子程序。

使用子程序会大大简化主程序的结构，增加程序的可读性，缩短程序长度，节省程序存储器空间，减小编程工作量。同时，子程序还增加了程序的可移植性。一些常用的程序，如代码转换程序、运算程序、外部设备驱动程序等，写成子程序形式，可以随时被引用、参考，给广大单片机用户提供了极大的方便。

调用子程序的程序称为主程序或调用程序。主程序与子程序的关系如图 4-6(a) 所示。

（1）子程序调用和返回

① 子程序调用。使用子程序的过程称为子程序调用，可由专门的指令来实现，这种指令称为子程序调用指令（如 ACALL 或 LCALL）。调用指令中的地址为子程序的入口地址，在汇编语言中通常用标号来表示。执行子程序调用指令时，单片机首先将当前的 PC 值（即调用指令的下一条指令的首地址）压入堆栈保存，将子程序的入口地址送入 PC 中，然后转去执行子程序，

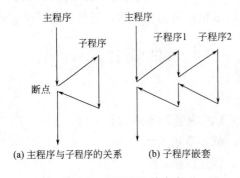

(a) 主程序与子程序的关系　　(b) 子程序嵌套

图 4-6　子程序及其嵌套

完成主程序对子程序的调用。

需要注意，ACALL 调用指令是一条双字节指令，它提供低 11 位调用目标地址，高 5 位地址不变。这意味着被调用的子程序首地址与调用指令的下一条指令需在同一个 2 KB 范围内。而 LCALL 调用指令是一条三字节指令，它提供 16 位目标地址码。因此，子程序可设置在 64 KB 的任何存储器区域。

② 子程序返回。子程序执行完后，返回到原来程序的过程称为子程序返回，也由专门的指令来实现，这种指令称为子程序返回指令（RET）。返回指令应是子程序的最后一条指令，它将调用子程序时压栈的 PC 值返弹给 PC，使程序返回断点处（调用指令的下一条指令）继续执行主程序。

在子程序的执行过程中，可能出现子程序再次调用其他子程序的情况。像这种子程序调用子程序的现象通常称为子程序嵌套（如图 4-6(b) 所示）。在一个比较复杂的子程序中，还有可能出现多重嵌套的现象。为了不在子程序返回时造成混乱，必须处理好子程序调用与返回之间的关系，处理好有关信息的保护和交换工作。

（2）保护现场与恢复现场

在调用子程序中，由于程序转入子程序执行将可能破坏主程序或调用程序的有关状态寄存器（PSW）、工作寄存器和累加器等的内容。因此，必要时应将这些单元内容保护起来，即保护现场。对于 PSW，A，B 等可通过压栈指令进栈保护。

当子程序执行完后，即返回主程序时，应先将上述保护的内容送回到原来的寄存器中去，这后一过程称为恢复现场。对于 PSW，A，B 等内容可通过出栈指令来恢复。

需要说明的是为了增强程序执行速度和实时性，通常工作寄存器不采用进栈保护的办法，而采用选择不同工作寄存器组的方式来达到保护的目的。一般主程序选用工作寄存器组 0，而子程序选用工作寄存器的其他组。这样既节省了入栈/出栈操作，又减少了堆栈空间的占用，且速度快。

① 调用前保护，返回后恢复。在调用指令之前，进行现场保护；在调用指令之后，即返回断点后进行现场恢复。其主程序结构如下面的程序段所示。

```
        PUSH    PSW             ；将 PSW，ACC，B 压栈保护
        PUSH    ACC
        PUSH    B
        MOV     PSW，#08H        ；选用工作寄存器组 1，将组 0 保护
        ACALL   addr11          ；调用子程序程序 addr11
        POP     B               ；恢复 PSW，ACC，B 内容
        POP     ACC
        POP     PSW
```

② 调用后保护，返回前恢复。这种方式是在主程序调用后，在子程序的开始部分，进行必要的现场保护；而在子程序结束，返回指令前进行现场恢复。这是常用方式，设子程序首地址为 addr11，其子程序段如下所示。

```
Addr11：PUSH    PSW             ；现场保护
        PUSH    ACC
        PUSH    B
        MOV     PSW，#10H        ；选用工作寄存器组 2，将组 0 保护
```

$\vdots$

```
        POP      B                          ;现场恢复
        POP      ACC
        POP      PSW
```

在编写子程序时，还应注意保护（压栈）和恢复（出栈）的顺序，即先压入者后弹出，否则将出错。

（3）子程序的参数传递

主程序在调用子程序时，经常需要传送一些参数，子程序运行完后也经常将一些参数回送给主程序，这叫参数传递。

① 入口参数。在调用子程序时，主程序应先把有关参数放在某些约定的寄存器或存储单元中。子程序运行时，可以从这些约定位置得到这些参数，这叫入口参数。

② 出口参数。子程序结束前，也应把运算结果送到约定的寄存器或数据存储单元中，返回主程序后，主程序从约定位置获得这些参数，这叫出口参数。

在编写子程序时需首先确定入口参数和出口参数的存放位置。对存放入口参数和出口参数的寄存器，不能进行现场保护，否则就破坏了应该向主程序传送的参数。参数传递可以采用累加器 A、工作寄存器和堆栈等来完成。

为使所编子程序可以放在 64KB 程序存储器的任何位置，并能被主程序调用，子程序内部必须使用相对转移指令，而不使用其他转移指令，以便汇编时生成浮动代码。

【例 4-10】 设内部 RAM31H，32H 和 33H 单元有三个小于 10 的无符号整数 x_1，x_2 和 x_3，请编写求

$$y = x_1^2 + x_2^2 + x_3^2$$

的程序，并将结果送入 30H 单元。

　　解　本程序分为主程序和子程序两部分，子程序为求 x^2 的通用子程序，主程序通过三次调用该子程序，可得 x_1^2，x_2^2 和 x_3^2，将它们相加即可得到 y。程序如下。

```
        ORG      1000H
        X1       EQU   31H
        X2       EQU   32H
        X3       EQU   33H
        Y        EQU   30H
        MOV      A, X1                      ;入口参数 X1 送 A
        ACALL    SQR                        ;求 X1²
        MOV      R1, A                      ;X1² 存入 R1
        MOV      A, X2                      ;入口参数 X2 送 A
        ACALL    SQR                        ;求 X2²
        ADD      A, R1                      ;求 X1²+X2²
        MOV      R1, A                      ;存入 R1
        MOV      A, X3                      ;入口参数 X3 送 A
        ACALL    SQR                        ;求 X3²
        ADD      A, R1                      ;求 X1²+X2²+X3²
        MOV      Y, A                       ;存入 Y
```

```
              SJMP    $                       ;结束
        SQR： ADD     A，#1                    ;加偏移量
              MOVC    A，@A+PC                 ;查平方表
              RET                             ;返回主程序
     SQRTAB： DB      0，1，4，9，16            
              DB      25，36，49，64，81        
              END
```

上述程序中子程序为查平方表程序，入口参数和出口参数都是由累加器 A 传送的。

【例 4-11】 将内部 RAM 中 XBIN 单元和 YBIN 单元的 8 位无符号二进制整数分别转换成三位压缩型 BCD 码，并分别存于 XBCDH，XBCDL 和 YBCDH，YBCDL 单元中。

解 本程序分为主程序和子程序两部分。子程序采用 80C51 的除法指令，实现单字节二进制整数转换成三位压缩型 BCD 码。三位 BCD 码需占用二个字节，将百位 BCD 码存于高位地址字节单元，十位和个位 BCD 码存于低地址字节单元中。主程序完成入口参数的传递和子程序的两次调用。

设子程序入口参数（单字节无符号整数）存于 R2，出口参数（三位压缩型 BCD 码）存于 R3（百位）和 R2（十位和个位）中。程序如下。

```
              ORG     0200H
              XBIN    EQU   30H
              XBCDL   EQU   31H
              XBCDH   EQU   32H
              YBIN    EQU   40H
              YBCDL   EQU   41H
              YBCDH   EQU   42H
              MOV     R2，XBIN               ;置入口参数
              ACALL   BINBCD                ;调用转换子程序
              MOV     XBCDH，R3              ;存百位
              MOV     XBCDL，R2              ;存十位和个位
              MOV     R2，YBIN               ;置入口参数
              ACALL   BINBCD                ;调用转换子程序
              MOV     YBCDH，R3              ;存百位
              MOV     YBCDL，R2              ;存十位和个位
              SJMP    $                     ;结束
     BINBCD： PUSH    PSW                   ;现场保护
              PUSH    ACC
              PUSH    B
              MOV     A，R2                  ;二进制整数送 A
              MOV     B，#100                ;十进制数 100 送 B
              DIV     AB                    ;(A)÷ 100，以确定百位数
              MOV     R3，A                  ;商（百位数）存于 R3 中
              MOV     A，#10                 ;将 10 送 A 中
```

```
        XCH     A，B                ；将 10 和 B 中余数互换
        DIV     AB                 ；(A)÷10 得十、个位数
        SWAP    A                  ；将 A 中商（十位数）移入高 4 位
        ADD     A，B                ；将 B 中余数（个位数）加到 A 中
        MOV     R2，A               ；将十、个位 BCD 码存入 R2 中
        POP     B                  ；恢复现场
        POP     ACC
        POP     PSW
        RET                        ；返回
        END
```

上述程序中的子程序将程序状态字 PSW、累加器 A 及 B 寄存器都进行了入栈保护，这是为了子程序的通用性，也就是说其他程序也可调用该子程序。事实上，本例中将有关的保护和恢复指令去除，并不影响本程序的正确执行。

【例 4-12】 在 30H 单元存有两个十六进制数，请编程将它们转换成 ASCII 码存入 31H 和 32H 单元。

解 本题子程序采用查表方式完成一个十六进制数的 ASCII 码转换，主程序完成入口参数的传递（通过堆栈传递）和子程序的两次调用。程序如下。

```
        ORG     0200H
        HEX     EQU     30H
        ASCL    EQU     31H
        ASCH    EQU     32H
        MOV     SP，＃50H            ；设置堆栈指针
        PUSH    HEX                ；十六进制数（入口参数）进栈
        ACALL   TOASC              ；调用 ASCII 码转换子程序
        POP     ASCL               ；得低半字节的 ASCII 码
        MOV     A，HEX              ；十六进制数送入 A
        SWAP    A                  ；高半字节换到低半字节
        PUSH    ACC                ；入口参数进栈
        ACALL   TOASC              ；调用 ASCII 码转换子程序
        POP     ASCH               ；得高半字节的 ASCII 码
        SJMP    $                  ；结束
TOASC：  DEC     SP
        DEC     SP                 ；使 SP 指向入口参数位置
        POP     ACC                ；弹出入口参数到 A
        MOV     DPTR，＃ASCTAB       ；DPTR 指向 ASCII 码表首
        ANL     A，＃0FH            ；屏蔽高 4 位，取低 4 位
        MOVC    A，@A+DPTR          ；查表得 ASCII 码
        PUSH    ACC                ；ASCII 码入栈
        INC     SP
        INC     SP                 ；SP 指向断点地址高 8 位
```

```
        RET                          ;返回
ASCTAB：DB        '0123456789ABCDEF'
        END
```

在上面的程序中，参数传递是通过堆栈完成的，在堆栈传送子程序参数时要注意堆栈指针的指向。因为在调用子程序的过程中，程序自动将断点地址压入堆栈，相当于执行了指令"PUSH PCL"和"PUSH PCH"，已经使 SP 的内容加 2。因此，本例中在子程序入口处增加了两条"DEC SP"指令，在出口处增加了两条"INC SP"指令，就是调整堆栈指针指向，使其指向正确的地址。

以上介绍了程序结构的六种形式，通过这几种程序结构的组合，可实现各种各样的应用程序设计。

习题 4

4-1　在单片机领域，目前最广泛使用的是哪种语言？有哪些优越性？这种语言单片机能否直接执行？

4-2　程序设计语言有哪三种，各有什么异同？汇编语言有哪两类语句？各有什么特点？

4-3　在汇编语言程序设计中，为什么要采用标号来表示地址？标号的构成原则是什么？使用标号有什么限制？注释段起什么作用？

4-4　什么是结构化程序设计？它包含哪些基本结构程序？

4-5　80C51 汇编语言有哪几条常用伪指令？各起什么作用？

4-6　汇编语言程序设计分哪几步？各步骤的任务是什么？

4-7　顺序结构程序的特点是什么？试用顺序结构程序编写三字节无符号数的加法程序段（请自行设定操作数单元和存入被加数单元，最高位进位不作处理）。

4-8　什么是分支结构程序？80C51 哪些指令可用于选择结构程序编程？

4-9　80C51 有哪些散转（或多分支转移）指令？根据累加器 A 中的动态运行结果选择分支程序，请编写散转程序段和画出程序流程图。

4-10　循环结构程序有何特点？80C51 的循环转移指令有何特点？

4-11　80C51 有哪些查表指令？它们有何本质区别？当表的长度超过 256 个字节时应如何处理？

4-12　何谓子程序？一般在什么情况下采用子程序方式？它的结构特点是什么？

4-13　编程将内部 RAM 的 40H～60H 单元清零。

4-14　设晶振频率为 6MHz，试编写能延时 10ms 的子程序，子程序名为 DELAY。

4-15　编程将外部 RAM 的 1000H～1FFF 区域的数据送到 2000H～2FFFH 区域。

4-16　已知一内部 RAM 以 BLOLK1 和 BLOCK2 为起始地址的存储区中分别有 5 字节无符号被减数和减数（低位在前，高位在后）。请编写减法子程序令它们相减，并把差放入以 BLOCK1 为起始地址的存储单元。

4-17　从内部 RAM20H 单元开始存有一组带符号数，其个数已存放在 1FH 单元。要求统计出其中大于 0、等于 0 和小于 0 的数的数目，并把统计结果分别存入 ONE，TWO，THREE 三个单元。

4-18　设内部 RAM30H 单元有两个非零的 BCD 数，请编写求两个 BCD 数的积并将积送入 31H 单元的程序。

4-19 在内部数据存储器中的 X 和 Y 单元各存有一个带符号数 x 和 y，要求按照以下条件来进行运算，结果 z 送入 Z 单元。

$$z=\begin{cases} x \wedge y, & \text{若 X 为正偶数或 0} \\ x \vee y, & \text{若 X 为正奇数} \\ x \oplus y, & \text{若 X 为负数} \end{cases}$$

4-20 编制绝对值函数程序。绝对值函数方程如下。

$$Y=\begin{cases} X & ,X>0 \\ 0 & ,X=0 \\ -X & ,X<0 \end{cases}$$

假设 X 存于 30H 单元，Y 存于 40H 单元。

4-21 试编写统计数据区长度的程序，设数据区从内部 RAM30H 开始，该数据区以 0 结束，统计结果送入 2FH 中。

4-22 从外部 RAM 的 SOURCE 开始有一数据块，该数据块以 ＄ 字符结尾。请编写程序，把它们传送到以外部 RAM 的 DEST 为起始地址的区域（＄ 字符也要传送，DEST 区域和 SOURCE 区域不重叠）。

4-23 已知 R7 中为 2 位十六进制数，试编程将其转换为 ASCII 码，存入内部 RAM 31H，32H 中（低字节在前）。

4-24 设在 MA 和 MB 单元中有两个补码形式的 8 位二进制带符号数。请编写求两数之和并把它放在 SUML 和 SUMH 单元（低 8 位在 SUML 单元）的子程序。

提示：在两个 8 位二进制带符号数相加时，其和很可能会超过 8 位数所能表示的范围，从而需要采用 16 位数形式来表示。因此，在进行加法时、可以预先把这两个加数扩张成 16 位二进制补码形式，然后对它完成双字节相加。

4-25 设外部 RAM1000H～10FFH 数据区中的数均为无符号数。试编写程序，找出该区域中的数的最大值，并放入内部 RAM30H 单元中。

4-26 如果上题 RAM 中的数为带符号数，程序又当如何编写？

4-27 对外部 RAM1000H～10FFH 数据区中的无符号数，进行从小到大的排序。

4-28 已知 a,b,c 均为 0～9 的整数，试编程求解表达式的值（要求使用子程序）。

$$Y=(a-b)^2+(b-c)^2+(c-a)^2$$

4-29 从内部 RAM 的 SCORE 单元开始放有 16 位同学某门课程的考试成绩，试编程求最高分、最低分以及平均成绩，分别存入 MAX，MIN，AVERAGE 单元。

4-30 在内部 RAM 的 30H～3FH 的 16 个单元中放有 8 个用 ASCII 码表示的两位十六进制数（高字节在前），试求出它们对应的 16 进制数，并存放到 40H～47H 单元中。

4-31 单片机内部 RAM30H～39H 单元存有 10 个单字节正整数 $x_i(i=0\sim9)$，2FH 单元存有数 n，请编写一散转程序，实现

$$Y=\begin{cases} x_0, & n=0 \\ x_1, & n=1 \\ \vdots & \\ x_9, & n=9 \\ -1, & \text{其他} \end{cases}$$

5 半导体存储器

半导体存储器是存储二进制信息的大规模集成电路，它是单片机系统用来存放程序、原始数据及运算结果的设备，具有容量大、体积小、功耗低、存取速度快、使用寿命长等特点。

半导体存储器的种类很多，按照存取功能的不同，存储器分为只读存储器（Read Only Memory，ROM）、随机存取存储器（Read Access Memory，RAM）两大类；按照制造工艺分类，存储器可以分为双极型和 MOS 型两种；按照应用类型可以分为通用型和专用型两种。MOS 型存储器以功耗低及集成度高等优势在大容量存储器中应用广泛。

5.1 随机存取存储器 RAM

随机存取存储器，顾名思义可以在任意时刻，对任意选中的存储单元进行信息的存入（写）或取出（读）的操作，也称为随机读写存储器。它的优点是读写方便、速度快，缺点是电源断电后，被存储的信息即丢失。RAM 主要用于存放各种数据，包括现场输入数据、中间运算数据、运算结果数据、信息处理数据和输出数据等。

MOS 型 RAM 按照其基本存储电路的结构和特性，可分为静态 RAM（Static RAM，SRAM）和动态 RAM（Dynamic RAM，DRAM）两大类以及基于 SRAM 和 DRAM 而构成的组合型 RAM。SRAM 可随时读写，不需刷新电路，集成度较低，常用于单片机控制系统等存储量不大的微型机系统。DRAM 可随时读写，使用中需由刷新电路定时刷新其内容，否则内容会丢失，集成度高，价廉，适于大存储容量时使用。

5.1.1 RAM 的结构和工作原理

图 5-1 示出了 1K×8 位的随机存取存储器的结构框图。由图可见，RAM 由存储矩阵、地址译码器、片选和读/写控制电路、输入输出电路四个部分组成。

（1）存储矩阵

存储矩阵是由一些存储单元排列而成，是一个 n 行×m 列矩阵，它是存储器的主体。存储单元的数目称为存储器的容量。图 5-1 中的存储体有 1024 个存储单元（称为 1KB），一个存储器的存储单元数与其地址线数相对应，10 根地址线 A0～A9，其寻址范围为 $2^{10}=1024$。而每个存储单元包含若干个（图 5-1 中为 8 个）基本存储电路，每个基本存储电路存放一位二进制数。存储单元的位数与存储单元的数据线数相对应。图 5-1 的存储单元有 8 个基本存储电路，因此该芯片的输入输出数据线是 8 条（D0～D7），该存储单元也就是 8 位（＝1BYTE）的存储单元。

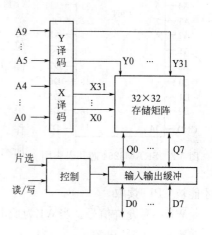

图 5-1 1K×8 位静态 RAM 结构图

（2）地址译码电路

每片 RAM 由若干个存储单元组成，每个存储单元由若干位组成，通常信息的读写是以存储单元为单位进行的。不同的存储单元具有不同的地址，在进行读写操作时，可以按照地址选择欲访问的存储单元。地址的选择是通过地址译码器来实现的。

在存储器中，通常将输入地址译码器分为行地址译码器和列地址译码器两部分，给定地址码后，行地址译码器输出线中有一条有效，选中该行的存储单元，同时，列地址译码器输出线中也有一条有效，选中一列存储单元，行线和列线的交叉点处的单元即被选中。图 5-1 中共有行线 $2^5 = 32$ 根，列线 $2^5 = 32$ 根，可选中的单元有 $32 \times 32 = 1024$ 个。例如，当 $A9 \sim A0 = 0000100010$ 时，是第 2 行第 1 列交叉处的存储单元被选中。

（3）片选与读/写控制电路

在单片机系统中，RAM 可能由多片组成，系统每次读写时，只能选中其中的一片（或几片）进行读写，因此每片 RAM 均需有片选信号线 $\overline{CS}$，当 $\overline{CS} = 0$ 时，RAM 为正常工作状态；当 $\overline{CS} = 1$ 时，所有的输入输出端都为高阻态，RAM 不能进行读/写操作。

读/写控制电路用于对电路的工作状态进行控制。当控制信号为"读"时，数据输出缓冲器被选通，输入缓冲器被禁止，存储单元处于读出状态；当控制信号为"写"时，数据输入缓冲器被选通，输出缓冲器被禁止，存储单元处于写入状态。

（4）数据输入输出电路

数据输入输出电路是带三态门的输入缓冲器和输出缓冲器，在片选和读写控制信号控制下，实现数据的双向传送。当片选信号无效时，数据输入输出缓冲器呈高阻态。

5.1.2 典型 RAM 芯片介绍

（1）典型静态 RAM

SRAM 的使用十分方便，在微型计算机领域有着极为广泛的应用。下边就以典型的 SRAM 芯片 6264 为例，说明它的外部特性及工作过程。

6264 是 $8K \times 8$ 的 CMOS 静态 RAM 存储器，其引脚如图 5-2 所示。它共有 28 条引出线，包含地址线 13 根、数据线 8 根、控制信号线 4 根以及电源线和地线等。

A12～A0：13 根地址线，决定了 6264 共有 $2^{13} = 8192$（8K）个存储单元。

D7～D0：8 根双向数据线，决定了每个存储单元有 8 位二进制数。对 SRAM 来说，数据线的多少决定了每个存储单元的二进制位数。

$\overline{CS1}$，CS2：片选信号线。当 $\overline{CS1}$ 为低电平、CS2 为高电平时，该芯片被选中，此时 CPU 才可对它进行存取操作。不同的芯片，其片选信号的数量可能不相同，但只有所有的片选信号有效时，该芯片才能被选中。

$\overline{OE}$：输出允许信号。当 $\overline{OE}$ 为低电平时，芯片内的数据才能被 CPU 读取。

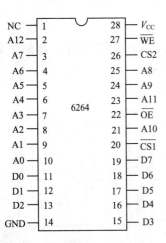

图 5-2 SRAM6264 芯片引脚图

$\overline{WE}$：写允许信号。当 $\overline{WE}$ 为低电平时，CPU 才能向其写入数据。

V_{CC}：+5V 电源。

GND：接地端。

NC：空端。

（2）静态 RAM 的工作过程

仍以 6264 芯片为例，说明静态 RAM 的工作过程。对 6264 的操作包括写入和读出。表 5-1 为 6264 芯片的真值表。

表 5-1　6264 芯片真值表

$\overline{WE}$	$\overline{CS1}$	CS2	$\overline{OE}$	D7～D0
0	0	1	×	写入
1	0	1	0	读出
×	0	0	×	
×	1	0	×	三态
×	1	1	×	（高阻）

写入数据的过程是，首先把要写入单元的地址送到芯片的地址线 A12～A0 上，选中该芯片，即使 $\overline{CS1}$，CS2 同时有效（CS1＝0，CS2＝1），然后把要写入的数据送到数据线上，并在 $\overline{WE}$ 端加上有效的低电平（$\overline{WE}$＝0），$\overline{OE}$ 端状态可以任意（一般使 $\overline{OE}$＝1），这样，数据就可以写入指定的存储单元中。

读出数据的过程是，首先把要读出单元的地址送到芯片的地址线 A12～A0 上，选中该芯片，即使 $\overline{CS1}$，CS2 同时有效（$\overline{CS1}$＝0 且 CS2＝1），然后使输出允许信号 $\overline{OE}$＝0，写入允许信号 $\overline{WE}$＝1，这样，就能从指定的单元中读出数据了。

注意，只要有一个片选信号无效时，即 $\overline{CS1}$＝1 或 CS2＝0，数据输入输出缓冲器呈高阻态。

（3）典型动态 RAM

和静态 RAM 一样，动态 RAM 也是由许多基本存储电路按照行和列来组成的。由于动态 RAM 是利用电容存取电荷的原理来保存信息的，而电容存在漏电会逐渐放电，电荷流失，信息也会丢失，所以对动态 RAM 必须间隔一段时间就刷新一次。另外，动态存储器的结构简单，因而集成度高，但要求的读写外围电路较复杂，适合于大容量存储器。例如，构成微机内存的内存条几乎毫无例外地都是由 DRAM 组成的。下面以一种典型的 DRAM 芯片 2164 为例来说明它的外部特性和工作过程。

2164 DRAM 芯片采用 16 引脚封装，其容量为 64K×1 位，芯片引脚图如图 5-3。

A7～A0：8 根地址线。DRAM 芯片在构造上的特点是芯片上的地址引线是复用的。虽然 2164 的容量为 64K 个单元，但它并不像对应的 SRAM 芯片那样有 16 根地址线，而是只要这个数量的一半，即 8 根地址线。那么

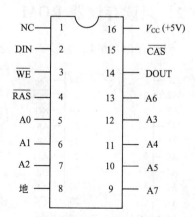

图 5-3　2164 芯片引脚图

它是如何用 8 根地址线来寻址这 64K 个单元的呢？实际上，在存取 DRAM 芯片的某单元时，其操作过程是将存取的地址分两次输入到芯片中。首先把低 8 位地址信号在行地址选通信号 $\overline{RAS}$ 有效时通过芯片的地址输入线送至行地址锁存器，而后把高 8 位地址信号在列地址

选通信号$\overline{CAS}$有效时通过芯片的地址输入线送至列地址锁存器，从而实现了地址码的传送。

DIN：数据输入线。当 CPU 写芯片的某一单元时，要写入的数据由 DIN 送入芯片内部。

DOUT：数据输出线。当 CPU 读某一单元时，数据由 DOUT 输出。

$\overline{RAS}$：行地址选通信号。该信号将行地址锁存在芯片内部的行地址锁存器中。

$\overline{CAS}$：列地址选通信号。该信号将列地址锁存在芯片内部的列地址锁存器中。

$\overline{WE}$：写（或读）允许信号。$\overline{WE}=0$ 时，允许将数据写入；$\overline{WE}=1$ 时，允许数据被读出。

（4）动态 RAM 的工作过程

DRAM 的数据输入过程是，首先将行地址加在 A7～A0 上，然后使$\overline{RAS}$行地址选通信号有效，该信号的下降沿将行地址锁存在行地址锁存器中，接着将列地址加在 A7～A0 上，再使$\overline{CAS}$列地址选通信号有效，该信号的下降沿将列地址锁存在列地址锁存器中，然后保持$\overline{WE}=0$，在$\overline{CAS}$有效期间（$\overline{CAS}=0$），数据由 DIN 端输入。

DRAM 的数据输出过程是，首先送地址（该过程与数据输入过程中送地址方式一致），然后保持$\overline{WE}=1$，在$\overline{CAS}$有效期间，数据由 DOUT 端输出并保持。

前面已经说明 DRAM 是靠电容存储电荷的，必须进行定时刷新。所谓刷新就是将 DRAM 中存放的每一位信息读出并重新写入的过程。刷新的方法是使列地址选通信号无效（$\overline{CAS}=1$），送上行地址，并使行地址选通信号有效（$\overline{RAS}=0$），芯片内部就会将所选中行的各单元的信息进行刷新（对原来为"1"的补充电荷，原来为"0"的则保持不变）。显然，只要将行地址循环一遍，就可刷新所有的存储单元。由于刷新时，$\overline{CAS}$无效，所以位线上的信息不会送到数据总线上。

2164 芯片不使用专门的片选信号，由行地址选通信号$\overline{RAS}$和列地址选通信号$\overline{CAS}$作为片选信号。

由于 2164 是"64K×1 位"结构，每 8 片才可组成 64KB 的存储空间。8 片的$\overline{RAS}$，$\overline{CAS}$，$\overline{WE}$分别连在一起，用来同时对 8 片进行操作。

5.2 只读存储器 ROM

只读存储器的结构简单，集成度高，断电后信息不会丢失，是一种非易失性器件，可靠性比较高。只读存储器可分为掩模式只读存储器（MROM）、可编程只读存储器（PROM）、可擦写可再编程只读存储器（EPROM、EEPROM）。

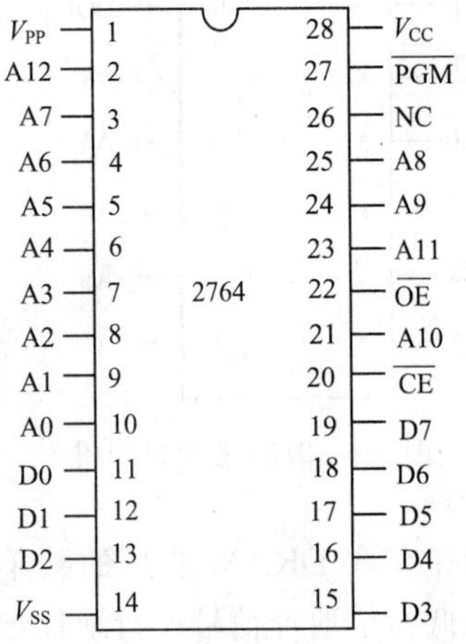

典型 ROM 芯片介绍如下。

（1）典型 EPROM 芯片

下面以典型芯片 2764 为例来介绍 EPROM 芯片的特点和应用。2764 是一块 8K×8 位的 EPROM 芯片，其引脚如图 5-4 所示。

A12～A0：13 根地址线。用于寻址片内的 8K 个存储单元。

D7～D0：8 根双向数据线。正常工作时为数据输出线，编程时为数据输入线。

图 5-4　EPROM2764 引脚图

$\overline{CE}$：片选信号线。当$\overline{CE}$为低电平时，该芯片被选中，此时 CPU 才可对它进行读写操作。

$\overline{OE}$：输出允许信号。当$\overline{OE}$为低电平时，芯片内的数据才能被 CPU 读取。

$\overline{PGM}$：编程脉冲输入端。对 EPROM 编程时，在该端加上编程脉冲。读操作时$\overline{PGM}$为高电平。

V_{CC}：+5V 电源。

V_{SS}：接地端。

V_{PP}：编程电压输入端。编程时应在该端加上高电压。不同型号的 EPROM 所用的编程电压 V_{PP} 有三种规格：+12.5V，+21V 和+25V。在写入操作时必须按规定值使用，否则将毁坏芯片或不能正确写入信息。例如 M27C64A 的编程电压为+12.5V。另外，读操作时，V_{PP} 应接+5V。

（2）EPROM 的工作过程

① 数据读出。这是 2764 的基本工作方式，其工作过程与 SRAM 非常相似，即先把地址送到地址线 A12～A0 上，然后使片选信号$\overline{CE}=0$、输出允许信号$\overline{OE}=0$，就可在数据线 D7～D0 上得到该地址中的数据。

② 编程写入。对 EPROM 芯片的编程方式有两种：标准编程和快速编程。

a. 标准编程。标准编程是给出一个负脉冲就写入一个字节的数据。具体方法是：V_{CC} 先接+5V，V_{PP} 再加上编程要求的高电压（注意顺序一定不能颠倒）；在 A12～A0 地址线上给出要写入存储单元的地址，然后使$\overline{CE}=0$，$\overline{OE}=1$，并在数据线上给出要写入的数据。上述信号稳定后，在$\overline{PGM}$端加上 (50±5)ms 的负脉冲，就可将一个字节的数据写入相应的地址单元。不断重复这个过程，就可将程序或数据全部写入对应的存储单元中。

如果其他信号状态不变，只是在写入一个单元的数据后使$\overline{OE}=0$，则可以对刚写入的数据进行校验。当然，也可在写完所有单元后，再逐一进行校验。若发现数据有错，则必须全部擦除，再重复上述全部过程。

b. 快速编程。快速编程与标准编程的工作过程一样，只是编程脉冲要窄得多。其编程过程是：先用 $100\mu s$ 的编程脉冲依次写完所要编程的单元。然后从头开始校验每个写入的字节。若写得不正确，则重写此单元，写完后再校验，不正确还可再写。若连续若干次仍不正确，则认为芯片已损坏。最后再对每个单元校验一遍，校验正确则编程结束，否则，重复上述全部过程。

c. 擦除。利用紫外线光照射 EPROM 芯片的窗口，经过 15～20min 即可将整个芯片擦除干净。通常可用专用的 EPROM 擦除器进行擦除。一般在擦完后，读一下 EPROM 的每个单元，若其内容均为 0FFH，就认为擦干净了。

由于自然光中也含有紫外线，长时间照射有可能使 EPROM 丢失信息，因此，在 EPROM 正常工作期间，应将其窗口用不透明胶布盖上。

（3）典型 E^2PROM 芯片

E^2PROM 由于采用电擦除技术，允许在线编程写入和擦除，使用起来比 EPROM 方便得多。图 5-5 为 8K×8 位的 E^2PROM 芯片 NMC98C64A 的引脚图。

A12～A0：13 根地址线。用于寻址片内的 8K 个存储单元。

D7～D0：8 根双向数据线。正常工作时为数据输出线，编程时为数据输入线。

$\overline{CE}$：片选信号线。当$\overline{CE}$为低电平时，该芯片被选中，此时 CPU 才可对它进行读写

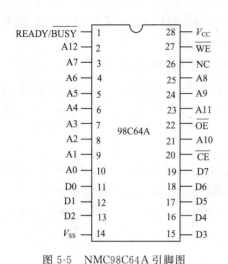

图 5-5　NMC98C64A 引脚图

操作。

$\overline{OE}$：输出允许信号。当 $\overline{CE}=0$，$\overline{OE}=0$，$\overline{WE}=1$ 时，芯片内的数据才能被 CPU 读取。

$\overline{WE}$：写允许信号。当 $\overline{CE}=0$，$\overline{OE}=1$，$\overline{WE}=0$ 时，可以将数据写入指定的存储单元。

READY/$\overline{BUSY}$：状态输出端。当该芯片正在执行编程写入时，此管脚为低电平。写完后，此管脚变为高电平。因为正在写入当前数据时，芯片不接收 CPU 送来的下一个数据，所以 CPU 通过检查此管脚的状态来判断写操作是否结束。

V_{CC}：+5V。

V_{SS}：接地。

（4）E^2PROM 的工作过程

仍以 NMC98C64A 为例进行说明。该芯片的工作过程包括 3 个部分：数据读出、编程写入和擦除。

① 数据读出。由 E^2PROM 读出数据的过程与从 EPROM 及 RAM 中读出数据的过程是一样的。即先把地址送到地址线 A12～A0 上，然后使片选信号 $\overline{CE}=0$、输出允许信号 $\overline{OE}=0$、写允许信号 $\overline{WE}=1$，就可在数据线 D7～D0 上得到该地址中的数据。

② 编程写入。写入 NMC98C64A 有两种方式，即字节写入方式和自动页写入。

a. 字节写入。字节写入是一次写入一个字节的数据。当 $\overline{CE}=0$，$\overline{OE}=1$，在 $\overline{WE}$ 端加上 100ns 的负脉冲，便可以将数据写入规定的地址单元。这里要特别注意的是 $\overline{WE}$ 脉冲过后，并非写入已实际完成，而是要等到 READY/$\overline{BUSY}$ 端的状态由低电平变为高电平，才表示一个字节写入完成，才能开始下一个字节的写入。这段时间里包括了对本单元数据的擦除和新数据的写入。不同芯片写入一个字节所用时间略有不同，一般是几到几十毫秒。NMC98C64A 所用的时间为 5～10ms。

在实现对 E^2PROM 编程时，可以利用 READY/$\overline{BUSY}$ 信号，对它进行查询或利用它产生中断来判断一个字节是否已写入。对于无 READY/$\overline{BUSY}$ 信号的芯片，则可用软件或硬件定时方式，保证准确写入一个字节所需要的时间。

b. 自动页写入。页编程的思想是一次写入一页，而不是一个字节。在 98C64A 中一页数据最多可达 32 个字节，且要求这些字节在内存中是顺序排列的。也就是，98C64A 的 A12～A5 高位地址线用来决定哪一页数据，低位地址线 A4～A0 用来寻址该页内所包含的 32 个字节。因此，A12～A5 可以称为页地址。

页编程写入的过程是利用软件首先向 98C64A 写入页的一个数据，并在此后的 $300\mu s$ 之内，连续写入本页的其他数据，而后利用查询或中断获得 READY/$\overline{BUSY}$ 已变高，表示这一页的数据已写入 98C64A，即写周期完成。然后接着开始写下一页，依次进行，直到将数据全部写完。利用这样的方法，编程一片 8K×8 位的 98C64A，最多只需 2.6s，是比较快的。

③ 擦除。擦除和写入从某种意义上来讲是同一种操作，只不过擦除总是向单元中写入 "0FFH" 而已。E^2PROM 既可以一次擦除一个字节，也可以擦除整个芯片的内容。擦除一个字节的过程和写入一个字节的过程完全一样。写入数据 0FFH，就等于对这个单元进行了擦除。若希望一次将芯片的所有单元的内容全部擦除干净，则可利用 E^2PROM 的片擦除功

能，即在 D7～D0 上加上 0FFH，使 $\overline{CE}=0$，$\overline{WE}=0$，并在 $\overline{OE}$ 引脚上加 +15V 电压且使这种状态保持 10ms，即可将芯片所有单元擦除干净。

目前，一种称为闪存（FLASH ROM）的新一代的 E^2PROM 已经被研制出来，FLASH 和普通 E^2PROM 存储器的区别是：FLASH 也是一种非易失性的内存，但属于 E^2PROM 的改进产品；E^2PROM 可以按"位"擦写，而 FLASH 只能按块（BLOCK）擦除，不同型号的闪存块的大小是不一样的；E^2PROM 是低端产品，容量低，价格便宜，但是稳定性较 FLASH 要好一些；在存取速度方面，一般而言 FLASH 较快。

由于篇幅限制，本书对闪存不作进一步介绍，有兴趣的读者可参考有关资料。

5.3　80C51 单片机的存储器扩展

在一些简单的应用场合，采用 80C51 单片机的最小应用系统最能发挥单片机体积小、成本低的优点。但在许多情况下，最小应用系统往往不能满足要求，需要对系统进行扩展。

扩展可以分为程序存储器（ROM）扩展、数据存储器（RAM）扩展、输入输出（I/O）接口扩展、中断系统扩展以及其他特殊功能扩展等，本节仅介绍前两种扩展，其他内容将在后续章节介绍。

5.3.1　80C51 三总线结构

单片机都是通过芯片的引脚进行系统扩展的。为了满足系统扩展要求，80C51 系列单片机芯片引脚可以构成图 5-6 所示的三总线结构，即地址总线（AB）、数据总线（DB）和控制总线（CB）。所有的外部芯片都通过这三组总线进行扩展。

（1）地址总线（AB）

地址总线由 P0 口提供低 8 位 A7～A0，P2 口提供高 8 位 A15～A8。由于 P0 还要做数据总线口，只能分时用做地址线，故 P0 口输出的低 8 位地址数据必须用锁存器锁存。锁存器的锁存控制信号为引脚 ALE 输出的控制信号。在 ALE 的下降沿将 P0 口输出的地址数据锁存。P2 口具有输出锁存功能，故不需外加锁存器。P0，P2 口在系统扩展中用做地址线后便不能作为一般 I/O 口使用。

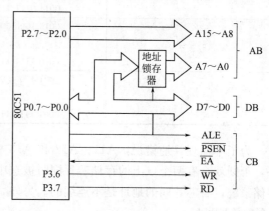

图 5-6　80C51 系列单片机的三总线引脚结构

（2）数据总线（DB）

数据总线由 P0 口提供，其宽度为 8 位。P0 口为三态双向口，是应用系统中使用最为频繁的通道。所有单片机与外部交换的数据、指令、信息，除少数可直接通过 P1 口外，全部通过 P0 口传送。数据总线要连到多个外围芯片上，而在同一时间里只能够有一个是有效的数据传送通道。哪个芯片的数据通道有效，则由地址线控制各个芯片的片选线来选择。

（3）控制总线（CB）

控制总线包括片外系统扩展用控制线和片外信号对单片机的控制线。系统扩展用控制线有 ALE，$\overline{\text{PSEN}}$，$\overline{\text{EA}}$，$\overline{\text{WR}}$，$\overline{\text{RD}}$，这些控制线的功能已在第 2 章介绍，此处不再赘述。

5.3.2　片选方式和地址分配

外扩存储器被分配在存储空间的哪个位置，一般由高位地址线产生的片选信号确定。当存储芯片多于一片时，必须利用片选信号来分别确定各芯片的地址分配。

产生片选信号的方式有线选法和译码法两种。

（1）线选法

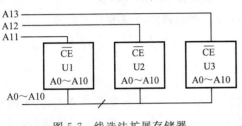

图 5-7　线选法扩展存储器

线选法是将某一高位地址线直接（或经反相器）连接到存储芯片的片选端，如图 5-7 所示。

图 5-7 中，芯片 U1，U2 和 U3 都是 2K×8 位存储芯片，地址线 A11，A12 和 A13 分别接到它们的片选端。为了确定各存储芯片的地址范围，把没有用到的高位地址 A14，A15 均设为 0。这样确定的地址称为存储芯片的基本地址，如表 5-2 所示。

表 5-2　线选法 3 片存储芯片地址分配表

芯 片 号	地址线状态	地　　址
U1	0011 0000 0000 0000 ↓ 0011 0111 1111 1111	3000H（最低地址） ↓ 37FFH（最高地址）
U2	0010 1000 0000 0000 ↓ 0010 1111 1111 1111	2800H（最低地址） ↓ 2FFFH（最高地址）
U3	0001 1000 0000 0000 ↓ 0001 1111 1111 1111	1800H（最低地址） ↓ 1FFFH（最高地址）

为了不出现寻址错误，A11，A12 和 A13 中有一根为低电平时，另外两根必须为高电平，否则就会有两个以上的存储芯片同时被选中，从而出错。由表 5-2 可见，线选法构成的存储系统，各芯片间的地址是不连续的。另外，还存在地址重叠现象，例如 U1 芯片有以下 4 个重叠地址区。

0011 0000 0000 0000B～0011 0111 1111 1111B（3000H～37FFH）

0111 0000 0000 0000B～0111 0111 1111 1111B（7000H～77FFH）

1011 0000 0000 0000B～1011 0111 1111 1111B（B000H～B7FFH）

1111 0000 0000 0000B～1111 0111 1111 1111B（F000H～F7FFH）

地址重叠不影响存储芯片的使用，使用时可用其任何一个地址区，只是造成了存储空间的浪费。由于线选法使存储空间得不到充分利用，因此只适合于扩展存储容量较小的场合。

（2）译码法

译码法是通过译码器将高位地址线转换为片选信号的片选方法。图 5-8 采用全译码方式实现片选，各存储芯片的地址范围如下。

U1：1000 0000 0000 0000B～1000 0111 1111 1111B（8000H～87FFH）

U2：1000 1000 0000 0000B～1000 1111 1111 1111B(8800H～8FFFH)

U3：1001 0000 0000 0000B～1001 0111 1111 1111B(9000H～97FFH)

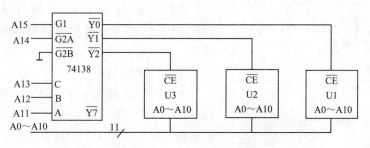

图 5-8 全译码法扩展存储器

图 5-9 采用部分译码方式实现片选，各存储芯片的地址范围如下。

U1：xx00 0000 0000 0000B～xx00 0111 1111 1111B(注：x 任选 0 或 1)

即 0000H～07FFH，4000H～47FFH，8000H～87FFH，C000H～C7FFH

U2：xx00 1000 0000 0000B～xx00 1111 1111 1111B

即 0800H～0FFFH，4800H～4FFFH，8800H～8FFFH，C800H～CFFFH

U3：xx01 0000 0000 0000B～xx01 0111 1111 1111B

即 1000H～17FFH，5000H～57FFH，9000H～97FFH，D000H～D7FFH

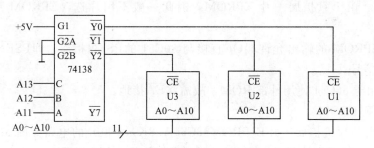

图 5-9 部分译码法扩展存储器

由此可见，译码法与线选法比较，硬件电路稍复杂，需要使用译码器，但可充分利用存储空间，全译码时还可避免地址重叠现象，局部译码因还有部分高位地址线未参与译码，因此仍存在地址重叠现象。

译码法的另一个优点是若译码器输出端留有剩余端线未用时，便于继续扩展存储器或 I/O 口接口电路。

需要说明的是，译码法和线选法不仅适用于扩展存储器（包括外部 RAM 和外部 ROM），还适用于扩展 I/O 口（包括各种外围设备和接口芯片）。

5.3.3 程序存储器扩展

对于没有内部 ROM 的单片机或者当程序较长、片内 ROM 容量不够时，用户必须在单片机外部扩展程序存储器。80C51 单片机片外有 16 根地址线，最大寻址范围为 64KB (0000H～FFFFH)。

由于 EPROM，E^2PROM，FLASH ROM 集成技术的提高，可以使 80C51 系列单片机集成电路的内部程序存储器的容量越来越大，如 89C51 的片内程序存储器的容量为 4K×8 位、89C58 则达 32K×8 位，有的甚至达到 64K×8 位。因此，程序存储器的扩展已经不再是必须的了，在这里仅作为一种技术加以介绍。

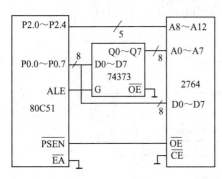

图 5-10　2764 与 80C51 的典型连接电路

（1）扩展 EPROM

80C51 系列单片机扩展 1 片 EPROM2764（8K×8 位）作为外部程序存储器的电路如图 5-10 所示。

① 地址线。

a. 低 8 位地址：由 80C51 P0.0～P0.7 与 74373 D0～D7 端连接，ALE 有效时 74373 锁存该低 8 位地址，并从 Q0～Q7 输出，与 EPROM 芯片低 8 位地址 A0～A7 相接。

b. 高位地址：由 EPROM 芯片容量大小决定。2764 需 5 位，P2.0～P2.4 与 2764 A8～A12 相连。27128 需 6 位，P2.0～P2.5 与 27128 A8～A13 相连。

② 数据线。由 80C51 地址/数据复用总线 P0.0～P0.7 直接与 EPROM 数据线 D0～D7 相连。

③ 控制线。

a. ALE：80C51 ALE 端与 74373 门控端 G 相连，专用于锁存低 8 位地址。

b. 片选端：由于只扩展一片 EPROM，因此一般不用片选，EPROM 片选端 $\overline{CE}$ 直接接地。

c. $\overline{OE}$：EPROM 的输出允许端 $\overline{OE}$ 直接与 80C51 的 $\overline{PSEN}$ 相连，即 $\overline{PSEN}$ 作为 EPROM 的"读"选通信号。

d. $\overline{EA}$：由于 80C51 使用外部 ROM，故需将 $\overline{EA}$ 接地。

（2）扩展 E²PROM

80C51 系列单片机扩展 1 片 E²PROM98C64A（8K×8 位）的电路如图 5-11 所示。该电路中，98C64A 不仅可作外部 ROM，同时还可当作外部 RAM 使用。

图 5-11 中，98C64A 的地址线和数据线与 80C51 单片机的连接和前面完全一样，下面仅对控制线的连接予以说明。

① ALE：80C51 ALE 端与 74373 门控端 G 相连，专用于锁存低 8 位地址。

② 片选端：E²PROM 片选端 $\overline{CE}$ 接单片机 P2.7，当 P2.7＝0 时，选中 98C64A，因此该芯片的地址范围是：6000H～7FFFH（无关位取 1）。

③ $\overline{OE}$：将单片机的 $\overline{PSEN}$ 和 $\overline{RD}$ 相与后与

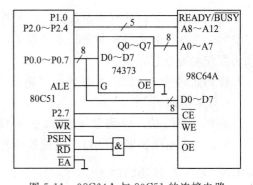

图 5-11　98C64A 与 80C51 的连接电路

$\overline{OE}$ 相连接。执行 MOVC 指令时，"读"选通由 $\overline{PSEN}$ 控制，此时 98C64A 作为外 ROM 使用；执行 MOVX 指令时，"读"选通由 $\overline{RD}$ 控制，"写"选通由 $\overline{WR}$ 控制；此时 98C64A 作为外 RAM 使用。需要注意的是，读 E²PROM 时，速度较快，完全能满足 CPU 要求。而写 E²PROM 时，速度很慢，因此，不能将 E²PROM 当作一般 RAM 使用。每写入一个（页）字节，要延时 10ms 以上，或根据读入的 READY/$\overline{BUSY}$ 的状态，判断写入是否完成（图 5-

11 中，由 P1.0 读入其状态），使用时应特别注意。

④ $\overline{EA}$：由于 80C51 使用外部 ROM，故需将 $\overline{EA}$ 接地。

5.3.4　数据存储器扩展

数据存储器（RAM）是用来存放各种数据的，80C51 单片机内部有 128 B RAM 存储器，CPU 对内部 RAM 具有丰富的操作指令。但是，当单片机用于实时数据采集或处理大批量数据时，仅靠片内提供的 RAM 是远远不够的。此时，可以利用单片机的扩展功能，扩展外部数据存储器。

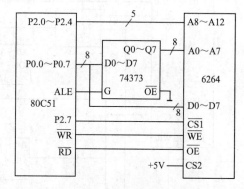

图 5-12　SRAM6264 与 80C51 的连接图

（1）扩展一片 RAM

单片机扩展数据存储器常用的静态 RAM 芯片有 6116(2K×8 位)、6264(8K×8 位)、62256(32K×8 位) 等。图 5-12 所示为扩展 1 片 SRAM6264(8K×8 位) 作为外部数据存储器的电路图。

① 地址线、数据线的连接与扩展 ROM 时相同。

② 片选线一般由 80C51 高位地址线控制，并决定 RAM 地址，图 5-12 中，6264 的地址范围是：6000H～7FFFH(无关位取 1)。

6264 有 2 个片选端只需用其一，一般用 $\overline{CS1}$，CS2 直接接 V_{CC}。

③ 读写控制线由 80C51 的 $\overline{RD}$、$\overline{WR}$ 分别与 RAM 芯片的 $\overline{OE}$、$\overline{WE}$ 相接。

④ 如用外部程序存储器，$\overline{EA}$ 接地；如用内部程序存储器 $\overline{EA}$ 接+5V。

（2）同时扩展多片 RAM 和 ROM

图 5-13 为采用 2764 和 6264 芯片在 80C31 片外分别扩展 24KB 程序存储器和数据存储器的连接图。从图中可以看出，3 片 2764 和 3 片 6264 中，各有一片 2764 和一片 6264 的片选端并接在一根译码输出线上。即有 2764 和 6264 芯片相同的地址单元将会同时选通。但这不会发生地址冲突，因为两种芯片的控制信号是不一样的，外 ROM 受 $\overline{PSEN}$ 信号的控制，而外 RAM 受 $\overline{RD}$ 和 $\overline{WR}$ 信号的控制。另外，对它们操作的指令也是不一样的，对 ROM 的操作指令是 "MOVC"，而对外 RAM 的操作指令是 "MOVX"。

在实际应用中，可根据程序的大小，选择合适的内部带 E^2PROM 或 FLASH ROM 的 80C51 芯片。如 89C51 内部 FLASH ROM 的容量为 4KB，而 89C58 内部 FLASH ROM 的容量则达到了 32KB，故绝大多数情况不需要外扩 ROM。

另外 80C51 内部含有 128B 或 256B 的 RAM，在一般情况下，也不需要外扩。当内部 RAM 不够用时，可考虑外扩。

① 若只需扩展少量外 RAM，又需要扩展 I/O 口和定时/计数器时，可选择可编程接口芯片 8155（将在后续章节介绍）。

② 若需要扩展的 RAM 容量较大，可选择 6116 和 6264 等。

③ 若需要扩展的 RAM 容量大，但对数据的写入速度要求较低，不需要频繁改写，且要求掉电后数据不丢失，可考虑选用 98C64A 等 E^2PROM，甚至可以考虑选用 FLASH ROM 作为外扩 RAM。它们的一个典型应用是在数据记录仪中，如电力系统的故障录波

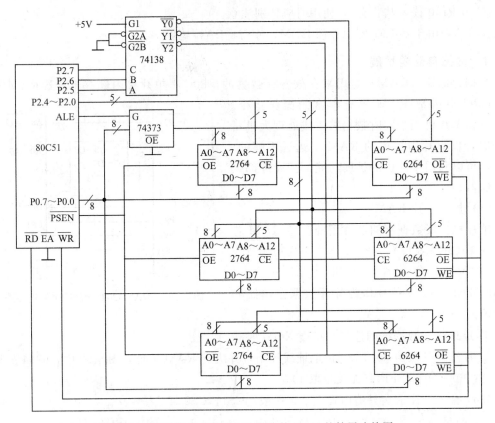

图 5-13　同时扩展片外 ROM 和片外 RAM 的扩展连接图

仪等。

习题 5

5-1　存储器是如何分类的？RAM 和 ROM 各有什么特点？

5-2　只读存储器 ROM 有哪几种类型？各有什么特点？

5-3　随机存取存储器有哪几种类型？各有什么特点？

5-4　为什么动态 RAM 需要定时刷新？

5-5　决定 CPU 寻址能力的最基本因素是什么？

5-6　存储器片选方式有哪几种？各有什么特点？

5-7　80C51 单片机是如何访问外部程序存储器和外部数据存储器的？

5-8　80C51 外扩 ROM 时，为什么 P0 口要接一个 8 位锁存器，而 P2 口却不接？

5-9　若要设计一个 32K×8 位的外 RAM 存储器，分别采用 2114（1K×4 位）和 6264（8K×8 位）芯片，各需多少块存储芯片？

5-10　80C51 单片机扩展一片外 RAM 芯片时，为什么用高位地址线作片选线？

5-11　80C51 单片机同时扩展 ROM 和 RAM 时，共同使用 16 位地址线和 8 位数据线，即使它们的地址范围一样，为什么两个存储空间不会发生冲突？

5-12　80C51 扩展 2 片 6264 存储器芯片，试用 P2.6，P2.7 对其片选，并指出它们的地址范围。

5-13　试用 Intel27128(16K×8 位)、6264(8K×8 位) 分别作为 80C51 的外扩程序存储器和数据存储器,画出其硬件连接图,并指出每片芯片的基本地址范围。

5-14　按下列要求分别画出 E²PROM98C64A 与 80C51 的连接电路图,并说明其读写工作原理。

(1) 只能用 MOVC 指令读 98C64A;

(2) 用 MOVC 和 MOVX 指令均能读 98C64A。

6 输入输出和中断

6.1 输入输出的基本概念

输入输出（I/O）是计算机与外部世界交换信息必须具备的功能，通过键盘、鼠标、BCD拨码盘等输入设备将程序、数据等信息送入计算机的过程称为输入，而通过显示器、指示灯、打印机等输出设备将处理结果送出的过程称为输出。

由于目前所使用的外设种类繁多，有机械式、电动式、电子式等形式，它们的信息类型也各有差异，可以是数字量、模拟量或开关量，因此外设和CPU之间通常是不能直接连接的，而必须通过接口电路相连接。

6.1.1 I/O接口的功能

接口是将外设连接到总线上的一组逻辑电路的总称。接口电路应具有以下功能。

（1）地址译码与设备选择

所有外设都通过I/O接口挂接在系统总线上，在任一时刻总线只允许一个外设与CPU进行数据传送。因此，只有通过地址译码选中的I/O接口允许与总线相通，而未被选中的I/O接口呈现为高阻状态，与总线隔离。

（2）缓冲锁存数据

为解决CPU和外设之间的速度差异，接口应具有数据缓冲、锁存能力。

（3）信息的输入输出

通过I/O接口，CPU可以从外部设备输入各种信息，也可将信息输出到外设；CPU通过向I/O接口写入命令可以控制I/O接口的工作；还可以随时监测I/O接口和外设的工作状态；必要时外设还可以通过I/O接口向CPU发出中断请求。

（4）信息转换

当外设的电平不符合CPU的要求时，需由I/O接口进行电平转换。当外设以电流量的形式输入时，需要I/O接口将其转换成电压量的形式与CPU相连接。有些外设以串行方式发送或接收数据时，需要接口电路将其转换成并行数据再与CPU相连接。因此，I/O接口应具备信息格式转换、电平变换的能力。

6.1.2 I/O接口的编址方式

CPU与I/O接口进行信息交换实际上是通过I/O接口内部的一组寄存器实现的（简单的接口也可由三态门构成，但要求传输过程未结束前信号保持不变），这些寄存器称为I/O端口（I/O Port）。I/O端口有数据端口、状态端口和命令（或控制）端口三类。根据需要，一个I/O接口可能包含全部三类端口，也可能只包含其中的一类或二类端口。CPU通过数据端口从外设读入数据或向外设输出数据，通过状态端口读入设备的当前状态，通过命令（控制）端口向外设发出控制命令。

为了与I/O接口的信息交换，CPU就像为内存单元分配地址那样为每个端口分配一个地址（称为端口地址）。当一个 I/O 接口有多个端口时，为管理方便，通常是为其分配一个连续的地址块，这个地址中最小的那个地址称为接口的基地址。

所有的端口都需要编址，常用的编址方式有两种：一是 I/O 端口与内存单元统一编址；二是 I/O 端口独立编址。

（1）I/O 端口与内存统一编址

该编址方式又称为存储器映射编址方式，即将每个 I/O 端口都当作一个存储单元对待。CPU 将地址空间的一部分划给 I/O 接口，在此范围内，给每个端口分配一个具体的地址，故每个端口地址将占用存储器的一个地址。

统一编址的优点是：不需要设置专门的访问 I/O 端口的指令，可以用访问外部 RAM 的指令来访问 I/O 端口，为访问外设带来了很大的灵活性；端口地址可以有较大的编址空间，安排较灵活。

统一编址的缺点是：I/O 接口占了一部分地址空间，减少了内存可用的地址范围；从指令形式上不易区分当前指令是对 RAM 进行操作还是对端口进行操作。

（2）I/O 端口独立编址

I/O 端口独立编址时，存储单元地址空间和端口地址空间是相互独立的，CPU 在寻址存储单元和端口时，使用不同的控制信号，操作的指令形式也是不一样的。

独立编址的优点是：不占用存储器地址空间，因而不会减少存储器容量；由于使用专门的输入输出指令，因而易于和访问存储器的指令相区别，程序可读性强。

独立编址的缺点是：由于对端口的操作只有输入输出指令可用，且这些指令的功能单一，因而编程的灵活性小；在硬件上需要对外设端口的译码芯片，增加了成本，同时 CPU 的引脚上也要有对接口进行操作的控制线。

6.1.3 接口电路的基本构成

（1）接口的基本构成

接口的基本构成如图 6-1 所示。其各部分功能如下。

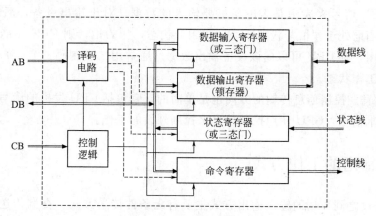

图 6-1 接口的基本构成

① 数据输入输出寄存器——暂存输入输出的数据。
② 命令寄存器——存放控制命令，用来设定接口功能、工作参数和工作方式。
③ 状态寄存器——保存外设当前状态，以供 CPU 读取。
④ 译码电路——根据地址总线信息选中某一个寄存器。

⑤ 控制逻辑——控制各部分协调工作。

（2）接口电路传送的信息

图 6-2 为 CPU 通过接口与外设的连接示意图。通过接口传送的信息包括数据信息、状态信息和控制信息。

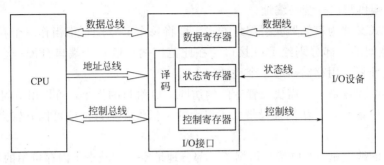

图 6-2　CPU 与外设的连接图

① 数据信息。

a. 数字量：通常以 8 位或 16 位的二进制数以及 ASCII 码的形式传输，主要指由键盘、磁带机、磁盘等输入的信息或主机送给打印机、显示器、绘图仪等的信息。

b. 开关量：用"0"和"1"来表示两种状态，如开关的通断。

c. 模拟量：模拟的电压、电流或者非电量。对模拟量输入而言，需先经过传感器转换成电信号，再经 A/D 转换器变成数字量；如果需要输出模拟控制量的话，就要进行上述过程的逆转换。

由图 6-2 可以看出，这些数据信息在输入时由外设经过接口送给 CPU，而在输出时由 CPU 经过接口送到外设。这些数据信息可以是并行的，也可以是串行的。

② 状态信息。状态信息传输的方向是单向的，由外设通过接口送给 CPU。状态信息反映了外设当前的工作状态，CPU 通过读状态信息检测外设的工作状况。对于输入设备，通常用"READY"信号来表示是否准备好要输入的数据，对于输出设备，通常用"BUSY"表示输出设备当前处于"忙"状态还是"空闲"状态，如为忙，则 CPU 不能向该设备输出数据，如为空闲，则 CPU 可以向该设备输出数据。通常用二进制码"0"和"1"来表示设备目前所处的工作状态。

③ 控制信息。控制信息传输的方向也是单向的，它包括 CPU 发出的读写信号和从外设发来的中断请求信号，CPU 使用控制信息来控制外设的工作。

6.2　输入输出的工作方式

CPU 与外设之间数据的输入输出方式主要有无条件传送方式、查询传送方式、中断传送方式和直接存储器存取（DMA）方式 4 种。

6.2.1　无条件传送方式

这种数据传送方式主要用于外部控制过程的各种动作时间是固定的且是已知的情况，针对的是一些简单的、随时准备好的外设。也就是说在这些设备工作时，随时都可以接收 CPU 输出的数据或它们的数据随时都可以被 CPU 读取。由于无条件传送方式任何时候都认为外设是准备好的，而实际情况并非都如此，满足这种条件的设备较少，故在实际应用中较少使用。

图 6-3 为无条件输入方式应用实例，CPU 可以随时读入开关的状态，开关闭合时，对应的数据位为 0，开关打开时，对应的数据位为 1。图 6-4 为无条件输出方式的应用实例，当某输出数据位为 1 时，对应的发光二极管点亮，反之，则熄灭。

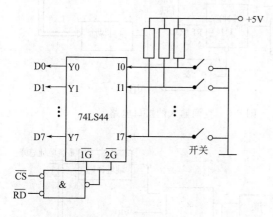

图 6-3 无条件输入方式　　　　　　　图 6-4 无条件输出方式

6.2.2 查询传送方式

采用无条件传送方式时，要求外设总是准备好的，实际上大多数外设无法做到，原因是 CPU 的执行速度通常要大大高于外设。为了避免传送过程中发生错误，可以采用查询传送方式。

在查询传送方式中，CPU 首先要查询外设是否准备好或空闲，只有当外设准备好或空闲时，CPU 才发出访问命令，实现数据传送。查询输入方式的流程图如图 6-5 所示，它的接口电路如图 6-6 所示。图 6-6 中，当输入设备准备好一个数据时，就自动发出选通信号 STB，该信号一方面将准备好的数据送入数据锁存器供 CPU 读取，另一方面将状态触发器 Q 置"1"，表示已经准备好数据。CPU 在读入数据之前，查询输入设备的状态信息，实际上就是执行一条读指令，通过三态缓冲器读入 Q 的状态，当读到的 Q 值为"1"时，表示外设已经准备好，CPU 开始执行读指令读入数据，该指令一方面将输入设备送入锁存器中的数据经由三态缓冲器送上数据总线、读入 CPU 内，另一方面还将 D 触发器清"0"，表示数据已经取走，等输入设备准备好下一个数据时，再将其置"1"。

输出方式的流程图如图 6-7 所示，它的接口电路如图 6-8 所示。在图 6-8 中，CPU 在输出数据之前，先查询输出设备的状态，如为"忙"（即 BUSY＝1），则表示输出设备正在工作，不能接收来自 CPU 的数据，故此时 CPU 不可向该设备输出数据，如为"闲"（即 BUSY＝0），则表示该设备空闲，此时 CPU 可执行一条输出指令，该指令一方面使锁存器的选通信号有效，CPU 送来的数据进入锁存器，然后送往输出设备，另一方面，还将 D 触发器再次置"1"，即处于"忙"状态，使得 CPU 不能再发新数据给该输出设备。当输出设备将收到的数据处理完后，产生一个复位信号，将 D 触发器清"0"，表示该设备"闲"，才又可以接收新数据。

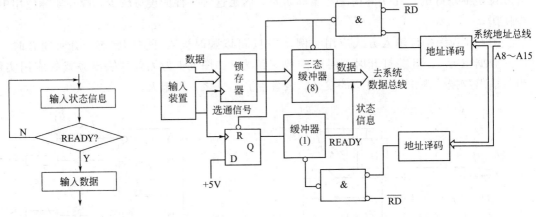

图 6-5　查询输入方式流程图　　　　图 6-6　查询输入的接口电路

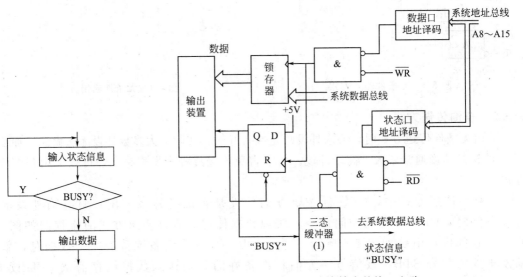

图 6-7　查询输出方式流程图　　　　图 6-8　查询输出的接口电路

查询方式的优点是软件比较简单，但 CPU 效率低（CPU 需花费大量的时间在查询外设的状态上），数据传送的实时性差，速度较慢。对于许多实时性要求较高的外设来说，不能满足要求。为了提高 CPU 的利用率和进行实时数据处理，CPU 常采用中断方式与外设交换数据。

6.2.3　中断传送方式

无条件方式数据传送和查询方式数据传送都是在满足一定条件下采用的。无条件传送软硬件都较简单，但适用范围较窄，在 CPU 与外设不同步时容易出错。而查询方式将大量时间消耗在读取外设状态上，真正用于传送数据的时间很少，效率低下，并在多个外设的情况下，无法对一些外部事件实时响应。由此引进了中断的概念。

在中断传送方式中，当外设准备好交换的数据后，由外设主动向 CPU 提出数据传送的请求，在外设提出申请以前 CPU 一直执行本身的某个程序，只是在执行的过程中收到外设传送数据的请求后，才中断自身程序的执行，而暂时去进行对外设数据的传送，等数据传送完毕后，仍返回到原来被中断的程序处继续向下执行。

由于在中断方式中，CPU 不需要花很多时间去等待外设准备数据，而是在外设准备数据的过程中，执行本身的程序，因而大大提高了工作效率。有关中断的概念、工作原理及中断源分类等将在 6.3 节详细讨论。

6.2.4　直接存储器存取方式

在中断方式中，CPU 调用中断服务程序前必须保护当前程序的"断点"位置，同时中断服务程序结束时必须恢复程序"断点"，以便能够正确返回，此外，有时还必须保护部分 CPU 内部寄存器的值，因此占用 CPU 的资源。由于每条指令均需经过取指与执行的过程，一般来说，传送一个字节需几十到几百微秒，由此可估算出传送速率约为每秒几十 KB。这种传送速率对于一些高速外设及批量数据交换（如磁盘与内存的数据交换）来说是远远不够的。

对于高速数据传送的情况，希望外设不通过 CPU 而直接与存储器进行数据交换，这就是直接存储器存取（DMA）方式，即通过专门的硬件电路来控制存储器与外设直接进行数据交换。DMA 方式提供了一条 I/O 设备与主存直接交换数据的通道，若 I/O 接口的 DMA 控制器（DMAC）提出请求时，CPU 将总线控制权让给 DMA 控制器，DMA 控制器通过总线直接控制 I/O 设备与主存交换信息。在 DMA 控制器控制总线期间，CPU 仍可进行内部操作，如算术运算等。

（1）DMA 控制器的功能

在 DMA 方式下，CPU 应暂时放弃系统总线的控制权，而改由 DMA 控制器控制，这就要求 DMA 控制器具有以下功能。

① 能接收外设送来的 DMA 请求，并能向 CPU 发出相应的总线请求信号（HOLD），请求 CPU 放弃总线的控制权。

② 当 CPU 响应总线请求并发出响应信号（HLDA）后，能接管总线的控制权，实现对总线的控制。

③ 能发出存储器地址信号，实现对内存单元寻址，并能自动修改地址指针。

④ 能向存储器或外设发出读写控制信号。

⑤ 能决定传送的字节数，并判断 DMA 传送是否结束。

⑥ 在 DMA 传送结束后，能向 CPU 发出 DMA 结束信号并交出总线控制权，由 CPU 接管。

（2）DMA 控制器的工作过程

DMA 控制器的工作过程如图 6-9 所示，大致分为以下几部分。

① 当外设准备好，可以进行 DMA 传送时，外设向 DMA 控制器发出 DMA 传送请求信号（DRQ）。

② DMA 控制器收到请求后，向 CPU 发出总线请求信号 HOLD。

③ CPU 在现行的机器周期或总线周期结束后，会立即响应 DMA 请求。即将地址总线、数据总线和有关的控制总线均置为高阻态，放弃对总线的控制权，并向 DMA 控制器发出总线响应信号 HLDA。

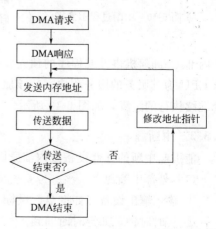

图 6-9　DMA 控制器工作过程

④ DMA 控制器收到 HLDA 信号后，就开始控制总线，并向外设发出 DMA 响应信号 DACK。

⑤ DMA 控制器送出地址信号和相应的控制信号，实现外设与内存或内存与内存之间的直接数据传送。

⑥ 每传送一个字节，DMA 控制器内的地址寄存器内容自动加 1，字节计数器自动减 1，如字节计数器不为 0，则重复进行数据传送；如字节计数器为 0，则结束本次 DMA 传送，然后 DMA 控制器撤除总线请求信号 HOLD。

⑦ CPU 检测到 HOLD 失效后，紧接着就撤销 HLDA 信号，恢复对总线的控制，继续执行原来的程序。

通常 DMA 控制器（如 8237A）是可编程的，对 CPU 而言 DMA 本身就是一个输入输出设备，它不仅有单字节传送方式，还有块传送方式等。虽然采用 DMA 可以大大提高数据传送的效率，但有些 CPU 是不支持 DMA 方式的，80C51 单片机就是其中之一。

6.3 中断技术基础

中断是计算机控制系统中广泛采用的一种资源共享技术，具有随机性。它不仅可用于数据传送，提高数据传送过程中 CPU 的利用率，还可对一些突发事件作出实时响应，提高计算机控制的实时性和处理故障的能力。

6.3.1 中断概念

对初学者来说，中断这个概念比较抽象，其实日常生活中"中断"现象还是很普遍的。

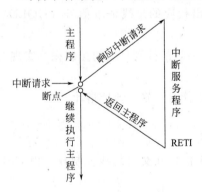

图 6-10　中断过程示意图

例如，当你正在看书时，电话铃响了，这时你通常会停止看书并在书本上做个记号，然后去接电话，通话结束后，又回来从做记号的地方继续看书。电话铃响是"中断"信号，在书上做记号到接电话是"中断"响应，接完电话后回来接着看书是"中断"返回。

为什么会出现这样的"中断"呢？道理很简单，人非三头六臂，人只有一个脑袋，在一段特定的时间内，可能会面对着两三个甚至更多的任务。但一个人又不可能在同一时间去完成多样任务，因此你只能分析任务的轻重缓急，采用"中断"的方法穿插去完成它们。

在微机中，中断是指 CPU 在正常执行程序时，由于内部/外部随机事件或程序的预先安排引起 CPU 暂时终止执行现行程序，转而去执行请求 CPU 为其服务的服务程序，待该服务程序执行完毕，又能自动返回到被中断的程序断点处继续执行的过程，如图 6-10 所示。

6.3.2 中断源

能引起中断的外部设备或内部原因称为中断源，包括外部中断源和内部中断源。

（1）外部中断源

① 输入输出设备，如键盘、鼠标、数据采集装置等。

② 实时时钟，如定时时间到。

③ 故障源，如硬件出错、电源掉电等。

（2）内部中断源

① 指令中断，为了方便用户使用系统资源或调试软件而设置的中断指令，如断点、单步执行等。

② 程序性中断，程序员的疏忽或算法上的差错，使程序在运行过程中出现的错误而产生的中断，如被 0 除、溢出等。

对于内部中断，中断的控制完全是在 CPU 内部实现的。而对于外部中断，则是利用中断输入信号线来通知 CPU 发生了中断。根据 CPU 接受中断的方式，外部中断可分为可屏蔽中断和不可屏蔽中断。对于可屏蔽中断，可以通过指令提前设置中断允许标志寄存器 IE 的有关中断允许标志位，当有中断请求时，CPU 根据中断允许标志位是"1"或"0"决定是否响应中断请求。对于不可屏蔽中断，只要中断源发出中断请求，CPU 就必须响应中断，主要用于一些紧急情况的处理，如掉电等。

6.3.3 中断系统的功能

中断系统是指能够实现中断功能的那部分硬件电路和软件程序。中断系统是计算机的重要组成部分。实时控制、故障自动处理、计算机与外围设备间的数据传送往往采用中断系统。中断系统的应用大大提高了计算机效率。通常中断系统应具备如下功能。

（1）实现中断响应和中断返回

① 中断响应。当 CPU 收到中断请求后，能根据具体情况决定是否响应中断。如果中断是开放的且 CPU 没有更急、更重要的工作，则在执行完当前指令后响应这一中断请求。CPU 在响应中断时通常要做三件事。

a. 把原执行程序的断点地址（在程序计数器 PC 中）压入堆栈，这称为断点保护，由硬件自动完成，并自动关闭中断（严防其他中断进来干扰本次中断）。

b. 按照中断源提供（或预先约定）的中断矢量自动转入相应中断服务程序执行，一般应在中断服务程序的开始处将有关寄存器的内容和标志位状态压入堆栈保护起来，这称为保护现场，由用户自己编程完成。

c. 自动或通过安排在中断服务程序中的指令来撤除本次中断请求，以避免再次响应本次中断请求。

② 中断返回

CPU 执行完中断服务程序，返回主程序。中断返回过程如下。

a. 首先恢复原保护的寄存器的内容和标志位的状态，这称为恢复现场，由用户自己编程完成。注意恢复现场的过程应与保护现场的过程相对应，即先进栈保护的内容后出栈。

b. 在执行到安排在中断服务程序末尾的中断返回指令时，自动到堆栈取出断点地址（CPU 在响应中断时自动压入），使 CPU 返回断点，这称为恢复断点（参见第 3 章 RETI 指令的功能）。恢复现场和断点后，CPU 将继续执行原主程序，中断响应过程到此为止。

（2）实现中断优先权排队

几个中断源同时申请中断时，或者 CPU 正在处理某外部事件时，又有另一外部事件申请中断，CPU 必须区分哪个中断源更重要，从而确定优先处理谁。为此，计算机给每个中断源规定了优先级别，称为优先权。这样，当多个中断源同时发出中断请求时，优先权高的中断能先被响应，只有优先权高的中断处理结束后才能响应优先权低的中断。计算机按中断源优先权高低逐次响应的过程称优先权排队，这个过程可通过硬件电路来实现，亦可通过软件查询来实现。

(3) 实现中断嵌套

当 CPU 正在处理一个中断，又发生了另一个更为紧迫事件（即优先级较高的事件）的中断请求时，CPU 暂时停止对前一个中断的处理并保护这个程序的断点（类似于子程序嵌套），转而响应优先级更高的中断请求，待完成了高级中断服务程序之后，再恢复断点继续执行被打断的低级中断服务程序。这样的过程称为中断嵌套。如果发出新的中断请求的中断源的优先级别与正在处理的中断源同级或更低时，CPU 不会响应这个中断请求，直至正在处理的中断服务程序执行完以后才能去处理新的中断请求。

大部分中断控制电路在解决中断优先级的同时也实现了中断嵌套。

6.4　80C51 中断系统

80C51 中有 5 个中断源，两个优先级，可以实现两级中断嵌套。

6.4.1　80C51 中断系统结构

80C51 的中断系统结构如图 6-11 所示。由图可以看出，80C51 中断系统包含了 5 个中断源中断标志的 TCON 寄存器和 SCON 寄存器、中断允许寄存器 IE、中断优先寄存器 IP 以及能将中断矢量地址装入 PC 并向 CPU 提出中断请求的相关电路。

(1) 中断源　80C51 中有 5 个中断源，80C52 中增多了一个中断源——定时器/计数器 T2，即有 6 个中断源。80C51 的 5 个中断源如下。

① $\overline{INT0}$（P3.2）：外部中断 0。当 IT0（TCON.0）= 0 时，低电平有效；当 IT0（TCON.0）= 1 时，下降沿有效。

② $\overline{INT1}$（P3.3）：外部中断 1。当 IT1（TCON.2）= 0 时，低电平有效；当 IT1

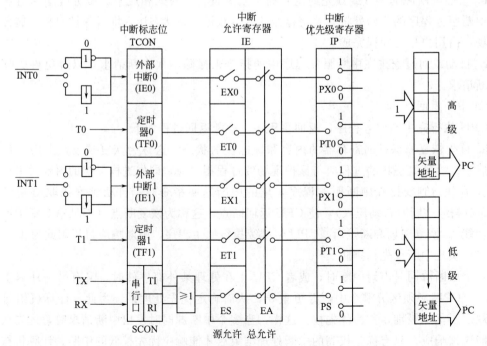

图 6-11　80C51 的中断系统结构示意图

(TCON.2)＝1 时，下降沿有效。

③ TF0(P3.4)：定时器/计数器 T0 溢出中断。

④ TF1(P3.5)：定时器/计数器 T1 溢出中断。

⑤ RX，TX：串行中断。

(2) 中断标志

$\overline{INT0}$，$\overline{INT1}$，T0 及 T1 的中断标志存放在 TCON（定时器/计数器控制）寄存器中；串行口的中断标志存放在 SCON（串行口控制）寄存器中。

TCON 寄存器字节地址为 88H，其格式如下。

符号	TF1	TR1	TF0	TR0	IE1	IT1	IE0	IT0
位地址	8F	8E	8D	8C	8B	8A	89	88

IT0：外部中断 0 中断请求触发方式选择位。IT0＝0 为低电平触发方式，IT0＝1 为下降沿触发方式。

IE0：外部中断 0 中断请求标志。IE0＝1 时，$\overline{INT0}$ 向 CPU 申请中断。

IT1：与 IT0 类似。

IE1：与 IE0 类似。

TR0：定时器/计数器 T0 运行控制位，详见第 8 章。

TF0：定时器/计数器 T0 中断请求标志位。T0 计数溢出时硬件置位，响应中断时硬件复位。不用中断时必须用软件清 0。

TR1：与 TR0 类似。

TF1：与 TF0 类似。

SCON 寄存器字节地址为 98H，其格式如下。

符号	SM0	SM1	SM2	REN	TB8	RB8	TI	RI
位地址	9F	9E	9D	9C	9B	9A	99	98

RI(SCON.0)：串行口接收中断请求标志。接收完一帧，硬件置位。响应中断后，必须用软件清 0。

TI(SCON.1)：串行口发送中断请求标志。发送完一帧，硬件置位。响应中断后，必须用软件清 0。

其余各位详见第 9 章。

(3) 中断允许控制

中断允许和禁止由中断允许寄存器控制。中断允许寄存器（IE）的字节地址为 A8H，其格式如下。

符号	EA	—	—	ES	ET1	EX1	ET0	EX0
位地址	AF	AE	AD	AC	AB	AA	A9	A8

EX0：外部中断 0 中断允许位。EX0＝1 时，允许外部中断 0 中断；EX0＝0 时，禁止外部中断 0 中断。

ET0：定时器/计数器 T0 中断允许位。ET0＝1 时，允许 T0 中断；ET0＝0 时，禁止 T0 中断。

EX1：外部中断 1 中断允许位，用法与 EX0 类似。

ET1：定时器/计数器 T1 中断允许位，用法与 ET0 类似。

ES：串行口中断允许位。ES＝1 时，允许串行口中断；ES＝0 时，禁止串行口中断。

EA：中断总允许位。当 EA＝1 时，CPU 中断开放；当 EA＝0 时，屏蔽所有中断。从图 6-11 可知，总允许位 EA 好似一个总开关。

（4）中断优先级

在 80C51 中有高、低两个中断优先级，通过中断优先级寄存器 IP 来设定。中断优先级寄存器 IP 的字节地址为 0B8H，其格式如下。

符号	—	—	—	PS	PT1	PX1	PT0	PX0
位地址	BF	BE	BD	BC	BB	BA	B9	B8

PX0：外部中断 0 优先级控制位。PX0＝1，设定外部中断 0 为高优先级中断；PX0＝0，设定外部中断 0 为低优先级中断。

PT0：定时器/计数器 T0 优先级控制位。PT0＝1，设定 T0 为高优先级中断；PT0＝0，设定 T0 为低优先级中断。

PX1：外部中断 1 优先级控制位，与 PX0 类似。

PT1：定时器/计数器 T1 优先级控制位，与 PT0 类似。

PS：串行口中断优先级控制位。PS＝1，设定串行口为高优先级中断；PS＝0，设定串行口为低优先级中断。

系统复位后，IP 寄存器中各位均为 0，即此时全部设定为低优先级中断。

80C51 单片机在执行中断程序时，高优先级中断源可中断正在执行的低优先级中断服务程序，除非正在执行的低优先级中断服务程序设置了 CPU 关所有中断（CLR EA）或禁止某些高优先级中断，而同级或低优先级的中断源不能中断正在执行的中断服务程序。

如果几个同优先级的中断源同时向 CPU 申请中断，谁先得到服务，取决于它们在 CPU 内部的优先级顺序。内部优先级顺序从高到低依次为：$\overline{INT0}$，T0，$\overline{INT1}$，T1，串行口。

（5）中断请求的撤除

CPU 响应中断请求，转向中断服务程序执行，在其执行中断返回指令（RETI）之前，中断请求信号必须撤除，否则将会再一次引起中断而出错。

中断请求撤除的方式通常有以下三种。

① 由单片机内部硬件自动复位。对于定时器/计数器 T0，T1 的溢出中断和采用边沿触发方式的外部中断请求，在 CPU 响应中断后，由内部硬件自动复位中断标志 TF0 和 TF1，IE0 和 IE1，而自动撤除中断请求。

② 用软件清除相应标志。对于串行接收/发送中断请求和 80C52 中的定时器/计数器 T2 的溢出和捕获中断请求，在 CPU 响应中断后，内部无硬件自动复位中断标志 RI，TI，TF2 和 EXF2，必须在中断服务程序中清除这些中断标志，才能撤除中断请求。

③ 外加硬件电路。对于采用电平触发方式的外部中断请求产生的中断标志位 IE0，IE1，CPU 无法直接干预。为保证在 CPU 响

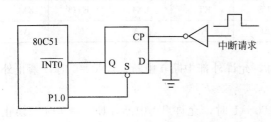

图 6-12　电平型外部中断的撤除电路

应中断后、执行返回指令前，撤除中断请求，必须考虑另外的措施——外加硬件电路。如外加 D 触发器，利用其置位或复位功能，撤销外部中断请求。一种可供采用的电平型外部中断的撤除电路如图 6-12 所示。图中，当外部中断源产生中断请求时，D 触发器复位，$Q=0$，该信号送入 $\overline{INT0}$ 引脚，CPU 检测到该信号后，使中断标志 IE0 置"1"，单片机响应中断转入 $\overline{INT0}$ 中断服务程序执行，可在中断服务程序中中断返回指令（RETI）前安排如下程序来撤除 $\overline{INT0}$ 上的低电平。

INT0SER：…

　⋮

CLR	P1.0	；使 INT0 输入端变为高电平
SETB	P1.0	；使 D 触发器置位端变"1"，退出置位方式
CLR	IE0	；清外中断 0 中断标志

　⋮

RETI

对于外部中断，由于采用电平触发中断方式，撤销中断请求比较麻烦且增加硬件开销，故建议如无特殊情况应采用边沿触发方式。

6.4.2　中断响应过程

（1）中断响应条件

80C51 单片机响应中断有以下 4 个条件。

① 中断源有请求。

② 中断允许寄存器 IE 的总允许位 EA＝1，且 IE 中相应的中断允许位为 1。

③ 无同级或高级中断正在服务。

④ 现行指令执行完最后一个机器周期。若现行指令是 RETI，或需要访问中断允许寄存器 IE 或中断优先级寄存器 IP 的指令，则执行完现行指令，还要执行完紧跟其后的一条指令，单片机才会响应中断。

（2）中断响应与中断返回

① 保护断点。响应中断后，执行硬件生成的长调用指令"LCALL"，将程序计数器 PC 的内容（即断点地址）压入堆栈保护，先低位地址，后高位地址，栈指针加 2。

② 取中断向量。将对应中断源的中断矢量地址（参见表 6-1）装入程序计数器 PC，使程序转向该中断矢量地址。此地址中往往存放一条无条件转移指令 LJMP，转去执行中断服务程序。这样，中断服务程序便可灵活地安排在程序存储器的任何位置。

表 6-1　中断矢量地址表

中　断　源	中断矢量地址	中　断　源	中断矢量地址
外部中断 0（$\overline{INT0}$）	0003H	定时器/计数器 1（T1）	001BH
定时器/计数器 0（T0）	000BH	串行口（RI，TI）	0023H
外部中断 1（$\overline{INT1}$）	0013H	定时器/计数器 2（T2）（仅 80C52 有）	002BH

③ 执行中断服务程序。中断服务程序首先要保护现场，然后进行中断处理、恢复现场。

a. 保护现场：将中断服务程序所使用的有关寄存器的内容压入堆栈保存起来，因为中断服务程序的执行可能会改变这些寄存器原有的内容。

b. 进行中断处理：根据中断源的要求，进行具体的服务操作。

c. 恢复现场：将压栈的内容再反弹给原来的寄存器，恢复断点处各寄存器的内容，使原来被中断的程序能够正确地继续执行。

④ 中断返回。执行中断返回指令 RETI，撤销中断申请，弹出断点地址进入 PC，先弹出高位地址，后弹出低位地址，栈指针减 2，恢复原程序的执行。

6.5 外部中断源的扩展

80C51 单片机仅有两个外部中断请求输入端$\overline{INT0}$和$\overline{INT1}$，为使它和更多外部设备联机工作，其中断源个数必须加以扩展。下面介绍两种简单可行的扩展中断源的方法。

6.5.1 借用定时器溢出中断扩展外部中断源

80C51 内部有两个定时器/计数器，具有两个内部中断标志和外部计数脉冲引脚。如果应用中有某个定时器/计数器不用，则可将它用作外部中断源。具体方法是：将定时器/计数器设置为计数方式，计数初值设置为最大值，则当其计数输入端 T0（P3.4）或 T1（P3.5）电平由"1"到"0"变化时，计数器加 1，产生溢出中断。此时，T0 或 T1 作为外部中断信号输入端，而这个扩展的外部中断源的中断标志是 TF0 或 TF1，显然中断入口地址应为 000BH 或 001BH。

【例 6-1】 写出将定时器/计数器 T0 用作外部中断源的初始化程序。

解 将定时器 T0 设定为方式 2（自动重置计数初值），TH0 和 TL0 的初值均设置为 FFH，CPU 开放中断，允许 T0 中断。

```
        ORG   0000H
        LJMP  START
        ORG   000BH          ；T0 中断入口地址
                             ；现相当于外中断入口地址
        LJMP  INTSUB         ；转中断服务子程序
        …
        ORG    1000H
START： MOV   TMOD，＃06H    ；定时器方式字送 TMOD
                             ；参见第 8 章
        MOV   TH0，＃0FFH    ；送高 8 位定时器初值
        MOV   TL0，＃0FFH    ；送定时器低 8 位初值
        SETB  EA             ；CPU 中断开放
        SETB  ET0            ；允许定时器 T0 中断
        SETB  TR0            ；启动定时器 T0
        …
        ORG    2000H
INTSUB：  …                  ；中断服务程序
        RETI                 ；中断返回
```

6.5.2 采用查询法扩展外部中断源

采用查询法扩展外部中断源的原理图如图 6-13。

图 6-13 中，将 4 个扩展外部中断源中断信号 EXI0～EXI3 经或非门作为 80C51 外部中断源 $\overline{\text{INT0}}$ 的输入信号，当 EXI0～EXI3 中有一个或几个为高电平时，则 $\overline{\text{INT0}}$ 引脚为低电平，从而产生中断请求。只要在中断服务程序中，首先依次查询 P1 口的中断源输入状态（例如，P1.0 为"1"，则表示 EXI0 申请中断），然后，转入到相应的中断服务程序。显然，4 个扩展外部中断源的优先级顺序由软件查询顺序决定，即最先查询的优先级最高，最后查询的优先级最低。

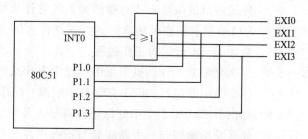

图 6-13 查询法扩展外部中断源原理图

【例 6-2】 请根据图 6-13，写出查询扩展外部中断源 EXI0～EXI3 的中断服务程序。

解 中断服务程序如下：

```
              ORG    0003H          ；外部中断 0 入口
              LJMP   INT0SER        ；转向中断服务程序入口
              …
INT0SER：     PUSH   PSW            ；保护现场
              PUSH   ACC
              MOV    A，P1          ；读 P1 口
              JB     ACC.0，EXI0    ；中断源查询并转相应中断服务程序
              JB     ACC.1，EXI1    ；为"1"时，表示该中断源请求中断
              JB     ACC.2，EXI2
              JB     ACC.3，EXI3
EXIT：        POP    ACC            ；恢复现场
              POP    PSW
              RETI
EXI0：        …                     ；EXI0 中断服务程序
              LJMP   EXIT
EXI1：        …                     ；EXI1 中断服务程序
              LJMP   EXIT
EXI2：        …                     ；EXI2 中断服务程序
              LJMP   EXIT
EXI3：        …                     ；EXI3 中断服务程序
              LJMP   EXIT
```

按照上面的程序，不难看出 4 个中断源的优先级由高到低的顺序 EXI0，EXI1，EXI2，EXI3。

习题 6

6-1 输入输出信息有哪几种？

6-2 什么是接口？接口应具有哪些功能？

6-3 外设端口的编址方式有哪两种？各有什么特点？80C51采用哪一种编址方式？

6-4 I/O数据有哪四种传送方式？各在什么场合下使用？

6-5 简述DMA传送的工作过程。

6-6 什么是中断？计算机采用中断技术有什么好处？

6-7 什么是中断源？80C51有哪些中断源？CPU响应中断时，其入口地址是什么？

6-8 写出80C51中5个中断标志位符号以及它们的位地址？

6-9 什么是中断嵌套？中断嵌套与子程序嵌套有何异同之处？

6-10 80C51有几个中断优先级？同一优先级中，各中断源的优先顺序如何？

6-11 80C51的外部中断有哪几种触发方式？如何选择？

6-12 哪些特殊功能寄存器与80C51中断系统有关？各具有什么功能？

6-13 试述定时/计数器TCON各位（TCON.6和TCON.4除外）的功能？

6-14 80C51的中断处理程序能否放在64K程序存储器的任意区域？如何实现？

6-15 在一个实际系统中，若外部请求源有3个，能否在不增加任何硬件的情况下，用其内部中断代替？如何初始化其内部中断？

6-16 如将图6-13中的或非门改为与门，请写出查询扩展外部中断源EXI0～EXI3的中断服务程序。

7 并行 I/O 接口

7.1 80C51 内部并行 I/O 口

80C51 共有 4 个 8 位的并行双向 I/O 口，它们是 P0 口、P1 口、P2 口和 P3 口，计有 32 根输入输出（I/O）口线。各口的每一位均由锁存器、输出驱动器和输入缓冲器所组成。在无外接存储器时，这 4 个 I/O 口均可以作通用 I/O 口使用，CPU 既可以对它们进行字节操作也可以进行位操作。

当外接程序存储器或数据存储器时，P0 口和 P2 口不再作通用 I/O 口使用。此时，P0 口可以作为地址/数据复用总线使用，即 P0 口传送存储器地址的低 8 位以及双向的 8 位数据，而 P2 口传送存储器地址的高 8 位。

需要指出的是，特殊功能寄存器中的 P0，P1，P2，P3 寄存器其实就是这 4 个端口各自的锁存器。为了使读者更好地使用 80C51 单片机，有必要对这些口的内部结构有一个较为深入的了解，下面就对这 4 个端口的内部结构一一予以介绍。

7.1.1 P0 口

P0 口是一个多功能的 8 位口，可以字节访问也可位访问，其字节访问地址为 80H，位访问地址为 80H～87H。P0 口的每一位由一个锁存器、两个三态输入缓冲器、控制电路和驱动电路组成，其位结构如图 7-1 所示。

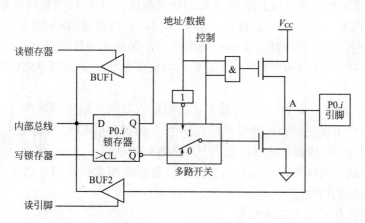

图 7-1　P0 口的位结构图

P0 口具有两种功能，一是作通用 I/O 口；二是当外接存储器时，兼作低 8 位地址总线和 8 位双向数据总线。

（1）作通用 I/O 口

作通用 I/O 口时，P0 口既可以作输入口，也可以作输出口，并且每一位都可以设定为输入或输出。作输入口时，先对锁存器写"1"，然后再输入数据，否则，可能出错。这种双向口被称为准双向口。

当作通用 I/O 口时，CPU 内部发控制信号"0"，多路转换开关与下方触点闭合、D 锁存器的输出 $\overline{Q}$ 端与下拉 FET 管栅极相接，而控制信号又封锁与门，使上拉 FET 管截止。这样，下拉 FET 管工作在漏极开路的情况下。下面对 P0 口作输入口、输出口分别介绍。

① P0 口作输入口。当 P0 口作输入口时，外部的信号通过 P0 口引脚与三态缓冲器的输入端相连，此时三态缓冲器打开，将引脚上的数据送入内部总线。为了保证引脚上的数据正确进入内部总线，下拉 FET 管必须处于截止状态，若其处于导通状态，不管输入的数据是"1"还是"0"，都将输入信号箝位在低电平，不能正确读入数据。因此，在读入数据前，必须先对锁存器写"1"，以使下拉 FET 管截止，P0.i 处于悬浮状态。A 点的电平由外设的电平而定，通过输入缓冲器读入 CPU。这时 P0 口相当于一个高阻抗的输入口。

② P0 口作输出口。当 P0 口作输出口时，待输出的数据通过内部总线，在写脉冲的控制下写入锁存器。此时锁存器的 $\overline{Q}$ 端通过多路开关与下拉 FET 管相连，经其反相后将数据直接送到 P0 的引脚上。此时，引脚上的数据为要输出的数据两次反向所得，故就是所要输出的数据。

注意，P0 口输出时为漏极开路输出，与 NMOS 的电路接口时要用电阻上拉。P0 口的每一位可以驱动 8 个 TTL 负载。

（2）作地址/数据复用总线

P0 口作分时复用的地址/数据总线时，可分为两种情况，一种是从 P0 口输出地址或数据，另一种是从 P0 口输入数据。

① P0 口输出地址或数据。此时，CPU 发出的控制信号为"1"，多路转换开关与上方触点闭合，并开放与门。一方面地址/数据信号经与门直接与上拉 FET 管的栅极相接，另一方面地址/数据信号反相后直接与下拉 FET 管的栅极相接。当地址/数据信号为"1"时，上拉 FET 管导通，下拉 FET 管截止，输出引脚输出"1"；当地址/数据信号为"0"时，上拉 FET 管截止，下拉 FET 管导通，输出引脚为"0"，保证了地址/数据信号正确地输出至引脚。事实上，这时上下两个 FET 管处于反相，构成了推拉式的输出电路，其带负载能力大大增强。

② P0 口输入数据。从 P0 口输入数据，这时输入数据从输入缓冲器进入内部总线。在输入数据前，用户无需先对锁存器写"1"，写"1"的工作由 CPU 自动完成。所以，对用户而言，P0 口作为地址/数据总线时，是一个真正的双向口。

现在的许多仿真系统中，均以 P0 口作地址/数据复用总线使用，因而仿真 I/O 口的功能丧失。这一点特别应该注意。

（3）读引脚操作和读锁存器操作

从 P0 口的位结构图中可以看出，有两种读口的操作：一种是读引脚操作，一种是读锁存器操作。

① 读引脚。在响应 CPU 输出的读引脚信号时，端口本身引脚的电平值通过缓冲器 BUF2 进入内部总线。这种类型的指令，执行之前必须先将端口锁存器置 1，使 A 点处于高电平，否则会损坏引脚，而且也使信号无法读出。这种类型的指令有

```
MOV     A, P0          ; (A)←(P0)
MOV     direct, P0     ; (direct)←(P0)
```

② 读锁存器。在执行读锁存器的指令时，CPU 首先完成将锁存器的值通过缓冲器 BUF1 读入内部，进行修改，然后重新写到锁存器中去，这就是"读-修改-写"指令。

这种类型的指令包含所有的口的逻辑操作（ANL，ORL，XRL）和位操作（JBC，CPL，MOV，SETB，CLR 等）指令。

读锁存器操作可以避免一些错误，如用 P0.i 去驱动晶体管的基极。当对 P0.i 写入一个"1"之后，晶体管导通。若此时 CPU 接着读该位引脚的值，即晶体管基极的值时，读到的值为"0"；但是正确的值应该是"1"，这可从读锁存器得到。

7.1.2　P1 口

P1 口是一个专用的 8 位准双向口，可以字节访问也可位访问，其字节访问地址为 90H，位访问地址为 90H～97H。P1 口的位结构如图 7-2 所示。

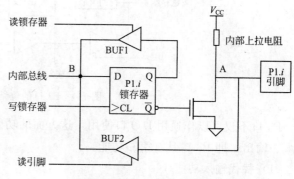

图 7-2　P1 口的位结构图

P1 口只具有通用输入输出口功能，每一位都能设定为输入或输出，它的内部结构与 P0 口有两点不同，一点是在输出驱动器部分直接用上拉电阻代替了场效应管。因此，在组成系统时，无需外接上拉电阻；另一点是由于 P1 口只具有输入输出功能，因此，无控制部分。由图 7-2 不难看出 P1 口是准双向口，当作输入时，必须先对该位的锁存器写"1"，然后再输入数据。

P1 口的读引脚和读锁存器操作与 P0 口类似。

P1 口的每一位作输出时能驱动 4 个 TTL 负载。

7.1.3　P2 口

P2 口是一个多功能的 8 位准双向口，可以字节访问也可位访问，其字节访问地址为 A0H，位访问地址为 A0H～A7H。P2 口的位结构如图 7-3 所示。

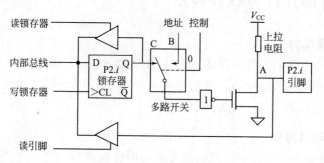

图 7-3　P2 口的位结构图

P2 口具有两种功能，一是作通用 I/O 口，与 P1 口类似；二是作扩展系统的高 8 位地址总线，输出高 8 位地址与 P0 口一起组成 16 位地址总线。P2 口作高 8 位地址口时，工作原理与 P0 口作地址/数据输出口类似，不再赘述。

P2 口的读引脚和读锁存器操作也与 P0 口类似。

P2 口的每一位作输出时能驱动 4 个 TTL 负载。

7.1.4　P3 口

P3 口是一个多功能的 8 位准双向口，可以字节访问也可位访问，其字节访问地址为 B0H，位访问地址为 B0H～B7H。P3 口的位结构如图 7-4 所示。

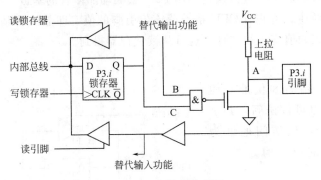

图 7-4　P3 口的位结构图

P3 口不仅可以作通用 I/O 口使用，这方面的功能与 P1 口类似，还可以作为替代功能的输入、输出，即 P3 口具有第二功能。

（1）替代输入功能

作第二输入功能的位，它的位锁存器 Q 端和替代输出功能端都应置"1"。使场效应管处于截止状态，保证信号的正确输入。

（2）替代输出功能

作第二输出功能的位，它的锁存器的 Q 端置"1"，使第二输出功能信号顺利传送到引脚，即当 Q＝"1"时，A 点的信号电平和 B 点是一样的。

P3 口作第二功能时，每位都有新的功能，各位的定义可参见第 2 章。

P3 口的读引脚和读锁存器操作也与 P0 口类似。

P3 口的每一位作输出时能驱动 4 个 TTL 负载。

7.2　80C51 内部并行 I/O 口应用

7.2.1　I/O 口负载能力

I/O 口负载能力已在 7.1 节中叙述，P0 口能驱动 8 个 TTL 门电路（一个 TTL 门电路的驱动能力，低电平时为 0.36mA，高电平时为 $20\mu A$），P1～P3 能驱动 4 个 TTL 门电路。当实际负载超过其能力时，应加接驱动器。

7.2.2　端口输入输出操作

P0～P3 口用作输入口时有一个共同的要求，即必须先写入"1"，否则读入的数据可能出错。80C51 型单片机没有专门的输入输出指令，输入输出是通过数据传送指令完成。凡是以 P 口为源地址或目的地址的数据传送指令，都能用于输入输出操作。例如

```
MOV    P0，♯2AH              ；从 P 口输出数据
MOV    P1，A
MOV    P2，R1
```

```
MOV    P3，30H
MOV    A，P0              ；从 P 口输入数据
MOV    R2，P1
MOV    30H，P2
```

7.2.3 "读-修改-写"操作

80C51 单片机对 I／O 端口的操作除了输入输出外，还能对端口进行"读-修改-写"操作，其中"读"不是读 I／O 口引脚上的输入信号，而是"读" I／O 口原来的输出信号，即读内部锁存器。例如

ANL　P1，A ；将 P1 口输出信号"读"入，与累加器 A 中的内容相"与"（修改）后，从 P1 口输出（写）

ORL　P2，♯30H；将 P2 口输出信号"读"入，"或"立即数♯30H（修改）后，从 P2 口输出（写）

7.2.4 位操作

对 80C51 单片机 I／O 口的操作除了端口 8 位整体操作外，因 I／O 口每一位均有位地址，所以可对 I／O 口的每一位单独进行位操作（有关位操作指令参见 3.3.5 节）。按位传送、查询或逻辑运算。例如，要使 P1.0 清 0，P1.1 置 1，可用指令"CLR　P1.0"和 "SETB　P1.1"实现。如用指令"MOV　P1，♯02H"虽然达到了使 P1.0＝0，P1.1＝1 的目的，却会使 P1.2～P1.7 都清 0，产生不应有的后果。

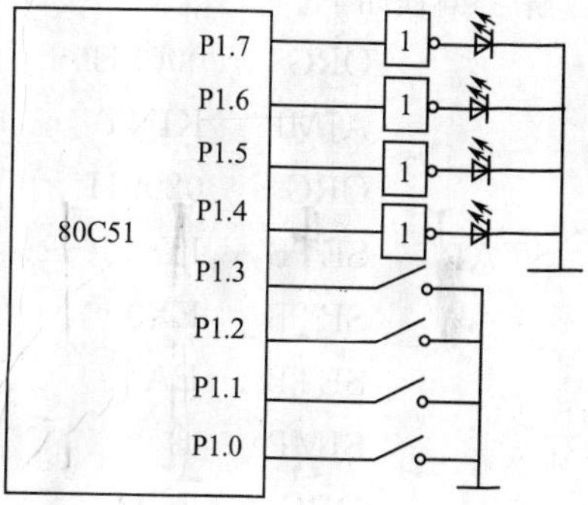

图 7-5　P1 口的应用

7.2.5 应用举例

【**例 7-1**】 已知电路如图 7-5 所示。要求用 4 个发光二极管对应显示 4 个开关的开合状态。当开关闭合时，点亮对应的发光二极管；当开关打开时，熄灭对应的发光管。

解　程序如下。

```
        ORG    0200H
START：  ORL    A，♯0FH          ；置 P1 口低 4 位为输入态
        MOV    P1，A
        MOV    A，P1            ；读开关状态
        SWAP   A
        MOV    P1，A            ；显示开关状态
        SJMP   START
        END
```

【**例 7-2**】 电路如图 7-6 所示，要求当按钮 K 每按一次，CPU 检测开关 K0 和 K1 的状态，根据 K0 和 K1 的状态，决定 3 个 LED 的亮灭。

① K1、K0 均闭合，绿灯亮，红灯和黄灯灭；

② K1 闭合、K0 打开，黄灯亮，红灯和绿灯灭；

③ K1 打开、K0 闭合，红灯亮，黄灯和绿灯灭；

④ K1 打开，K0 打开，全灭。

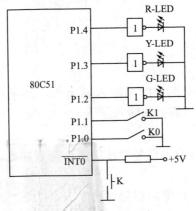

图 7-6 P1 口和中断的应用

试根据以上要求编制程序。

解 编程如下。

	ORG	0003H	;外中断 0 入口地址
	AJMP	KINT	;转中断服务程序
	ORG	0200H	
START：	SETB	IT0	;下降沿中断触发方式
	SETB	EX0	;允许外中断 0 中断
	SETB	EA	;CPU 中断开放
	SJMP	$	;等待中断
	ORG	0600	;中断服务程序
KINT：	PUSH	ACC	;保护现场
	PUSH	PSW	
	ORL	P1，#03H	;置 P1 口低 2 位为输入态
	MOV	A，P1	;读开关状态
	ANL	A，#03H	;屏蔽高 6 位，取低 2 位
	CJNE	A，#00H，NEXT1	;开关值不是 00B，转移
	CLR	P1.2	;绿灯亮
	SETB	P1.3	;黄灯灭
	SETB	P1.4	;红灯灭
	SJMP	DONE	;结束
NEXT1：	CJNE	A，01H，NEXT2	;开关值不是 01B，转移
	SETB	P1.2	;绿灯灭
	CLR	P1.3	;黄灯亮
	SETB	P1.4	;红灯灭
	SJMP	DONE	;结束
NEXT2：	CJNE	A，02H，NEXT3	;开关值不是 10B，转移
	SETB	P1.2	;绿灯灭

```
            SETB    P1.3              ;黄灯灭
            CLR     P1.4              ;红灯亮
            SJMP    DONE              ;结束
NEXT3：SETB         P1.2              ;开关值为11B，则绿灯灭
            SETB    P1.3              ;黄灯灭
            SETB    P1.4              ;红灯灭
DONE：POP           PSW               ;恢复现场
            POP     ACC
            RETI
```

7.3 简单 I/O 接口扩展

80C51 单片机有 4 个并行 I/O 口，当系统需要扩展外存储器时，真正可用的并行口只有一个 P1 口，故经常需要扩展并行 I/O。扩展 I/O 口可分为可编程和不可编程两大类，用户可根据需要选择不同的芯片达到目的。

80C51 通过 P0 口扩展 I/O 口，而 P0 口是地址/数据端口，只能分时复用。在扩展输出接口时，电路必须具有锁存功能。在扩展输入接口时，若数据是常态的，则接口电路应有三态缓冲功能；若输入数据是暂态的，则接口电路除有三态缓冲功能外还应有锁存选通功能。常用的扩展 I/O 口不可编程接口芯片有 74LS373/74HC373，74LS377/74HC377，74LS244/74HC244，74LS245/74HC245 等，常用的可编程接口芯片有 8255A，8155 等。本节介绍用不可编程芯片扩展输入输出口，可编程芯片扩展输入输出口将在 7.4 节和 7.5 节介绍。

7.3.1 扩展输入口

扩展输入口常用的芯片是 74LS373 和 74LS244。

（1）74LS373

图 7-7 为 74LS373 的引脚图和功能表。它是一个带有三态门的 8D 锁存器，由图可见，当门控端 G 输入正脉冲，且 $\overline{OE}$ 片选端为低电平有效时，$Q_i = D_i (i = 0 \sim 7)$。当 G 为低电平时，Q 保持不变。当 $\overline{OE}$ 为高电平时，Q 端呈高阻态。

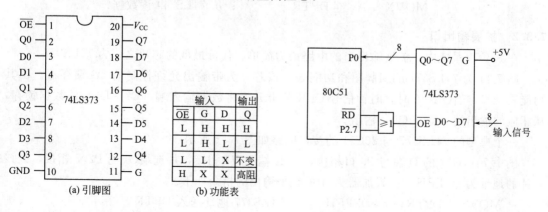

图 7-7　74LS373 引脚图和功能表　　　　　　　　图 7-8　用 74LS373 扩展输入口

一个典型的 74LS373 与 80C51 的接口电路如图 7-8 所示。图中 G 接高电平，门控始终有效。74LS373 的输出由 P2.7 和 $\overline{RD}$ 相“或”控制 $\overline{OE}$ 端而实现，因而该芯片的口地址为 7FFFH。

从 74LS373 输入一个字节到累加器 A 的指令如下。

```
MOV     DPTR，#7FFFH   ；指向 74LS373 输入口
MOVX    A，@DPTR       ；从 74LS373 读数据
```

P0 口的负载能力是 8 个 LSTTL 门，若需扩展多个并行输入口，可能会超出 P0 口的负载能力，这时可考虑用 CMOS 集成电路 74HC373 代替 74LS373。

图 7-8 实际上是将 74LS373 当作缓冲器来用。如将图中的 G 端接选通脉冲，就具有了锁存的功能。

(2) 74LS244

图 7-9 为 74LS244 引脚图和功能表。它是同相三态缓冲器/驱动器。片内有两组三态缓冲器，每组 4 个，分别由门控端 $1\overline{G}$ 和 $2\overline{G}$ 控制。门控端低电平有效时，从输出端得到输入端信号，门控端无效时，74LS244 输出端呈高阻。

(a) 引脚图

输入			输出
$1\overline{G}$	$2\overline{G}$	A	Y
L	L	L	L
L	L	H	H
H	H	X	高阻

(b) 功能表

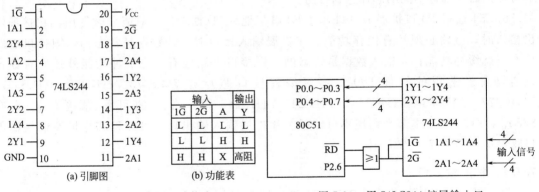

图 7-9　74LS244 引脚图和功能表

图 7-10　用 74LS244 扩展输入口

一个典型的 74LS244 与 80C51 的接口电路如图 7-10 所示。74LS244 的门控端由 P2.6 和 $\overline{RD}$ 相“或”控制。从 74LS244 输入一个字节到累加器 A 的指令如下。

```
MOV     DPTR，#0BFFFH   ；指向 74LS244 输入口
MOVX    A，@DPTR        ；从 74LS244 读数据
```

7.3.2　扩展输出口

在 80C51 系统中，扩展输出口的电路最为简单、代价最低的芯片之一为 74LS377。

图 7-11 为 74LS377 的引脚图和功能表。该芯片为带输出允许控制的 8D 锁存器。由其功能表可知，当 $\overline{OE}=0$ 时，时钟信号 CLK 的上升沿将数据输入端（D7～D0）的数据锁存，从相应的输出端（Q7～Q0）输出。

一个典型的 74LS377 与 80C51 的接口电路如图 7-12 所示。

图中 74LS377 的 D 端与 P0 口相接，CLK 端和 $\overline{WR}$ 相接，片选端 $\overline{OE}$ 与 P2.5 相接，故该芯片的地址为 DFFFH。将累加器 A 中的数据输出的指令如下。

```
MOV     DPTR，#0DFFFH   ；74LS377 地址送入 DPTR
MOVX    @DPTR，A        ；将累加器 A 中的数据通过 74LS377 输出
```

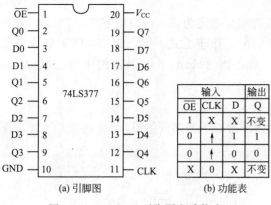

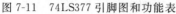

(a) 引脚图   (b) 功能表

图 7-11　74LS377 引脚图和功能表

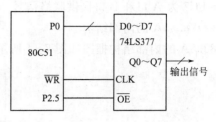

图 7-12　用 74LS377 扩展输出口

7.4　用 8255A 扩展 I/O 接口

8255A 是 Intel 公司生产的一种可编程并行 I/O 接口芯片，是专门针对单片微机而开发设计的，其内部集成了锁存、缓冲及与 CPU 联络的控制逻辑，通用性强、应用广泛。通过对其进行编程，可以实现多种不同的功能，很适合作为 80C51 型单片机的扩展并行接口。

7.4.1　8255A 的引脚功能和内部结构

（1）8255A 的引脚功能

8255A 是可编程的并行输入输出接口芯片，具有 40 个引脚，双列直插式封装，由 +5V 供电，它具有三个 8 位并行端口（A 口、B 口和 C 口），其引脚与功能示意图如图 7-13 所示。

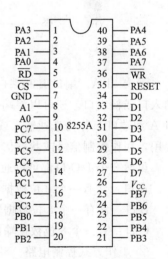

D0~D7：数据线，三态双向 8 位缓冲器。

RESET：复位信号，输入，高电平有效。复位后，控制寄存器清 0，A 口、B 口、C 口均被置为输入方式。

$\overline{CS}$：片选端，输入，低电平有效。

A1A0：地址线，输入，用于选择端口。具体规定如下。

A1	A0	选择
0	0	A 口
0	1	B 口
1	0	C 口
1	1	控制寄存器

图 7-13　8255A 外部引线图

在实际使用中，A1，A0 通常接系统总线的 A1，A0。

$\overline{RD}$：读控制线，输入，低电平有效。$\overline{RD}$有效时，允许 CPU 通过 8255AD0~D7 读取数据或状态信息。

$\overline{WR}$：写控制线，输入，低电平有效。有效时，允许 CPU 将数据或控制字通过 D0~D7 写入 8255A。

PA0~PA7：端口 A 的输入输出线。这 8 条线工作于输入、输出还是双向（既可作为输入又可作为输出）方式可由软件编程决定。

PB0～PB7：端口 B 的输入输出线。可由软件编程指定为输入或输出方式。

PC0～PC7：端口 C 的输入输出线。当 8255A 工作于方式 0 时，PC0～PC7 分为两组（PC0～PC3，PC4～PC7）并行 I/O 输入输出线；当 8255A 工作于方式 1 或方式 2 时，PC0～PC7 为 A 口和 B 口提供联络信号。

（2）8255A 的内部结构

8255A 的内部结构框图如图 7-14 所示，其内部由以下四部分组成。

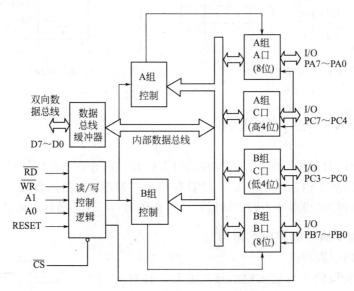

图 7-14　8255A 的内部结构框图

① 端口 A、端口 B 和端口 C。端口 A、端口 B 和端口 C 都是 8 位端口，可以选择作为输入口或输出口。还可以将端口 C 的高 4 位和低 4 位分开使用，分别作为输入或输出。当端口 A 和端口 B 作为选通输入或输出的数据端口时，端口 C 的指定位与端口 A 和端口 B 配合使用，用作控制信号或状态信号。

虽然 3 个 I/O 口都可以通过编程选择为输入口或输出口，但在结构和功能上有所不同。

A 口：含有一个 8 位数据输出锁存/缓冲器和一个 8 位输入锁存器。

B 口：含有一个 8 位数据输出锁存/缓冲器和一个 8 位输入缓冲器（不锁存）。

C 口：有一个 8 位数据输出锁存/缓冲器和一个 8 位输入缓冲器（不锁存）。

② 工作方式控制电路。8255A 的三个端口在使用时可分为 A，B 两组。A 组包括 A 口 8 位和 C 口高 4 位；B 组包括 B 口 8 位和 C 口低 4 位。两组的控制电路中分别有控制寄存器，根据写入的控制字决定两组的工作方式，也可对 C 口每一位置“1”或清“0”。

③ 数据总线缓冲器。它是一个双向三态的 8 位数据缓冲器，8255A 正是通过它与系统数据总线相连。输入数据、输出数据、CPU 发给 8255A 的控制字都是通过该部件传递的。

④ 读/写控制逻辑。8255A 读写控制逻辑的作用是从 CPU 的地址和控制总线上接收有关信号，转变成各种控制命令送到数据缓冲器及 A 组和 B 组的控制电路，控制 A，B，C 三个端口的操作。

（3）8255A 寻址方式

8255A 内部有 3 个 I/O 端口和一个控制字端口，通过地址线 A0，A1，读写控制线 $\overline{RD}$，

$\overline{WR}$ 与片选端 $\overline{CS}$ 进行寻址并实现相应的操作。表 7-1 是 8255A 的寻址与相应操作。

表 7-1 8255A 各端口读/写操作时的信号关系

$\overline{CS}$	$\overline{RD}$	$\overline{WR}$	A1	A0	操 作
0	1	0	0	0	写端口 A
0	1	0	0	1	写端口 B
0	1	0	1	0	写端口 C
0	1	0	1	1	写控制寄存器
0	0	1	0	0	读端口 A
0	0	1	0	1	读端口 B
0	0	1	1	0	读端口 C
0	0	1	1	1	无操作

7.4.2 8255A 的工作方式

8255A 在使用前要先写入一个工作方式控制字到控制寄存器，以指定 A，B，C 三个端口各自的工作方式。

8255A 共有三种工作方式：方式 0、方式 1 和方式 2。其中 A 口可以工作在方式 0、方式 1 和方式 2，B 口可以工作在方式 0、方式 1，而 C 口只能工作在方式 0。

（1）方式 0

方式 0 称为基本输入输出方式，即无需联络就可以直接进行 8255A 与外设之间的数据输入或输出操作。

① A 口、B 口都可置为输入方式或输出方式，但不能既作为输入又作为输出，且 C 口不提供固定的联络信号。

② C 口的高 4 位和低 4 位均可置为输入方式或输出方式，但在 4 位中不能既作为输入又作为输出。

方式 0 适用于无条件数据传送，也可以把 C 口的某一位作为状态位，实现查询方式的数据传送。由于方式 0 没有固定的应答信号，这时通常将 C 口的高 4 位定义为输入口，用来接受外设的状态信号，C 口的低 4 位定义为输出口，输出控制信息（参见图 7-15）。

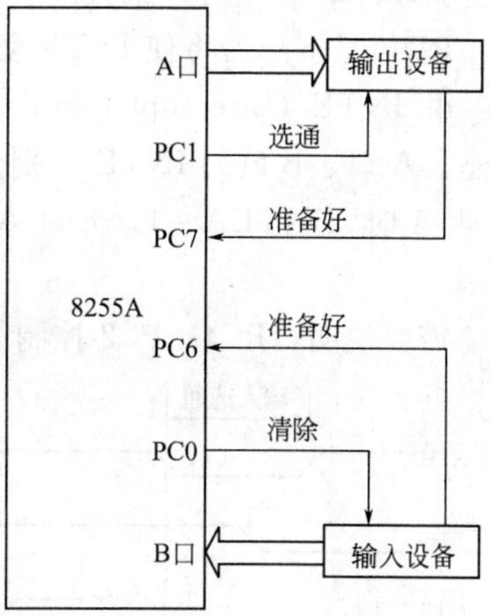

（2）方式 1

方式 1 是选通输入输出方式，此时 A 口和 B 口与外设之间进行输入或输出操作时，需要 C 口的部分 I/O 线提供联络信号。方式 1 有如下特点。

a. 只有 A 口和 B 口可工作在方式 1。

b. 可作为一个或两个选通输入或输出端口，每个选通端口包括 8 位数据端口、3 条状态或控制线，提供中断逻辑。

c. A 口或 B 口工作在方式 1 时，C 口的一部分位线用于提供联络信号，剩下的位线仍可工作在方式 0。

① 方式 1 输入。图 7-16 为 8255A 工作在方式 1 输入时 A 口和 B 口的功能图。PA 或 PB 作为输入数据口，C 口的某些位作为联络信号，各信号的定义如下。

图 7-15 8255A 与外设的连接

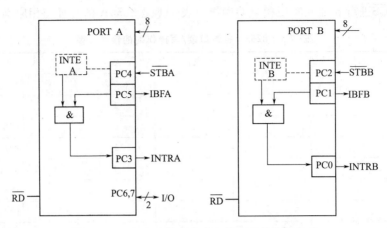

图 7-16   8255A 工作在方式 1 输入时的信号定义

　　a. $\overline{STB}$（Strobe）：输入选通信号，低电平有效。它由输入设备提供，当它有效时，将输入设备送来的数据存于 8255A 的输入数据缓冲器。

　　b. IBF（Input Buffer Full）：输入缓冲器满信号，高电平有效，它是 8255A 送给外设的信号。当 IBF 有效时，表示 8255A 的缓冲器中有一个数据尚未被 CPU 读走。外设可利用此信号来决定是否能送下一个数据。它可以看成是 $\overline{STB}$ 的应答信号。IBF 也可看作 CPU 向8255A 的查询信号，IBF＝1，CPU 应该从 8255A 端口读取数据。IBF 由输入设备提供的$\overline{STB}$信号置位，由 CPU 读取数据时发出的 $\overline{RD}$ 信号的上升沿复位。

　　c. INTR（Interrupt Request）：中断请求信号，高电平有效。由 8255A 发出，向 CPU请求中断，CPU 可在中断服务程序中读取输入设备输入的数据。INTR 的置位条件是INTE＝1，$\overline{STB}$＝1，IBF＝1。也就是说，当外设将数据锁存于接口中，且又允许中断请求发生（INTE＝1）时，就会产生中断请求。

　　$\overline{RD}$ 信号下降沿将使 INTR 复位。

　　d. INTE（Interrupt Enable）：8255A 内部的中断允许信号，是内部中断允许触发器的状态。A 口、B 口的 INTE 分别为 INTEA 和 INTEB。其中 INTEA 由 PC4 控制，CPU 置PC4＝1 时，INTEA＝1，允许 A 口中断；置 PC4＝0 时，则禁止 A 口中断。INTEB 由 PC2控制。

　　需要说明，PC4，PC2 控制 INTEA 和 INTEB 时，对 PC4，PC2 的另一个功能 $\overline{STBA}$ 和 $\overline{STBB}$ 没有影响。

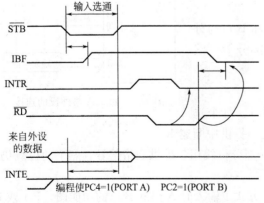

图 7-17   方式 1 下数据输入时序图

　　8255A 工作在方式 1 输入时的时序图如图 7-17 所示。下面结合此时序图说明8255A 工作于选通输入时的工作过程。

　　当外设要发送数据时，就将数据送到8255A 的 A 口或 B 口，并利用 $\overline{STB}$ 脉冲将数据锁存到 8255A 的输入锁存器，同时使IBF＝1 并产生 INTR 信号（要求 INTE＝1)，IBF＝1 还通知外设数据已被锁存。INTR 信号可向 CPU 请求中断（注意，对于 80C51 需要将 INTR 信号取反后接入

INT0或INT1），CPU 响应中断读取数据。读信号$\overline{RD}$使 INTR 和 IBF 变为无效。

② 方式1输出。图 7-18 为 8255A 工作在方式 1 输出时 A 口和 B 口的功能图。PA 或 PB 作为输出数据口，C 口的某些位作为联络信号，各信号的定义如下。

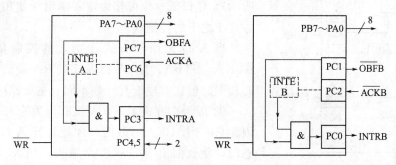

图 7-18 8255A 工作在方式 1 输出时的选通信号定义

a. $\overline{OBF}$(Output Buffer Full)：输出缓冲器满信号，低电平有效，8255A 输出至外设的信号。它有效时，表示 CPU 已将数据输出到 8255A 的端口，外设可以从该端口取走数据。

b. $\overline{ACK}$(Acknowledge)：外设响应信号，低电平有效。它有效时，表示外设已从该端口取走数据。$\overline{ACK}$信号有效时，还使$\overline{OBF}$=1。

c. INTR：中断请求信号，高电平有效。当外设取走数据后，其$\overline{ACK}$信号上升沿产生有效的 INTR 信号，该信号用于通知 CPU 可以再输出下一个数据。INTR 有效是条件是$\overline{OBF}$=1，$\overline{ACK}$=1，INTE=1。

d. INTE：8255A 内部的中断允许信号，是内部中断允许触发器的状态。A 口、B 口的 INTE 分别为 INTEA 和 INTEB。其中 INTEA 由 PC6 控制，CPU 置 PC6=1 时，INTEA=1，允许 A 口中断；置 PC6=0 时，则禁止 A 口中断。INTEB 由 PC2 控制。当 INTE=1，且$\overline{OBF}$也变高时，产生有效的 INTR 信号。

8255A 工作在方式 1 输出时的时序图如图 7-19 所示。下面结合此时序图说明 8255A 工作于选通输出时的工作过程。

当 CPU 向接口写数据时，（执行一条 MOVX @DPTR，A 指令），在$\overline{WR}$有效期间将数据锁存于 A 口或 B 口，之后$\overline{WR}$上升沿使 INTR=0（即撤除中断请求信号）、$\overline{OBF}$=0（PC7 输出负脉冲），通知外设 A 口或 B 口已准备好数据。一旦外设将数据取走，就送出一个有效的$\overline{ACK}$脉冲，该脉冲使$\overline{OBF}$=1，若 CPU 预置 PC6=1（A 口）或 PC2=1（B 口）使 INTE=1，从而产生有效的 INTR 信号，进而向 CPU 发出中断请求。CPU 响应中断后就可向端口写下一个数据，如此重复而已。

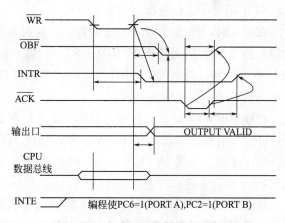

图 7-19 方式 1 下数据输出时序图

（3）方式 2

方式 2 又称为双向传输方式，只有 A 口可以工作在该方式下。双向方式使外设能利用 8 位数据线与 CPU 进行双向通信，既能发送数据，也能接收数据。8255A 工作在方式 2 时的

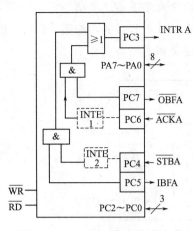

图 7-20 8255A 工作在方式 2 时
选通信号定义

功能如图 7-20 所示。

在 A 口工作在方式 2 时，B 口可以工作在方式 0 或方式 1。C 口高 5 位为 A 口提供联络信号（如图 7-20 所示），C 口低 3 位可作为输入输出线使用或用作 B 口方式 1 之下的控制线。

当 A 口工作于方式 2 时，其控制信号 $\overline{OBF}$ A，$\overline{ACK}$A、$\overline{STB}$A、IBFA 以及 INTRA 的含义与方式 1 时相同。但在时序上有一些不同，主要原因如下。

① 因为在方式 2 下，A 口既作为输入又作为输出，因此只有当 $\overline{ACK}$A 有效时，才能打开 A 口输出数据三态门，使数据由 PA7～PA0 输出。当 $\overline{ACK}$A 无效时，数据三态门呈高阻状态。

② 此时 A 口输入、输出均有数据的锁存能力。

③ 方式 2 下，A 口的数据输入或输出均可引起中断。由图 7-20 可见，输入或输出中断还受到中断允许状态 INTE1 和 INTE2 的影响。INTE2 和 INTE1 分别受 PC4 和 PC6 控制。利用 C 口的按位操作，使 PC4 或 PC6 置位复位，可用允许或禁止相应的中断请求。

工作在方式 2 的 A 口，可以认为是前面方式 1 的输入和输出相结合而分时工作的。实际传输过程中，输入和输出的顺序以及各自操作的次数是任意的，只要 $\overline{WR}$ 在 $\overline{ACK}$A 之前发出，$\overline{STB}$A 在 $\overline{RD}$ 之前发出就可以了。

在输入时，外设向 8255A 送来数据，同时发 $\overline{STB}$A 信号给 8255。该信号将数据锁存到 8255A 的 A 口，从而使 IBF 有效。$\overline{STB}$A 信号结束使 INTRA 有效，向 CPU 请求中断。CPU 响应中断，发出读信号 $\overline{RD}$，从 A 口将数据读走。$\overline{RD}$ 信号会使 INTRA 和 IBFA 无效，从而开始下一个数据的读入过程。

在输出时，CPU 发出写脉冲 $\overline{WR}$，向 A 口写入数据。$\overline{WR}$ 信号使 INTRA 变低电平，同时使 $\overline{OBF}$A 有效。外设接到 $\overline{OBF}$A 信号后发出 $\overline{ACK}$A 信号，从 A 口读出数据。$\overline{ACK}$A 信号使 $\overline{OBF}$A 无效，并使 INTRA 变高，产生中断请求。CPU 响应中断，输出下一个数据，如此循环。

从上面的分析可以看出，方式 2 的输入输出过程和方式 1 很类似，只是要注意以下两点：一是要正确判断中断请求是由输入设备引起的还是输出设备引起的；二是在 PA7～PA0 上，随时有可能出现输出到外设的数据，也可能出现外设送给 8255A 的数据，这就要防止 CPU 和外设同时竞争 PA7～PA0 数据线的问题。

7.4.3 方式控制字和状态字

（1）方式控制字

8255A 有 3 种工作模式，CPU 通过向 8255A 中的控制寄存器写入不同的控制字，可以确定 8255A 的工作方式。控制字有两个，一个是工作方式选择控制字，用于 8255A 的初始化；另一个是 C 口按位置位/复位控制字，用于 C 口的位操作。这两个控制字使用同一口地址，由最高位 D7 区分，若 D7 为 1，此控制字为 8255A 的工作方式选择控制字；若 D7 为 0，此控制字为 8255A 的 C 口按位置位/复位控制字。

　　① 工作方式选择控制字。8255A 的方式选择控制字由 8 位构成，其各位的定义见图 7-21。方式选择控制字的标志是控制字的 D7 位为"1"。

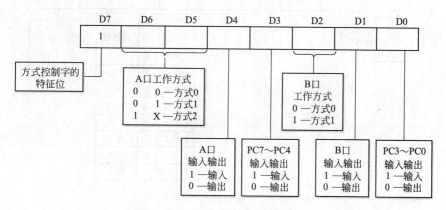

图 7-21　8255A 的方式选择控制字

　　D6～D3：A 组控制位。具体如下。

　　D6，D5：是 A 组方式选择位，D6D5 为 00 时，A 组设定为方式 0；D6D5 为 01，A 组设定为方式 1；若 D6D5＝1×，A 组设定为方式 2。

　　D4：A 口输入输出控制位，D4 为 0，则 PA7～PA0 用于输出数据；D4 为 1，则 PA7～PA0 用于输入数据。

　　D3：C 口高四位输入输出控制位；D3 为 0，则 PC7～PC4 为输出数据方式；D3 为 1，则 PC7～PC4 为输入数据方式。

　　D2～D0：B 组控制位。具体如下。

　　D2：方式选择位，D2 为 0，B 组设定为方式 0；D2 为 1，B 组设定为方式 1。

　　D1：B 口输入输出控制位，D1 为 0，则 PB7～PB0 用于输出数据；D1 为 1，则 PB7～PB0 用于输入数据。

　　D0：C 口低四位输入输出控制位，D0 为 0，则 PC3～PC0 用于输出数据；D0 为 1，则 PC3～PC0 用于输入数据。

　　例如，要把 A 口指定为方式 1，输入，C 口上半部为输出；B 组指定为方式 0，输出，C 口下半部定为输入，则工作方式选择控制字是：10110001B 或 B1H。若将此控制字写到 8255A 的控制寄存器，即实现了对 8255A 工作方式及端口功能的指定，或者说完成了对 8255A 的初始化。

　　② C 口按位置位/复位控制字。C 口按位置位/复位控制字同样由 8 位构成，其各位的定义见图 7-22。C 口按位置位/复位控制字的标志是控制字的 D7 位为"0"。

　　D3～D1：用于选择 PC7～PC0 中某一位。

　　D0：置位/复位的控制位。当 D0 为 0 时，控制 C 口的某位复位；当 D0 为 1 时，控制 C 口的某位置位。

　　例如，将 C 口的 PC1 置位的控制字为 00000011B 或 03H，若将此控制字写入 8255A 的控制寄存器，就可使 PC1 置位。

　　(2) 状态字

　　状态字反映了 C 口各位当前的状态，当 8255A 的 A 口、B 口工作在方式 1 或 A 口工作在方式 2，通过读 C 口的状态，可以检测 A 口和 B 口当前的工作情况。图 7-23 示出了 A

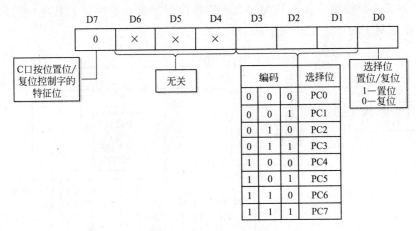

图 7-22　C 口按位置位/复位控制字

口、B 口工作在不同方式下的状态字各位的含义。

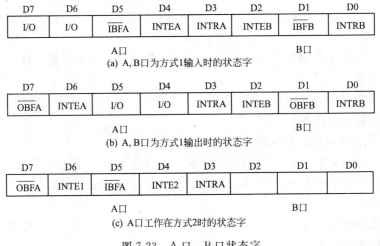

图 7-23　A 口、B 口状态字

图 7-23(a)，(b) 分别示出了当 8255A 的 A 口、B 口工作在方式 1 输入和输出时的状态字格式，状态字中的 INTEA 和 INTEB 分别为 A 组和 B 组的中断允许触发器状态，其余各位为相应引脚上的电平信号。

图 7-23(c) 为 8255A 在方式 2 下的状态字格式。在这个状态字中，INTE1 和 INTE2 为 8255A 的允许中断触发器状态，它们由 C 口的置位/复位控制字决定，其余各位为同名引脚上的电平信号。D2～D0 由 B 组工作方式决定。

需要说明的是，图 7-23(a)，(b) 分别表示在方式 1 下 A 口、B 口均为输入或均为输出的情况。若在方式 1 下 A 口、B 口各为输入或输出时，状态字为上述两状态字的组合。

7.4.4　8255A 应用举例

【例 7-3】　图 7-24 为 8255A 用于 80C51 与微型打印机接口的电路图，要打印的字符串存放在单片机内部 RAM30H 单元开始的数据区中，字符串长度在 2FH 单元，试编制打印程序。

解　① 电路分析。P2.7 作为 8255A 的片选线，故 8255A 的接口地址为 7FFCH～

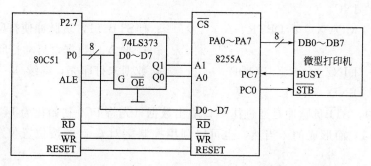

图 7-24　8255A 用于 80C51 与微型打印机接口

7FFFH。

图 7-24 中微型打印机 8 根数据线 DB0～DB7 接 8255A 的 A 口 PA0～PA7，接收 CPU 输出的打印数据。微型打印机两根联络线 BUSY 和 $\overline{STB}$ 接 8255A 的 C 口。BUSY 是微型打印机忙输出信号，BUSY＝1 时，表明打印机忙；BUSY＝0 时，CPU 可将数据送打印机。$\overline{STB}$ 是微型打印机选通输入信号，$\overline{STB}$＝0，选通打印机即通知打印机接收数据。二根控制线一根是输入一根是输出，由于 C 口在方式 0 下分成二组，每组 4 位中不能有的输入有的输出，因此，这二根信号线必须分设在 C 口高 4 位和低 4 位。BUSY 接 PC7，$\overline{STB}$ 接 PC0，因此需将 8255A C 口高 4 位设置为输入，8255A C 口低 4 位设置为输出。

② 工作方式选择控制字设置。根据上面的分析，A 口方式 0 输出，B 口无关，C 口高 4 位输入，低 4 位输出。因此 8255A 的工作方式控制字为 10001000B（参见图 7-21），即 88H。

③ 程序如下。

```
INITIAL:  MOV    DPTR, #7FFFH      ; 指向 8255A 控制口
          MOV    A, #88H           ; 置工作方式选择控制字
          MOVX   @DPTR, A          ; A 口方式 0，C 口高 4 位输入
                                   ; 低 4 位输出
          MOV    A, #01H           ; PC0(STB) 置位控制字
          MOVX   @DPTR, A          ; STB=1
          ; 以上为对 8255A 的初始化，下面是打印字符串的程序段
          MOV    R0, #30H          ; 置打印数据区首地址
          MOV    R1, 2FH           ; 置打印数据长度
LOOP:     MOV    DPTR, #7FFEH      ; 指向 C 口
LOOP1:    MOVX   A, @DPTR          ; 读 C 口信息
          JB     ACC.7, LOOP1     ; 若 BUSY=1（打印机忙），查询等待
          MOV    DPTR, #7FFCH      ; 指向 A 口
          MOV    A, @R0            ; 要打印的数据送入累加器
          MOVX   @DPTR, A          ; 打印数据送 A 口
          INC    R0                ; 指向下一个打印数据地址
          MOV    DPTR, #7FFEH      ; 指向 C 口
          CLR    A
          MOVX   @DPTR, A          ; 使 STB=0，准备产生负脉冲
```

```
        INC     A
        MOVX    @DPTR，A              ；使STB=1，负脉冲使打印机
                                      ；接收 A 口数据，启动打印
        DJNZ    R1，LOOP             ；数据未打印完，继续
        END
```

上面程序中，$\overline{STB}$负脉冲是通过往 C 口输出数据（先将 PC0 初始化为 1，然后输出一个 0，再输出一个 1）而形成的。当然，也可以利用控制字对 C 口的按位置位/复位操作来实现。如：

```
        MOV     DPTR，#7FFFH          ；指向 8255A 控制口
        MOV     A，#00H               ；PC0（STB）复位控制字
        MOVX    @DPTR，A              ；PC0 复位
        MOV     A，#01H               ；PC0 置位控制字
        MOVX    @DPTR，A              ；PC0 置位，负脉冲产生
```

【例 7-4】 在上例中，若使 8255A 工作在方式 1，并利用中断进行数据传送，则 8255A 与打印机的连接图如图 7-25 所示，请编写打印程序。

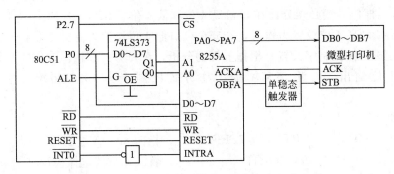

图 7-25　8255A 工作在方式 1 时与打印机的连接

解　将 8255A 的 A 口设置为方式 1 输出，此时 PC7 自动作为$\overline{OBFA}$信号的输出端，PC6 自动作为$\overline{ACKA}$信号的输入端，而 PC3 自动作为 INTR 信号的输出端，将其取反后作为 80C51 外中断$\overline{INT0}$的输入端。CPU 送出一个数据后，$\overline{OBFA}$信号变为低电平，经单稳态触发器产生一个打印机需要的$\overline{STB}$负脉冲，打印机在$\overline{STB}$负脉冲作用下，读取端口数据打印并发出$\overline{ACK}$信号，该信号一方面使$\overline{OBFA}$变为高电平，另一方面使 INTR 变高向 CPU 请求中断，CPU 在中断服务子程序中，又可输出新的数据。

程序如下。

```
            ORG     0003H
            LJMP    INT0
            ORG     0200H
MAIN：      MOV     R0，#30H          ；打印字符串首地址
            MOV     R1，2FH           ；置数据区长度
            MOV     DPTR，#7FFFH      ；指向 8255A 控制口
            MOV     A，#0DH           ；置位/复位控制字（00001101B）送 A
            MOVX    @DPTR，A          ；置位 PC6（INTEA），允许 A 口中断
```

```
        MOV     A，#0A0H          ；控制字 10100000B，A 口方式 1 输出
        MOVX    @DPTR，A          ；B 口方式 0 输出，C 口余下 5 条线输出
        MOV     DPTR，#7FFCH      ；指向 8255A 的 A 口
        MOV     A，@R0            ；取第一个字符
        MOVX    @DPTR，A          ；输出到 A 口
        INC     R0               ；指向下一个字符
        DEC     R1               ；数据长度减 1
        SETB    EA               ；CPU 中断开放
        SETB    EX0              ；允许INT0中断
        SJMP    $                ；等待中断
        ORG     1000H
INT0：  PUSH    ACC              ；保护现场
        PUSH    PSW
        PUSH    DPH
        PUSH    DPL
        MOV     DPTR，#7FFCH      ；指向 8255A 的 A 口
        MOV     A，@R0            ；读字符
        MOVX    @DPTR，A          ；输出字符到 A 口
        INC     R0               ；指向下一个字符
        DJNZ    R1，NEXT          ；发送完否？未完返回继续
        CLR     EX0              ；发送完，关INT0中断
MEXT：  POP     DPL              ；恢复现场
        POP     DPH
        POP     PSW
        POP     ACC
        RETI                     ；中断返回
```

本例中需用一个单稳态触发器产生负脉冲，实际上只要在电路图上稍加改进，就可省去这个触发器。具体方法是将打印机的STB和 C 口余下的五条信号线中的任意一条相连（如 PC1），那么只要在上述程序的所有向 A 口输出字符的指令后增加对 PC1 的置位、复位、再置位指令即可达到向打印机送出负脉冲的目的，这样就节省了硬件成本，而整个程序仍然工作在中断打印方式。

7.5　用 8155 扩展 I/O 接口

INTEL 8155 芯片包含有 256 个字节静态 RAM，2 个 8 位，1 个 6 位的可编程并行 I/O 口和 1 个 14 位定时器/计数器。8155 芯片具有地址锁存功能，与 80C51 单片机接口简单，是单片机应用系统中广泛使用的芯片。

7.5.1　8155 结构组成和引脚功能

（1）结构组成

8155 逻辑结构如图 7-26 所示。包括 2 个 8 位并行 I/O 口（A 口和 B 口）、1 个 6 位并行 I/O 口；256×8 位静态 RAM；一个 14 位减法定时器/计数器。

（2）引脚功能 8155 共有 40 个引脚，采用双列直插式封装，如图 7-27 所示。各引脚功能如下。

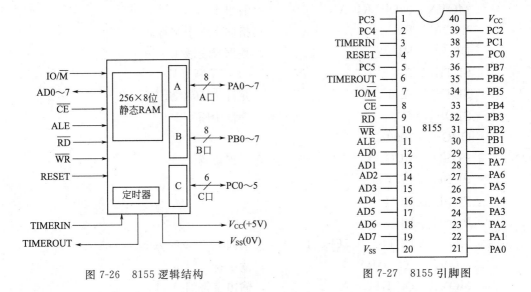

图 7-26　8155 逻辑结构　　　　　图 7-27　8155 引脚图

RESET：复位信号输入端，高电平有效。复位后，3 个 I/O 口均为输入方式。

AD0～AD7：三态的地址/数据总线。与单片机的低 8 位地址/数据总线（P0 口）相连。单片机与 8155 之间的地址、数据、命令与状态信息都是通过这个总线口传送的。

$\overline{\text{RD}}$：读选通信号，低电平有效，控制对 8155 的读操作。

$\overline{\text{WR}}$：写选通信号，低电平有效，控制对 8155 的写操作。

$\overline{\text{CE}}$：片选信号线，低电平有效。

IO/$\overline{\text{M}}$：8155 的 RAM 存储器或 I/O 口选择线。当 IO/$\overline{\text{M}}$＝0 时，选择 8155 的片内 RAM，AD0～AD7 上的地址为 8155 中 RAM 单元的地址（00H～FFH）；当 IO/$\overline{\text{M}}$＝1 时，选择 8155 的 I/O 口，AD0～AD7 上的地址为 8155 I/O 口的地址。

ALE：地址锁存信号。8155 内部设有地址锁存器，在 ALE 的下降沿将单片机 P0 口输出的低 8 位地址信息及 $\overline{\text{CE}}$，IO/$\overline{\text{M}}$ 的状态都锁存到 8155 内部寄存器。因此，P0 口输出的低 8 位地址信号不需外接锁存器。

PA0～PA7：8 位通用 I/O 口。

PB0～PB7：8 位通用 I/O 口。

PC0～PC5：既可作为通用的 I/O 口，也可作为 PA 口和 PB 口的控制信号线，这些可通过程序控制。

TIMERIN：定时器/计数器输入端，定时器/计数器工作所需要的脉冲由此端输入。

TIMEROUT：定时器/计数器输出端，根据定时器/计数器的工作方式，它可以在定时到或计数满时输出方波或脉冲。

V_{CC}：＋5V 电源。

V_{SS}：接地。

（3）8155 的地址编码及工作方式

　　在单片机应用系统中，8155 是按外部数据存储器统一编址的，为 16 位地址，其高 8 位由片选线 $\overline{CE}$ 提供，$\overline{CE}=0$，选中该片。

　　当 $\overline{CE}=0$，IO/$\overline{M}=0$ 时，选中 8155 片内 RAM，这时 8155 只能作片外 RAM 使用，其 RAM 的低 8 位编址为 00H～FFH；当 $\overline{CE}=0$，IO/$\overline{M}=1$ 时，选中 8155 的 I/O 口，其端口地址的低 8 位由 AD7～AD0 确定。8155 芯片的 I/O 端口及定时器/计数器的编址如表 7-2 所示。

表 7-2　8155 芯片的 I/O 口及定时器/计数器编址

| AD7～AD0 | | | | | | | | 选择 I/O 口 |
A7	A6	A5	A4	A3	A2	A1	A0	
×	×	×	×	×	0	0	0	命令/状态寄存器
×	×	×	×	×	0	0	1	A 口
×	×	×	×	×	0	1	0	B 口
×	×	×	×	×	0	1	1	C 口
×	×	×	×	×	1	0	0	定时器低 8 位
×	×	×	×	×	1	0	1	定时器高 6 位及方式

　　8155 的 A 口、B 口可工作于基本 I/O 方式或选通 I/O 方式。C 口可工作于基本 I/O 方式，也可作为 A 口、B 口在选通工作方式时的状态控制信号线。当 C 口作为状态控制信号时，其每位线的作用如下。

PC0：AINTR（A 口中断请求线）

PC1：ABF（A 口缓冲器满信号）

PC2：A$\overline{STB}$（A 口选通信号）

PC3：BINTR（B 口中断请求线）

PC4：BBF（B 口缓冲器满信号）

PC5：B$\overline{STB}$（B 口选通信号）

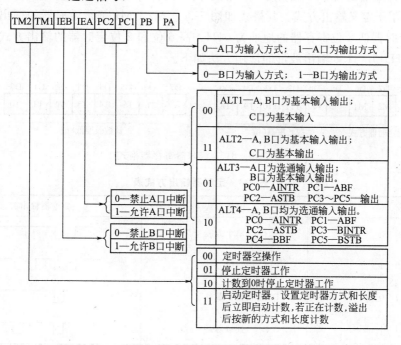

图 7-28　命令寄存器格式

8155 的 I/O 工作方式选择是通过对 8155 内部命令寄存器设定控制字实现的。命令寄存器只能写入，不能读出，命令寄存器的格式如图 7-28 所示。

8155 内还有一个状态寄存器，用于锁存输入/输出口和定时/计数器的当前状态，供 CPU 查询用。状态寄存器的端口地址与命令寄存器相同，低 8 位也是 00H，状态寄存器的内容只能读出不能写入。所以可以认为 8155 的 I/O 口地址 00H 是命令/状态寄存器，对其写入时作为命令寄存器；而对其读出时，则作为状态寄存器。

状态寄存器的格式如图 7-29 所示。

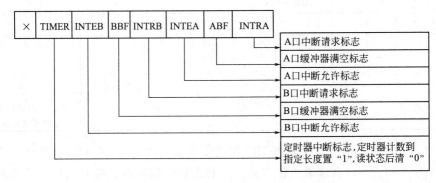

图 7-29　8155 状态寄存器格式

（4）8155 的定时器/计数器

8155 内部的定时/计数器实际上是一个 14 位的减法计数器，它对 TIMERIN 端输入脉冲进行减 1 计数，当计数结束（即减 1 计数"回 0"）时，由 TIMEROUT 端输出方波或脉冲。当 TIMERIN 接外部脉冲时，为计数方式；接系统时钟时，可作为定时方式。

定时器/计数器由两个 8 位寄存器构成，其中的低 14 位组成计数器，剩下的两个高位（M2，M1）用于定义输出方式。其格式如图 7-30。M2，M1 确定定时器的输出方式，如表 7-3 所示。定时器低 8 位寄存器的地址为 04H，高 6 位和 2 位定时器的输出方式选择的寄存器地址为 05H。用 8155 输出波形的使用方法如下。

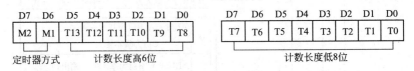

图 7-30　8155 定时器寄存器格式

表 7-3　定时器输出方式表

M2　M1	输出方式	定时器输出波形
0　0	单个方波	
0　1	连续方波	
1　0	单个脉冲	
1　1	连续脉冲	

① 先对地址为 04H、05H 的两个寄存器装入 14 位初值和输出波形方式。14 位初值的范围是 0002H～3FFFH。

② 启动定时/计数器。即对命令/状态字寄存器（地址为 00H）的最高两位 TM2，TM1 写入 "11"。

③ 如果定时/计数器在运行中要重置新的时间常数，请务必先装入新的初值，然后再发送一次启动命令，即写入 TM2TM1＝11。新的启动命令，并不影响定时/计数器原来的操作，要等到原来的计数值回 0 后，才按新的工作方式和计数值进行工作。

需要说明的是 8155 定时/计数器是减 2 计数器，故最小初值为 2。当输出波形为方波时，初值若为偶数，则输出等占空比方波；若为奇数，则正半周多一个脉冲周期。例如，若计数值为 17，则高电平持续时间为 9，低电平持续时间为 8。

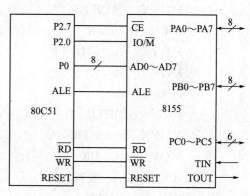

图 7-31　8155 与 80C51 的连接电路

7.5.2　8155 应用举例

图 7-31 为 8155 和 80C51 的典型连接电路图。由于 8155 内部有一个地址锁存器，故单片机的 P0 口不必外加地址锁存器，可以直接与 8155 的 AD7～AD0 相连，作为低 8 位地址总线和数据总线，P2.7 作为 8155 的片选信号，P2.0 接 IO/$\overline{\text{M}}$，读写信号线直接相连。由此可知，8155 地址分配如下。

RAM 地址：7E00H～7EFFH

I/O 口地址：

　　命令状态口　　　7F00H

　　PA 口　　　　　7F01H

　　PB 口　　　　　7F02H

　　PC 口　　　　　7F03H

　　定时器低字节　　7F04H

　　定时器高字节　　7F05H

【例 7-5】　电路如图 7-31，要求把 80C51 片内 RAM 30H 单元的内容，送入 8155 片内 30H 单元。

　解　　MOV　　DPTR，#7E30H　　；指向 8155 片内 30H 单元

　　　　　MOV　　A，30H　　　　　　；取 80C51 片内 30H 单元的内容

　　　　　MOVX　@DPTR，A　　　　；送数

【例 7-6】　电路如图 7-31，要求将 8155 设置为基本输入输出方式，定时器为 18 分频连续方波输出。单片机从 A 口读入数据，取反后从 B 口输出，再将输入数据的低 6 位从 C 口输出。

　解　　由图 7-28 可知，8155 工作方式控制字为 11001110B＝CEH，程序如下。

　　　　　MOV　　DPTR，#7F04H　　；指向定时器低 8 位寄存器

　　　　　MOV　　A，#18　　　　　　；初值即分频数

MOVX	@DPTR，A	；装入
INC	DPTR	；波形选择位与定时器高 6 位
MOV	A，#40H	；01000000B＝连续方波＋TH（＝0）
MOVX	@DPTR，A	；装入
MOV	DPTR，#7F00H	；指向 8155 命令口
MOV	A，#0CEH	；立即启动计数，基本输入输出方式
		；A 口输入，B 口、C 口输出
MOVX	@DPTR，A	；写入工作方式控制字
INC	DPTR	；指向 A 口
MOVX	A，@DPTR	；读入数据
MOV	R0，A	；暂存入 R0
CPL	A	；取反
INC	DPTR	；指向 B 口
MOVX	@DPTR，A	；从 B 口输出数据
MOV	A，R0	；取回暂存的数据
ANL	A，#3FH	；屏蔽高 2 位，取低 6 位
INC	DPTR	；指向 C 口
MOVX	@DPTR，A	；从 C 口输出数据
SJMP	$	

【例 7-7】 电路如图 7-32 所示，8155B 口以中断方式输入外设 2 发送的数据，并从 A 口以查询方式将数据送出给外设 1。

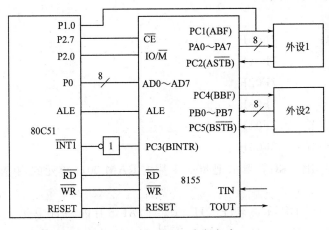

图 7-32　8155B 口中断方式

	ORG	0000H	
	AJMP	START	
	ORG	0013H	
	AJMP	INT8155B	
	ORG	0200H	
START：	MOV	DPTR，#7F00H	；指向 8155 命令口
	MOV	A，#29H	；ALT4 方式，B 口输入、A 口输出

```
          MOVX    @DPTR，A，       ；写入工作方式控制字
          SETB    IT1             ；外中断 1 边沿触发
          SETB    EX1             ；允许外中断 1 中断
          SETB    EA              ；开中断
          SJMP    $               ；等待中断
INT8155B：MOV     DPTR，#7F02H     ；指向 8155B 口
          MOVX    A，@DPTR        ；从 B 口读入数据
          JB      P1.0，$         ；查询 A 口缓冲器状态，满则等待
          MOV     DPTR，#7F01H     ；指向 8155A 口
          MOVX    @DPTR，A         ；从 A 口输出数据
          RETI
          END
```

本例中用 P1.0 获取 8155A 口缓冲器满的信息，实际上，本例中 P1 口是可以不用的。只要利用 8155 的命令/状态口读取 A 口的状态，将上述中断服务子程序中重写如下。

```
INT8155B：MOV     DPTR，#7F02H     ；指向 8155B 口
          MOVX    A，@DPTR        ；从 B 口读入数据
          MOV     DPTR，#7F00H     ；指向 8155 命令/状态口
LOOP：    MOVX    A，@DPTR        ；读状态寄存器，准备判 ABF
          JNB     ACC.1，SEND     ；A 口缓冲器空否？空则送数
          SJMP    LOOP            ；满则等待
SEND：    INC     DPTR            ；指向 A 口
          MOVX    @DPTR，A         ；从 A 口输出数据
          RETI
```

就可达到同样的效果，并可将 P1 口节省下来可另作他用。

习题 7

7-1 80C51 的四个 I/O 口在使用上有哪些分工和特点？试比较各口的特点。何谓分时复用总线？P3 口的第二变异功能有哪些？

7-2 80C51 端口 P0～P3 作通用 I/O 口时，在输入引脚数据时，应注意什么？

7-3 "读-改-写"指令有何优点？请至少列出五条不同操作的"读-改-写"指令。

7-4 为什么当 P2 口作为扩展程序存储器的高 8 位地址后，就不再适宜作通用 I/O 口了？

7-5 利用 89C51 的 P1 口控制 8 个发光二极管 LED。相邻的 4 个 LED 为一组。使 2 组每隔 0.5s 交替发亮一次，周而复始。画出电路，编写程序（设延时 0.5s 的子程序为 DE-LAY05，已存在）。

7-6 利用 89C51 的 P1 口，监测某一按键开关，使每按键一次，输出一个正脉冲（脉宽随意），请画出电路，编写程序。

7-7 某一个微机系统中，有 8 块 I/O 接口芯片，每个芯片占有 8 个端口地址，若起始地址为 300H，8 块芯片的地址连续分布，用 74LS138 作译码器，试画出端口译码电路，并

说明每个芯片的端口地址范围。

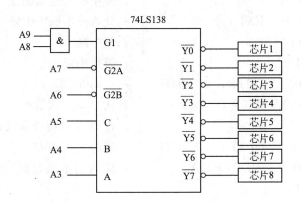

7-8　8255A 有哪几种工作方式？各有什么特点？

7-9　8255A 各端口可以工作在几种方式下？当端口 A 工作在方式 2 时，端口 B 和 C 工作于什么方式下？

7-10　某 8255A 芯片的地址范围为 7F80H～7F83H，工作于方式 0，A 口、B 口为输出口。C 口低 4 位为输入，高 4 位为输出，试编写初始化程序。

7-11　8255A 的方式 0 一般使用在什么场合？在方式 0 时，如果要使用查询方式进行输入输出，应该如果处理？

7-12　8255A 的方式控制字和 C 口按位置位/复位控制字都可以写入 8255A 的同一控制寄存器，8255A 是如何区分这两个控制字的？

7-13　编写程序，采用 8255A 的 C 口按位置位/复位控制字，将 PC7 置 0，PC4 置 1，（已知 8255A 各端口的地址为 7FFCH～7FFFH）。

7-14　设 8255A 接到系统中，端口 A，B，C 及控制口地址分别为 220H，221H，222H 及 223H，工作在方式 0，试编程将端口 B 的数据输入后，从端口 C 输出，同时，将其取反后从端口 A 输出。

7-15　对 8255A 的控制口写入 B0H，其端口 C 的 PC5 引脚是什么作用的信号线？试分析 8255A 各端口的工作状态。

7-16　简述 8255A 工作在方式 1 输出时的工作过程。

7-17　设 8255A 的 4 个端口地址为 0060H～0063H，试写出下列各种情况的工作方式命令字。

（1）A 组 B 组工作在方式 0，A 口 B 口为输入口，C 口为输出口。

（2）A 组工作在方式 2，B 组工作在方式 1，B 口为输出口。

（3）A 组 B 组都工作在方式 1，均为输入口，PC6 和 PC7 为输出。

7-18　现有一片 89C51，扩展了一片 8255A，若把 8255A 的 B 口用做输入，B 口的每一位接一个开关，A 口用作输出，每一位接一个发光二极管，请画出电路原理图，并编写出 B 口某一位接高电平时，A 口相应位发光二极管被点亮的程序。

7-19　说明 8155 的内部结构特点。

7-20　8155 的端口都有哪些？哪些引脚决定端口的地址？引脚 TIMERIN 和 TIMER-OUT 的作用是什么？

7-21 假设 8155 的 TIMERIN 引脚输入的频率为 4MHz，问 8155 的最大定时时间是多少？

7-22 假设 8155 的 TIMERIN 引脚输入的脉冲频率为 1MHz，请编写出在 8155 的 TIMEROUT 引脚上输出周期为 10ms 的方波的程序。

7-23 80C51 的并行接口的扩展有多种方式，在什么情况下，采用扩展 8155 比较合适，什么情况下，采用扩展 8255A 比较适合？

8　80C51 内部定时器及应用

80C51 内部提供两个 16 位的定时器/计数器（Timer/Counter）T0 和 T1，它们既可以用作硬件定时，也可以对外部脉冲计数。定时器/计数器的核心是一个加 1 计数器，其基本功能是加 1 功能。在单片机中，定时功能和计数功能的设定和控制都是通过软件来进行的。

8.1　定时器结构

定时器/计数器基本结构如图 8-1 所示。从图中可以看出，定时器/计数器 T0，T1 由以下几部分组成。

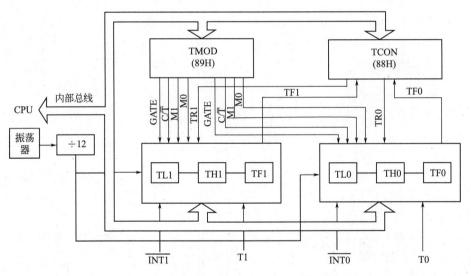

图 8-1　定时器/计数器 T0，T1 的内部结构

① 构成定时器/计数器 T0 的 TH0（高 8 位）和 TL0（低 8 位）两个 8 位时间常数寄存器，构成定时器/计数器 T1 的 TH1（高 8 位）和 TL1（低 8 位）两个 8 位时间常数寄存器。

② 特殊功能寄存器 TMOD（定时器/计数器方式寄存器）、TCON（定时器/计数器控制寄存器）。

③ 时钟分频器（12 分频）。

④ 输入引脚 T0，T1，$\overline{INT0}$，$\overline{INT1}$。

8.2　定时器工作方式

8.2.1　定时器/计数器 T0，T1 的特殊功能寄存器

（1）定时器/计数器 T0，T1 的方式寄存器（TMOD）

方式寄存器 TMOD 是一个逐位定义的 8 位寄存器，但只能字节寻址，不可位寻址，字节地址为 89H。其格式如下。

D7	D6	D5	D4	D3	D2	D1	D0
GATE	C/$\overline{\text{T}}$	M1	M0	GATE	C/$\overline{\text{T}}$	M1	M0

| T1 方式字段 | | | | T0 方式字段 | | | | (89H) |

其中低 4 位定义定时器/计数器 T0，高 4 位定义定时器/计数器 T1，各位的意义如下。

① M1，M0（工作方式选择位）。

M1M0＝00——方式 0，13 位计数器。

M1M0＝01——方式 1，16 位计数器。

M1M0＝10——方式 2，自动再装入的 8 位计数器。

M1M0＝11——方式 3，定时器/计数器 T0 分成两个 8 位定时器/计数器，定时器/计数器 T1 停止计数。

② C/$\overline{\text{T}}$（功能选择位）。C/$\overline{\text{T}}$＝1 时，选择计数功能；C/$\overline{\text{T}}$＝0 时，选择定时功能。

③ GATE（门控位）。GATE＝0 时，仅由 TR0 和 TR1 置位来启动定时器/计数器 T0 和 T1。GATE＝1 时，由外部中断引脚 $\overline{\text{INT0}}$，$\overline{\text{INT1}}$ 和 TR0，TR1 来共同启动定时器。当 $\overline{\text{INT0}}$ 引脚为高电平时，TR0 置位，启动定时器 T0；当 $\overline{\text{INT1}}$ 引脚为高电平时，TR1 置位，启动定时器 T1。

（2）定时器/计数器 T0，T1 的控制寄存器（TCON）

控制寄存器 TCON 是一个逐位定义的 8 位寄存器，既可字节寻址也可位寻址，字节地址为 88H，位寻址的地址为 88H～8FH。TCON 主要用于控制定时器的操作及中断控制，其格式如下。

符号	TF1	TR1	TF0	TR0	IE1	IT1	IE0	IT0
位地址	8FH	8EH	8DH	8CH	8BH	8AH	89H	88H

| | T1 | | T0 | | 外中断 | | | |

① TF1(TCON.7)：定时器/计数器 T1 的溢出标志。定时器/计数器 T1 溢出时，该位由内部硬件置位。若中断开放，即响应中断，进入中断服务程序后，由硬件自动清 0；若中断禁止，即采用查询方式时，也可以由程序查询判跳转，但必须用指令清"0"，这点务必注意。

② TR1（TCON.6）：定时器/计数器 T1 的运行控制位。置 1 时，启动定时器/计数器 T1；清 0 时，停止定时器/计数器 T1。该位由软件置位和清 0。

③ TF0(TCON.5)：定时器/计数器 T0 的溢出标志。其意义与 TF1 相同。

④ TR0(TCON.4)：定时器/计数器 T0 的运行控制位。其意义与 TR1 相同。

⑤ IE1(TCON.3)：外部中断 1 请求标志位。

⑥ IT1(TCON.2)：外部中断 1 触发类型选择位。

⑦ IE0(TCON.1)：外部中断 0 请求标志位。

⑧ IT0(TCON.0)：外部中断 0 触发类型选择位。

TCON 的低 4 位与中断有关，已在"80C51 中断系统"一节中详细讨论。

系统复位时，TMOD 和 TCON 寄存器的每一位都清 0。

（3）定时器/计数器 T0，T1 的数据寄存器（TH1，TL1 和 TH0，TL0）　定时器/计数器 T0，T1 各有一个 16 位的数据寄存器，它们都是由高 8 位寄存器和低 8 位寄存器所组成。这些寄存器不经过缓冲，直接显示当前的计数值。所有这四个寄存器都是可读/写寄存器，任何时候都可对它们进行读/写操作。

复位后，所有这四个寄存器全部清零。它们都只能字节寻址，TH1，TL1，TH0，TL0

的字节地址分别为 8DH，8BH，8CH 和 8AH。

8.2.2 定时器/计数器工作方式

根据对 M1 和 M0 的设定，定时器/计数器 T0，T1 可选择四种不同的工作方式。

（1）方式 0

当 TMOD 中的 M1＝0、M0＝0 时，选择工作方式 0，为 13 位计数器（TLx 高 3 位未用）。方式 0 时的结构如图 8-2 所示。

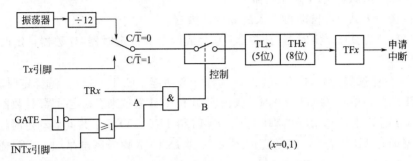

图 8-2　方式 0 时定时器/计数器的逻辑结构图

计数时，TLx 的低 5 位溢出后向 THx 进位，THx 溢出后将 TFx 置位，并向 CPU 申请中断。

当 GATE＝0 时，A 点为高电平，定时器/计数器的启动/停止由 TRx 决定。TRx＝1，定时器/计数器启动；TRx＝0，定时器/计数器停止。

当 GATE＝1 时，A 点的电位由 $\overline{INTx}$ 决定，因而 B 点的电位就由 TRx 和 $\overline{INTx}$ 决定，即定时器/计数器的启动/停止由 TRx 和 $\overline{INTx}$ 两个条件决定。

（2）方式 1

当 TMOD 中的 M1＝0，M0＝1 时，选择工作方式 1，为 16 位计数器。方式 1 时的结构如图 8-3 所示。可见，在这种方式下，除计数寄存器由 16 位组成外，其余和方式 0 完全相同。在方式 0 和方式 1 中，必须用指令重新装入计数初值，定时器/计数器才能继续工作。

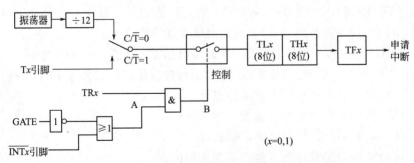

图 8-3　方式 1 时定时器/计数器的逻辑结构图

（3）方式 2

当 TMOD 中的 M1＝1，M0＝0 时，选择工作方式 2。这种方式是将 16 位计数寄存器分为两个 8 位寄存器，组成一个可重装入的 8 位计数寄存器。方式 2 时的结构如图 8-4 所示。

该方式是由 TLx 组成 8 位计数器。THx 作为计数常数寄存器，由软件预置初始值。当 TLx 产生溢出时，一方面使溢出标志位 TFx 置 1，向 CPU 请求中断；同时把 THx 的 8 位数据重新装入 TLx 中，即方式 2 具有自动重新加载功能。方式 2 特别适合于产生定时控制

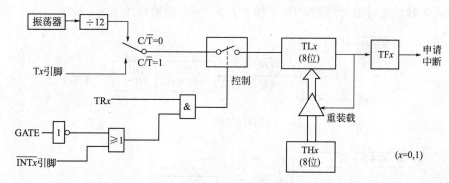

图 8-4 方式 2 时定时器/计数器的逻辑结构图

信号，如作为波特率发生器。

（4）方式 3

当 TMOD 中的 M1＝1，M0＝1 时，选择工作方式 3。方式 3 对于定时器/计数器 T0 和 T1 是不相同的。

对于定时器/计数器 T1，若设置为方式 3，则停止工作，和置 TR1＝0 的效果一样。

对于定时器/计数器 T0，若设置为方式 3，则将定时器/计数器 T0 分为一个 8 位定时器/计数器和一个 8 位定时器，TL0 用于 8 位定时器/计数器，TH0 用于 8 位定时器。方式 3 时定时器/计数器 T0 的结构如图 8-5 所示。

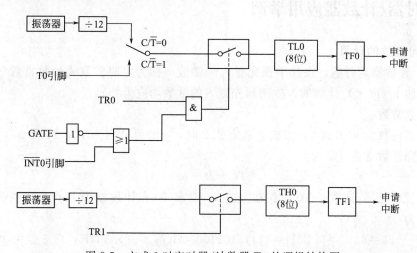

图 8-5 方式 3 时定时器/计数器 T0 的逻辑结构图

TL0 作为定时器/计数器的工作与方式 0、方式 1 时相同，只是此时的计数器为 8 位计数器，它占用了 T0 的 GATE，$\overline{INT0}$，TR0，T0 引脚以及中断源等。TH0 所构成的定时器只能作为定时器用，因为此时的外部引脚已为定时器/计数器 TL0 所占用。不过这时它却占用了定时器/计数器 T1 的启动/停止控制位 TR1、计数溢出标志位 TF1 及中断源。

对于定时器/计数器 T1，当定时器/计数器 T0 工作于方式 3 时，仍可工作于方式 0、方式 1 或方式 2，但必须是不使用中断的场合，通常作为串行口波特率发生器（参见第 9 章）。由于 TR1，TF1 已给 TH0 "霸占"，TH1 和 TL1 的溢出就送给串行口，作为串行口时钟信号发生器，并且只要设置好工作方式（方式 0，方式 1，方式 2）以及计数初值，T1 无须启动便可自动运行。如要停止 T1 工作，只要将其设置工作方式 3 即可。当定时器/计数器 T0

工作于方式 3 时，定时器/计数器 T1 工作于方式 0～2 的结构如图 8-6 所示。

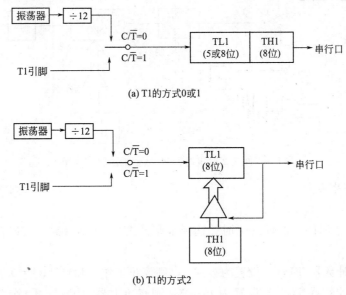

(a) T1的方式0或1

(b) T1的方式2

图 8-6　T0 工作于方式 3 时，T1 工作于方式 0～2 的逻辑结构图

8.3　定时器/计数器应用举例

8.3.1　时间常数的计算

定时器/计数器运行前，在其中预先置入的常数，称为定时常数或计数常数（TC）。由于计数器是加 1（向上）计数的，故而预先置入的常数均应为补码。

（1）计数常数

设计数器位数为 n（方式 0、方式 1 和方式 2 时，n 的值分别为 13，16 和 8），需计数的次数为 m，则计数常数 TC 为

$$TC = 2^n - m$$

例如，设定时器/计数器 T0 工作在方式 0，要求 T0 在计数 80 次后产生中断请求，那么时间常数应为

$$TC = 2^{13} - 80 = 8112 = 1FB0H = 1111110110000B（前 8 位为 FDH，后 5 位为 10H）$$

即 TCH＝FDH，TCL＝10H，故 TH0 应初始化为 FDH，TL0 应初始化为 10H。

（2）定时常数

若晶体振荡器频率为 f_{osc}，计数器位数为 n，定时时间为 t，则时间常数为

$$TC = 2^n - t \cdot f_{osc}/12$$

例如，设 T1 以方式 1 工作，晶振频率为 12MHz，定时时间为 1ms，则时间常数为

$$TC = 2^{16} - 1 \times 10^{-3} \times 12 \times 10^6 / 12 = 64536 = FC18H$$

即 TCH＝FCH，TCL＝18H，故 TH1 应初始化为 FCH，TL1 应初始化为 18H。

8.3.2　应用举例

【例 8-1】　设单片机晶振频率为 12MHz，利用定时器/计数器 T1 产生一个 2KHz 的方波，由 P1.7 输出，试用方式 0 分别以查询方式和中断方式实现。

解　方波的周期为 0.5ms，故 T1 定时时间应为 0.25ms。定时常数为

$$TC = 2^{13} - 0.25 \times 10^{-3} \times 12 \times 10^6 / 12 = 7942 = 11111000\ 00110B$$

即　　TCH＝F8H，TCL＝06H。

由于 T1 工作于方式 0，故方式控制字为 00H。

（1）查询方式

```
        ORG     0000H
        AJMP    MAIN
        ORG     0200H           ; 主程序入口
MAIN:   MOV     TMOD, #00H      ; 写方式控制字，T1 方式 0，不用门控
        MOV     TH1, #0F8H      ; 写定时常数
        MOV     TL1, #06H
        CLR     ET1             ; 禁止 T1 中断
        SETB    TR1             ; 启动 T1
WATT:   JBC     TF1, WAVE       ; 定时到，转 WAVE，并将 TF1 清零
        SJMP    WATT            ; 否则，继续查询
WAVE:   CPL     P1.7            ; 输出状态翻转
        MOV     TH1, #0F8H      ; 重写定时常数
        MOV     TL1, #06H
        SJMP    WATT            ; 返回 WATT，等待下一次定时时间到
```

（2）中断方式

```
        ORG     0000H
        AJMP    MAIN
        ORG     001BH           ; T1 中断服务程序固定入口地址
        LJMP    T1INT           ; 转向 T1 中断服务程序
        ORG     0200H           ; 主程序入口
MAIN:   MOV     TMOD, #00H      ; 写方式控制字，T1 方式 0；不用门控
        MOV     TH1, #0F8H      ; 写定时常数
        MOV     TL1, #06H
        SETB    ET1             ; 允许 T1 中断
        SETB    EA              ; CPU 中断开放
        SETB    TR1             ; 启动 T1
        SJMP    $               ; 等待中断
        ORG     0800H           ; T1 中断服务程序
T1INT:  CPL     P1.7            ; 输出状态翻转
        MOV     TH1, #0F8H      ; 重写时间常数
        MOV     TL1, #06H
        RETI                    ; 中断返回
```

由于中断请求及响应过程要占用几个机器周期时间，故实际输出波形的周期略大于 0.5ms，解决这一问题的办法是在程序中适当增大定时常数。

【例 8-2】　定时器/计数器 T0 用于对外部脉冲计数，每计满 128 个脉冲，将片内 30H 单

元内容循环右移一位，要求用方式 2 中断实现。

解 计数常数为

$$TC = 2^8 - 128 = 128 = 80H$$

由于采用 T0 方式 2 计数方式，故方式控制字为

$$00000110B = 06H$$

程序如下。

```
            ORG    0000H
            AJMP   MAIN
            ORG    000BH
            LJMP   T0INT
            ORG    0200H
MAIN：MOV    TMOD，#06H        ；写方式控制字，不用门控
            MOV    TH0，#80H         ；写 T0 计数常数
            MOV    TL0，#80H
            SETB   ET0              ；允许 T0 中断
            SETB   EA               ；中断总允许
            SETB   TR0              ；启动 T0
            SJMP   $                ；等待中断
            ORG    0800H            ；T0 中断服务程序
T0INT：MOV   A，30H
            RR     A                ；循环右移
            MOV    30H，A
            RETI                    ；中断返回
```

【例 8-3】 在 80C51 的 $\overline{INT1}$ 引脚输入一外部正脉冲，要求利用定时器/计数器 T1 测出此脉冲的宽度，并将结果存入片内 RAM 的 30H 和 31H 单元。已知晶振频率为 12MHz。

解 当 GATE1＝1 时，定时器/计数器 T1 的启停同时受 $\overline{INT1}$ 和 TR1 的控制。若将 TR1 置位，则当 $\overline{INT1}$ 变为高电平时，T1 启动；当 $\overline{INT1}$ 变为低电平时，T1 停止。

程序如下。

```
            ORG    0200H
MAIN：SETB   P3.3             ；置 P3.3 为输入态
            MOV    TMOD，#90H        ；T1 为定时方式 1，GATE1＝1
            MOV    TL1，#00H         ；计数器初值赋 0
            MOV    TH1，#00H
            JB     P3.3，$           ；等待 INT1 变低
            SETB   TR1              ；准备启动 T1 计数
            JNB    P3.3，$           ；若 INT1 为低电平，则等待
            JB     P3.3，$           ；若 INT1 变高，则 T1 开始计数
            CLR    TR1              ；若 INT1 变为低电平，则停止计数
            MOV    R1，#30H          ；R1 指向 30H 单元
            MOV    @R1，TL1          ；T1 值存入内存
```

```
INC      R1
MOV      @R1，TH1
SJMP     $
```

由于晶振频率为 12MHz，故 1 个机器周期为 $1\mu s$，测量所得结果的时间单位为微秒，μs。另外，由于用软件启动和停止计数也会造成一点测量误差。显然，本例中可测量的正脉冲宽度的最大值为 $65535\mu s$。如要测量宽度大于此值的正脉冲，只要对软件进行适当改进即可，读者不妨思考一下。

习题 8

8-1 简述定时器/计数器四种工作方式的特点。

8-2 设晶振频率为 12MHz，试编写一个用软件延时 10ms 的子程序。

8-3 定时器 T1 用于对外部脉冲计数，每计满 1000 个脉冲后使内部 RAM60H 单元内容加一，要求 T1 以方式 1 中断实现，TR1 启动。

8-4 利用定时器 T0 方式 2 产生一个 5KHz 的方波，已知晶振频率为 12MHz。

8-5 试编写程序，使 T0 以方式 1 每隔 10ms 向 CPU 发出中断申请，在中断服务程序中将 30H 单元内容减 1。设晶振频率为 12MHz。

8-6 当 T0 工作在方式 3 时，由于 TR1 位已被 T0 占用，如何控制 T1 的启动和停止？

8-7 80C51 定时器的门控信号设置为 1 时，定时器如何启动？

8-8 已知 80C51 的 $f_{osc}=6$MHz，利用 T0 和 P1.7 输出矩形波，矩形波高电平宽 $50\mu s$，低电平 $300\mu s$。

9 80C51 串行接口

计算机与外界的信息交换称为通信。常用通信方式有并行通信与串行通信两种。本书前面涉及到的数据传送都是采用的并行通信方式，并行方式虽然速度快，但要求的数据线多，不适合远距离传送。而串行通信方式虽然相对于并行通信方式速度较慢，但所用的数据线少，硬件成本低，适合远距离传送。

9.1 串行通信的基础

9.1.1 数据通信的基本概念

（1）数据通信

设备之间进行的数据交换称为数据通信。如计算机与外设之间进行的数据交换，计算机之间进行的数据交换等。

（2）通信方式

常用通信方式有两种：并行通信和串行通信。

并行通信是指一条信息的各位数据被同时传送的通信方式。并行通信的优点是各数据位同时传送，传送速度快、效率高；缺点是有多少数据位就需多少根数据线，因此传送成本高，且只适用于近距离（相距数米）的通信。

串行通信是指一条信息的各位数据被逐位按顺序传送的通信方式。串行通信的优点是数据按位顺序进行传送，最少只需一根传输线即可完成，成本低，传送距离远（从几米到几千米）；缺点是传送速度慢。

9.1.2 串行通信方式

根据信息的传送方向，串行通信可以进一步分为单工、半双工和全双工三种，如图 9-1所示。

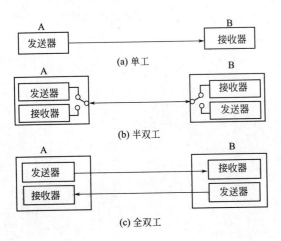

(a) 单工

(b) 半双工

(c) 全双工

图 9-1 串行通信工作方式

如果在通信过程的任意时刻，信息只能由一方 A 传到另一方 B，这种通信方式称为单工通信方式。

如果在 A 发送信息时，B 只能接收；而当 B 发送信息时，A 只能接收。这种串行通信方式称为半双工通信方式。

如果在 A 发送信息、B 接收时，B 也能够利用另一条通路发送信息而 A 接收。这种通信方式称为全双工通信方式。

9.1.3 数据同步技术

通信双方要正确地进行数据传送，需要解决何时开始传送，何时结束传送，以及数据传送速率等问题，即解决数据同步问题。为此，串行通信对传送数据的格式作出了严格的规定。不同的串行通信方式具有不同的数据格式。下面介绍两种基本串行通信方式：异步通信和同步通信。

（1）异步通信

异步通信是指通信中两个字符之间的间隔是不固定的，而在一个字符内各位的时间间隔是固定的。

异步通信规定字符由起始位（start bit）、数据位（data bit）、奇偶校验位（parity）和停止位（stop bit）组成，如图9-2所示。

① 起始位。对应逻辑 0（space）状态。发送器通过发送起始位开始一帧字符的传送。这里的"帧"和稍后叙述的同步通信中的"帧"是不同的，异步通信中的帧只包含一个字符，而同步通信中的"帧"可包含几十个到上千个字符。

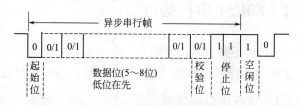

图 9-2　异步通信数据格式

② 数据位。起始位之后传送数据位。数据位中低位在前，高位在后。数据位的位数可以是5～8位。

③ 奇偶校验位。奇偶校验位实际上是传送的附加位，若该位用于奇偶校验，可校检串行传送的正确性。奇偶校验位的设置与否及校验方式（奇校验还是偶校验）由用户根据需要确定。

奇偶校验位的状态（"0"或"1"）取决于奇偶校验的方式及字符的数据位中"1"的个数。例如，异步串行通信采用奇校验，如果字符的数据位中"1"的个数为奇数，则奇偶校验位为"0"，反之，则为"1"，也就是说，字符的数据位加上校验位中"1"的个数应该是奇数。对于偶校验，字符的数据位加上校验位中"1"的个数应该是偶数。

④ 停止位。停止位用逻辑 1（mark）表示。停止位标志一个字符传送的结束。停止位可以是1，1.5 或 2 位。

串行通信中用每秒传送二进制数据位的数量表示传送速率，称为波特率。

$$1 波特＝1bps（位/秒）$$

例如，数据传送速率是120帧/秒，每帧由一位起始位、8位数据位和1位停止位组成，则传送速率为

$$120 帧/秒×(1＋8＋1)位/帧＝1200 位/秒＝1200 波特$$

（2）同步通信

所谓同步通信是指在约定的通信速率下，发送端和接收端的时钟信号频率和相位始终保持一致（同步），这就保证了通信双方在发送和接收数据时具有完全一致的定时关系。

同步通信把许多字符组成一个信息组，称为信息帧，一次传送一帧。为了表示数据传输的开始，发送方先发送一个或两个特殊字符，该字符称为同步字符。当发送方和接收方达到同步后，就可以一个字符接一个字符地发送一大块数据，而不再需要用起始位和停止位了，这样可以明显提高数据的传输速率。

采用同步方式传送数据时，在发送过程中，收发双方还必须用一个时钟进行协调，用于确定串行传输中每一位的位置。接收数据时，接收方可利用同步字符使内部时钟与发送方保

持同步，然后将同步字符后面的数据逐位移入，并转换成并行格式，供 CPU 读取，直至收到结束符为止。若传输线路上没有数据传输，则线路上要用专用的"空闲"字符或同步字符填充。

同步通信依靠同步字符和同步时钟保持通信同步。每帧内数据与数据之间不需插入同步字符，没有间隙，因而传送速度较快，可达 1Mbps 或更高。但同步通信要求准确的时钟来实现收发双方的严格同步，对硬件要求较高，成本也较高，一般用于传送速率要求较高的场合。

9.2　80C51 串行接口

80C51 系列单片机内部有一个可编程的全双工串行通信接口，这个口既可以作为通用异步接收/发送器 UART，还可以作为同步移位寄存器使用，给使用者带来了极大的方便。

9.2.1　串行接口的结构

80C51 串行接口的结构如图 9-3 所示。它包括发送缓冲寄存器 SBUF、发送控制器、接收缓冲寄存器 SBUF、接收控制器、移位寄存器等。

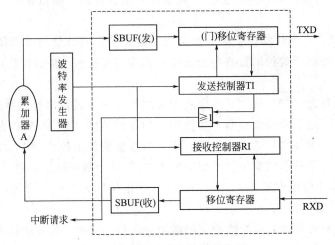

图 9-3　80C51 串行接口结构图

(1) 串行口缓冲寄存器 SBUF

SBUF 是串行口缓冲寄存器。包括发送缓冲寄存器和接收缓冲寄存器，以便能进行全双工通信。在逻辑上，SBUF 只有一个，既表示发送寄存器，又表示接收寄存器，地址均为99H。在物理上，SBUF 有两个（参见图 9-3），一个是发送 SBUF，另一个是接收 SBUF。当 CPU 向 SBUF 写入时，数据进入发送 SBUF，同时启动串行发送；CPU 读 SBUF 时，实际上是读接收 SBUF 数据。

(2) 串行通信控制寄存器

与串行通信有关的控制寄存器共有两个：串行控制寄存器 SCON 和电源控制寄存器PCON。

① 串行控制寄存器 SCON。与串行通信有关的控制寄存器主要是串行通信控制寄存器SCON。SCON 是 80C51 的一个可以位寻址的专用寄存器，用于串行数据通信的控制。SCON 的单元地址是 98H，位地址 9FH～98H。SCON 格式如下。

位地址	9F	9E	9D	9C	9B	9A	99	98
位符号	SM0	SM1	SM2	REN	TB8	RB8	TI	RI

各位功能说明如下。

SM0，SM1：串行口工作方式选择位。其状态组合对应的工作方式如表 9-1 所示。

表 9-1　串行口工作方式

SM0	SM1	工作方式	功能说明
0	0	0	同步移位寄存器方式(用于扩展 I/O 口)，波特率为 $f_{osc}/12$
0	1	1	8 位 UART，波特率可变(T1 溢出率/n,n=32 或 16)
1	0	2	9 位 UART，波特率为 $f_{osc}/64$ 或 $f_{osc}/32$
1	1	3	9 位 UART，波特率可变(T1 溢出率/n,n=32 或 16)

SM2：多机通信控制位。

对方式 0，SM2 不用，必须设置为 0。

对方式 1，当 SM2＝1，只有接收到有效停止位后才使 RI 位置 1，并自动发出串行口中断请求。若没有接收到有效停止位，则 RI 清 0。

当串行口以方式 2 或方式 3 接收时，如 SM2＝1，则只有当接收到的第 9 位数据（RB8）为 1，才将接收到的前 8 位数据送入接收 SBUF，并使 RI 位置 1，产生中断请求信号；否则将接收到的前 8 位数据丢弃。而当 SM2＝0 时，则不论第 9 位数据为 0 还是为 1，都将前 8 位数据装入接收 SBUF 中，并产生中断请求信号。

REN：允许串行接收位。用于对串行数据的接收进行控制。REN＝0 时，禁止接收；REN＝1，允许接收。该位由软件置 1 或清零。

TB8：发送数据位 8。在方式 2 和方式 3 时，TB8 是要发送的第 9 位数据。在许多通信协议中，该位是奇偶校验位。可用软件置位与清 0。在 80C51 多机通信中，该位用来表示是地址帧还是数据帧。一般 TB8＝1 表示地址帧；TB8＝0 表示数据帧。

RB8：接收数据位 8。在方式 2 和方式 3 中，RB8 位存放接收到的第 9 位数据，在 80C51 多机通信中为地址数据标识位。方式 0 中，RB8 未用。方式 1 中，若 SM2＝0，RB8 是已接收的停止位。

TI：发送中断标志。方式 0 时，发送完第 8 位数据后，该位由硬件置位。在其他方式下，在发送停止位之前由硬件置位。因此 TI＝1，表示帧发送结束，可以发送下一帧数据。其状态既可供软件查询使用，也可请求中断。在任何方式中，TI 位都必须由软件清 0。

RI：接收中断标志。方式 0 时，接收完第 8 位数据后，该位由硬件置位。在其他方式下，当接收到停止位的中间点时，该位由硬件置位。因此 RI＝1，表示帧接收结束，CPU 可以取走数据。其状态既可供软件查询使用，也可以请求中断。但在方式 1 中，SM2＝1 时，若未接收到有效的停止位，不会对 RI 置位。RI 位必须由软件清 0。

② 电源控制寄存器 PCON。PCON 的字节地址为 87H，只能字节寻址，不可位寻址。PCON 的格式如下。

D7	D6	D5	D4	D3	D2	D1	D0
SMOD	—	—	—	GF1	GF0	PD	IDL

SMOD：波特率选择位。当 SMOD＝1 时，串行口波特率加倍。

其余各位用于 80C51 的电源控制，详见 2.3 节。

9.2.2　串行接口的工作方式

串行口有四种工作方式，方式 0 主要用于扩展并行输入输出口，方式 1、方式 2 和方式 3 才真正用于串行通信。

（1）方式 0

在方式 0 状态下，串行口为同步移位寄存器方式，波特率是固定的，为 $f_{osc}/12$。数据由 RXD（P3.0）端输入或输出，同步移位脉冲由 TXD（P3.1）端输出。串行数据的发送和接收以 8 位为一帧，低位在前，高位在后，不设起始位和停止位，其格式如下。

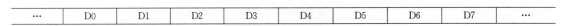

…	D0	D1	D2	D3	D4	D5	D6	D7	…

使用方式 0 实现数据的移位输入输出时，实际上是把串行口变成并行口使用。

① 数据发送。执行任何一条将 SBUF 作为目的寄存器的指令时，数据开始从 RXD 端串行发送，TXD 端提供同步移位脉冲，其波特率为振荡频率的 1/12，也就是一个机器周期进行一次移位。当 8 位数据全部移出后，SCON 中的 TI 位被自动置位，请求中断。在再次发送数据前，必须用软件将 TI 清 0。

串行口作为并行输出口使用时，要有"串入并出"的移位寄存器配合（例如 CD4094 或 74LS164），其典型连接图如图 9-4 所示。

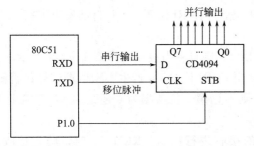

图 9-4　串行口扩展为并行输出口

在移位脉冲的作用下，D 端串行输入数据可依次存入 CD4094 内部 8D 锁存器锁存。P1.0 为选通信号，当 P1.0＝STB 为高电平时，将内部 8D 锁存器数据并行输出。

② 数据接收。在满足 REN＝1 和 RI＝0 的条件下，就会启动一次接收过程。此时 RXD 为串行输入端，TXD 为同步移位脉冲输出端。串行接收的波特率也为振荡频率的 1/12。当接收到 8 位数据后 SCON 中的 RI 位被自动置位，请求中断。再次接收前，必须用软件将 RI 清 0。

如果将能实现"并入串出"功能的移位寄存器（例如 CD4014，74LS165）与串行口配合使用，就可以把串行口变为并行输入口使用，典型的连接图如图 9-5 所示。

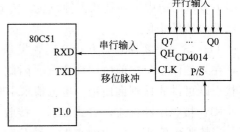

图 9-5　串行口扩展为并行输入口

当 P/$\overline{\text{S}}$＝1 时，加在并行输入端 Q7～Q0 上的数据在时钟脉冲作用下从 QH 端串行输出。实际工作时，可先将 RI 清 0、P1.0 置 1（置入并行数据），然后 P1.0 清 0（关闭并行输入端，准备串行输出），最后再将 SCON 的接收允许位 REN 置位，即可开始一次接收过程。

（2）方式 1。在方式 1 状态下，串行口为 8 位异步通信接口。一帧信息包含 1 位起始位（0）、8 位数据位（低位在前）和 1 位停止位（1），其格式如下。

起始	D0	D1	D2	D3	D4	D5	D6	D7	停止

TXD 为发送端，RXD 为接收端，波特率可变，计算公式为

$$波特率 = (2^{SMOD}/32) \times (T1 溢出率)$$

式中，SMOD 为 PCON 寄存器最高位的值。

所谓定时器 T1 的溢出率就是 T1 在单位时间内溢出的次数。T1 用作波特率发送器时，通常将 T1 设为工作方式 2（注意，不要将定时器/计数器的工作方式和串行口的工作方式混为一谈）。T1 为工作方式 2 时，T1 定时时间为

$$(2^8 - TC) \times 12/f_{osc}$$

则 T1 的溢出率 $=1/T1$ 定时时间 $= f_{osc}/[12(256-TC)]$。

由此可得波特率的计算公式为

$$波特率 = (2^{SMOD}/32) \times f_{osc}/[12(256-TC)] \tag{9-1}$$

在串行口工作方式 1 中，定时器 T1 之所以选择工作方式 2，是因为方式 2 具有自动加载功能，可避免通过程序反复装入计数初值而引起的定时误差，从而保证波特率的准确性。

① 数据发送。CPU 执行一条写入 SBUF 的指令后，就启动串行口发送。在串行口由硬件自动加入起始位和停止位，构成一个完整的帧格式，然后在移位脉冲的作用下，由 TXD 端串行输出。发送完一帧信息后，使 TXD 输出端维持"1"并将发送中断标志 TI 置 1，通知 CPU 可以发送下一个字符。

② 数据接收。当用指令将允许输入位 REN 置 1 后，接收器就以波特率的 16 倍速率采样 RXD 端电平，当采样到 1 到 0 的跳变时，就认定已接收到起始位。随后在移位脉冲的控制下，把接收到的数据位移入接收寄存器中。直到接收到停止位把停止位送入 RB8 中，并将接收中断标志位 RI 置 1，通知 CPU 从 SBUF 取走接收到的一个字符。

方式 1 发送数据时发送前应先清 TI，接收数据前应先清 RI。

（3）方式 2

方式 2 是 11 位为一帧的串行通信方式，即 1 位起始位，9 位数据位和 1 位停止位。其帧格式为

起始	D0	D1	D2	D3	D4	D5	D6	D7	D8	停止

其中附加第 9 位数据（D8）既可作奇偶校验位，也可作为地址或数据控制位使用。方式 2 的波特率是固定的，只有两种。当 SMOD＝0 时，为 $f_{osc}/64$；当 SMOD＝1 时，为 $f_{osc}/32$。

① 数据发送。发送之前应用指令将发送数据的第 9 位即 SCON 中的 TB8 置 1 或清 0，然后执行写 SBUF 指令，并以此启动串行发送。一帧数据发送完毕后，将 TI 置 1。

② 数据接收。方式 2 的接收过程与方式 1 类似，不同之处在于第 9 个数据位，串行口将 8 位数据装入 SBUF，第 9 位数据装入 RB8 并将 RI 置 1。

（4）方式 3

方式 3 也是 11 位为一帧的串行通信方式，其通信过程与方式 2 完全相同。所不同的是方式 3 的波特率可通过设置定时器 T1

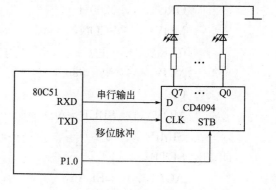

图 9-6　串行口扩展 LED 显示口

的工作方式和初值来设定，其设定方法与串行工作方式 1 波特率的设定方法完全相同。

顺便指出，由于方式 1 和方式 3 的波特率设置较为灵活，在单片机串行通信中得到广泛应用。但当波特率按规范取 1200，2400，4800，9600，… 时，若采用晶振 6MHz 或 12MHz，按公式计算得到的定时器 T1 的定时常数不是整数，因此实际的波特率和要求的波特率之间存在一定的误差，从而影响串行通信的同步性能。若要求比较准确的波特率，只有调整单片机的晶振频率。

9.3 80C51 串行口应用举例

9.3.1 串行口在方式 0 下的应用

串行口工作在方式 0 下的主要用途是作为扩展的并行输入输出口，现举例说明。

【例 9-1】 电路如图 9-6 所示，要求将发光二极管从左向右依次点亮，并不断循环。请编写程序。

解法 1 查询法，程序如下。

```
          ORG     0200H
          MOV     SCON，#00H    ；串行口方式 0
          CLR     TI           ；清发送中断标志
          CLR     ES           ；禁止串行中断
          MOV     A，#80H       ；左边一个发光管先亮
DLIT：CLR     P1.0         ；关闭并行输出
          MOV     SBUF，A       ；串行输出
          JNB     TI，$         ；未发送完，等待
          SETB    P1.0         ；发送完，开启并行输出
          LCALL   DELAY        ；调用延时子程序
          CLR     TI           ；清发送中断标志
          RR      A            ；发光右移
          SJMP    DLIT         ；继续
```

解法 2：中断法，程序如下

```
          ORG     0023H        ；串行口中断入口
          LJMP    DLIT         ；转串行口中断服务程序
          ORG     0200H
          MOV     SCON，#00H    ；串行口方式 0
          CLR     TI           ；清发送中断标志
          MOV     A，#80H       ；左边一个发光管先亮
          CLR     P1.0         ；关闭并行输出
          MOV     SBUF，A       ；串行输出
          SJMP    $            ；等待中断
DLIT：SETB    P1.0         ；发送完，开启并行输出
          ACALL   DELAY        ；调用延时子程序
          CLR     TI           ；清发送中断标志
```

CLR	P1.0	；关闭并行输出
RR	A	；发光右移
MOV	SBUF，A	；串行输出
RETI		；中断返回

【例 9-2】 电路如图 9-7 所示，要求当按钮 A 按下时读入开关量的值并存入 30H 单元，请编写程序。

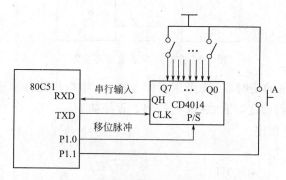

图 9-7　串行口扩展开关量输入口

解　本程序先查询按钮 A 的状态，如 A 按下，通过对 P1.0 的控制完成开关量的输入。程序如下。

	ORG	0200H	
START：	JB	P1.1，$	；按钮未按下则等待
	SETB	P1.0	；置入 CD4014 并行输入量
	CLR	P1.0	；准备串行移位输入
	MOV	SCON，#10H	；串行口方式 0，并置 REN=1 启动接收
	JNB	RI，$	；未接收完，等待
	MOV	A，SBUF	；读入开关量
	MOV	30H，A	；存入 30H 单元
	CLR	RI	；清 RI，为下一次接收做准备
	CALL	DELAY	；延时
	SJMP	START	；准备下一次读取开关量

9.3.2　串行口在其他方式下的应用

串行口方式 1、方式 2、方式 3 均为异步通信方式。它们的差别主要在于帧格式和波特率两方面。在帧格式方面，方式 1 的字符帧包含 1 位起始位、8 位数据位、1 位停止位，方式 1 一般不适于多机通信。方式 2 和方式 3 的字符帧包含 1 位起始位、9 位数据位、1 位停止位，如设置 SM2=1，方式 2 和方式 3 可用于多机通信。在波特率方面，方式 2 的波特率是固定的，只能是 $f_{osc}/64$ 或 $f_{osc}/32$。方式 1 和方式 3 的波特率是可变的，由内部定时器 T1 的溢出率决定。

方式 2 和方式 3 除在波特率设置上有差别外，其用法是一样的。下面就举例说明串行口在方式 1 和方式 3 下的应用。

【例 9-3】 A，B 两单片机以串行口方式 1 进行数据通信（如图 9-8 所示），波特率为

2400bps，单片机 A 发送，发送数据在内部 RAM30H 开始的 10 个单元。单片机 B 接收，并把接收数据依次放入外部 RAM30H 开始的单元中。请编制有关的通信程序。设两单片机晶振频率均为 12MHz。

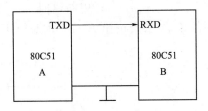

图 9-8　80C51 单工通信连接图

解　A，B 两单片机的定时器 T1 采用工作方式 2，串行口波特率选择位 SMOD 均为 0，则由式(9-1)计算得它们的定时常数 TC＝F3H。程序如下。

(1) 单片机 A 发送程序

① 查询方式发送。

```
        ORG    0200H
        MOV    TMOD，＃20H      ；设置定时器 T1 方式 2
        MOV    TL1，＃0F3H      ；装入定时器初值
        MOV    TH1，＃0F3H      ；8 位重装值
        CLR    EA              ；禁止中断
        MOV    PCON，＃00H      ；清 SMOD
        MOV    SCON，＃40H      ；串行工作方式 1，REN＝0 禁止接收
        MOV    R0，＃30H        ；置发送数据地址指针初值
        MOV    R7，＃0AH        ；计数初值
        SETB   TR1             ；启动定时器 T1
SEND：  MOV    A，@R0           ；待发送的数据送累加器 A
        MOV    SBUF，A          ；启动串行发送
        JNB    TI，$           ；一帧未发送完，等待
        CLR    TI              ；清发送中断标志 TI
        INC    R0              ；指向下一单元
        DJNZ   R7，SEND         ；数据未传送完，则继续传送
        CLR    TR1             ；传送结束，停止定时器 T1 工作
        SJMP   $               ；暂停
```

② 中断方式发送。

```
        ORG    0023H          ；串行口中断入口
        LJMP   ISEND          ；转中断服务程序
        ORG    0200H          ；主程序入口地址
MAIN：  MOV    TMOD，＃20H      ；定时器 T1 工作方式 2
        MOV    TL1，＃0F3H      ；装入定时器初值
        MOV    TH1，＃0F3H      ；赋重装值
        MOV    PCON，＃00H      ；清 SMOD
```

```
        MOV    SCON, #40H      ; 串行工作方式 1, REN＝0 禁止接收
        MOV    R0, #30H        ; 置发送数据地址指针初值
        MOV    R7, #0AH        ; 计数初值
        SETB   EA              ; CPU 中断开放
        SETB   ES              ; 串行中断允许
        SETB   TR1             ; 启动定时器 T1
        MOV    A, @R0          ; 第一个数据送 A
        MOV    SBUF, A         ; 启动串行发送
        DEC    R7              ; 计数值减 1
        INC    R0              ; 指向下一 RAM 单元
        SJMP   $               ; 等待中断
        ORG    0600H           ; 中断服务程序地址
ISEND:  CLR    TI              ; 清 TI
        MOVX   A, @R0          ; 取数据
        MOV    SBUF, A         ; 串行发送
        INC    R0              ; 指向下一单元
        DJNZ   R7, NEXT        ; 数据未传送完, 则继续传送
        CLR    ES              ; 传送结束, 关串行中断
        CLR    TR1             ; 停止定时器 T1 工作
NEXT:   RETI                   ; 中断返回
```

（2）单片机 B 接收程序

① 查询方式接收。

```
        ORG    0200H
        MOV    TMOD, #20H      ; 设置定时器 T1 工作方式 2
        MOV    TL1, #0F3H      ; 装入定时器初值
        MOV    TH1, #0F3H      ; 8 位重装值
        CLR    EA              ; 禁止中断
        MOV    PCON, #00H      ; 清 SMOD
        MOV    DPTR, #0030H    ; DPTR 指向接收数据存放地址
        MOV    R7, #0AH        ; 赋计数初值
        SETB   TR1             ; 启动定时器 T1
        MOV    SCON, #50H      ; 设串行工作方式 1, REN＝1 允许接收
RECIV:  JNB    RI, $           ; 等待接收完 1 帧数据
        CLR    RI              ; 清接收中断标志 RI
        MOV    A, SBUF         ; 取接收到的数据
        MOVX   @DPTR, A        ; 送外部 RAM
        INC    DPTR            ; 指向下一单元
        DJNZ   R7, RECIV       ; 数据未接收完, 则继续接收
        CLR    TR1             ; 接收完毕, 停止定时器 T1 工作
        SJMP   $               ; 暂停
```

② 中断方式接收。

```
            ORG     0023H              ; 串行口中断入口
            LJMP    IRECIV
            ORG     0200H
            MOV     TMOD, ♯20H         ; 设置定时器 T1 工作方式 2
            MOV     TL1, ♯0F3H         ; 装入定时器初值
            MOV     TH1, ♯0F3H         ; 8 位重装值
            MOV     PCON, ♯00H         ; 清 SMOD
            MOV     SCON, ♯40H         ; 串行工作方式 1，REN＝0 禁止接收
            MOV     R7, ♯0AH           ; 赋计数初值
            MOV     DPTR, ♯0030H       ; DPTR 指向接收数据存放地址
            SETB    EA                 ; CPU 中断开放
            SETB    ES                 ; 允许串行口中断
            SETB    TR1                ; 启动定时器 T1
            SETB    REN                ; 允许接收
            SJMP    $                  ; 等待接收中断
            ORG     0600H              ; 中断服务程序地址
    IRECIV: CLR     RI                 ; 清接收中断标志 RI
            MOV     A, SBUF            ; 取接收到的数据
            MOVX    @DPTR, A           ; 送外部 RAM
            INC     DPTR               ; 指向下一单元
            DJNZ    R7, NEXT           ; 数据未接收完，则继续接收
            CLR     ES                 ; 传送结束，关串行中断
            CLR     TR1                ; 停止定时器 T1 工作
      NEXT: RETI                       ; 中断返回
```

实际通信过程中，应先执行单片机 B 的接收程序，在其完成串行接收的初始化工作后再执行单片机 A 的发送程序，否则不能保证单片机 B 接收的准确性。

【例 9-4】 A，B 两单片机以串行口方式 1 进行数据通信（如图 9-9 所示），波特率为 2400bps。单片机 A 发送，发送数据在内部 RAM30H 开始的 10 个单元。单片机 B 接收，并把接收数据依次放入外部 RAM 30H 开始的单元中。为了保证发送的正确性，现采用应答方式通信。规则如下。

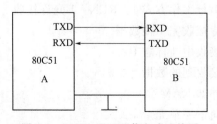

图 9-9 80C51 双工通信方式连接图

单片机 A 发送时，先发送一个 "AAH" 联络信号，单片机 B 收到后向单片机 A 回复 "BBH" 应答信号，表示已经准备好接收。当 A 收到应答信号 "BBH" 后，开始发送数据，一个数据块发送完毕后立即发送 "校验和"。B 收到一个数据块后，再接收 A 发来的 "校验和"，并将它与本机求出的校验和进行比较。若两者相等，说明接收正确，向 A 发送 "0BH"，否则发送 "FBH"，请求重发。单片机 A 接到 "0BH" 后结束发送。若收到的回复不是 "0BH"，则重新发送数据。设两单片机晶振频率均为 12MHz。

解　A，B 两单片机的定时器 T1 采用工作方式 2，串行口波特率选择位 SMOD 均为 0，和例 9-3 一样定时常数 TC＝F3H。程序如下。

（1）单片机 A 发送程序

```
            ORG     0200H
START: CLR      ES                  ; 禁止串行口中断，收发采用查询方式
       MOV      TMOD，#20H           ; 定时器 T1 工作方式 2
       MOV      TL1，#0F3H           ; 装入定时器初值
       MOV      TH1，#0F3H           ; 8 位重装值
       MOV      PCON，#00H           ; 清 SMOD
       SETB     TR1                 ; 启动定时器 T1
       MOV      SCON，#40H           ; 串行口工作方式 1，禁止接收
LOOP1: MOV      SBUF，#0AAH          ; 发联络信号
       SETB     REN                 ; 允许接收，准备接收应答信号
       JNB      TI，$               ; 等待 1 帧发送完
       CLR      TI                  ; 清发送中断标志 TI
       JNB      RI，$               ; 等待单片机 B 的应答信号
       CLR      RI                  ; 清接收中断标志 RI
       MOV      A，SBUF             ; 读入应答信号到累加器 A
       XRL      A，#0BBH            ; 回复的应答信号是否是约定信号
       JNZ      LOOP1               ; 不是，重新联络
LOOP2: MOV      R0，#30H            ; 单片机 B 准备好，置数据块首址
       MOV      R7，#0AH            ; 赋计数初值
       MOV      R6，#00H            ; 清校验和
LOOP3: MOV      A，@R0              ; 取发送数据
       MOV      SBUF，A             ; 串行发送
       MOV      A，R6               ; 取原校验和
       ADD      A，@R0              ; 求新的校验和
       MOV      R6，A               ; 保存校验和
       INC      R0                  ; 指向下一单元
       JNB      TI，$               ; 等待 1 帧发送完
       CLR      TI                  ; 清发送中断标志 TI
       DJNZ     R7，LOOP3           ; 数据块没有发送完，则再发送
       MOV      SBUF，R6            ; 发送校验和
       JNB      TI，$               ; 等待 1 帧发送完
       CLR      TI                  ; 清发送中断标志 TI
       JNB      RI，$               ; 等待单片机 B 的应答信号
       CLR      RI                  ; 清接收中断标志 RI
       MOV      A，SBUF             ; 读入单片机 B 的应答信号到累加器
       XRL      A，#0BH             ; 回复的是通信正确标志 0BH？
       JNZ      LOOP2               ; 通信错误，重新发送
```

```
            RET                       ; 通信正确, 返回
```
(2) 单片机 B 接收程序。

```
            ORG       0200H
START:  CLR       ES                ; 禁止串行口中断, 收发采用查询方式
        MOV       TMOD, #20H        ; 定时器 T1 工作方式 2
        MOV       TL1, #0F3H        ; 装入定时器初值
        MOV       TH1, #0F3H        ; 8 位重装值
        MOV       PCON, #00H        ; 清 SMOD
        SETB      TR1               ; 启动定时器 T1
        MOV       SCON, #50H        ; 置串口方式 1, 且准备接收
LOOP1:  JNB       RI, $             ; 等待单片机 A 的联络信号
        CLR       RI                ; 清 RI
        MOV       A, SBUF           ; 读联络信号到累加器
        XRL       A, #0AAH          ; 判断是否为单片机 A 的联络信号
        JNZ       LOOP1             ; 不是, 再等待
        MOV       SBUF, #0BBH       ; 是, 发应答信号
        JNB       TI, $             ; 等待 1 帧发送完
        CLR       TI                ; 清 TI
LOOP2:  MOV       DPTR, #0030H      ; 设定数据块地址指针初值
        MOV       R7, #0AH          ; 设定数据块长度初值
        MOV       R6, #00H          ; 清校验和
LOOP3:  JNB       RI, $             ; 等待接收 1 帧数据
        CLR       RI                ; 清 RI
        MOV       A, SBUF           ; 读数据到累加器
        MOVX      @DPTR, A          ; 存接收数据到指定单元
        INC       DPTR              ; 指向下一个单元
        ADD       A, R6             ; 求校验和
        MOV       R6, A             ; 存校验和
        DJNZ      R7, LOOP3         ; 数据块没有接收完, 则再接收
        JNB       RI, $             ; 收完, 则接收单片机 A 发来的校验和
        CLR       RI                ; 清 RI
        MOV       A, SBUF           ; 读校验和到累加器
        XRL       A, R6             ; 比较校验和
        JZ        GOON              ; 校验和相等, 转去发送正确标志
        MOV       SBUF, #0FBH       ; 校验和不相等, 发送错误标志
        JNB       TI, $             ; 等待 1 帧发送完
        CLR       TI                ; 清 TI
        SJMP      LOOP2             ; 转重新接收
GOON:   MOV       SBUF, #0BH        ; 发送正确标志 "0BH"
        JNB       TI, $             ; 等待 1 帧发送完
```

CLR	TI	; 清 TI	
RET		; 通信正确，返回	

【例 9-5】 设计一个串行口方式 3 发送程序，将片内 RAM30H～39H 单元中的数据串行发送。第 9 个数据位作为奇偶校验位。设通信波特率为 2400bps，晶振频率为 12MHz。

解 单片机的定时器 T1 采用工作方式 2，串行口波特率选择位 SMOD 为 0，则定时常数 TC＝F3H。程序如下。

START：	MOV	TMOD，♯20H	; 定时器 T1 工作方式 2
	MOV	TL1，♯0F3H	; 装入定时器初值
	MOV	TH1，♯0F3H	; 8 位重装值
	MOV	PCON，♯00H	; 清 SMOD
	SETB	TR1	; 启动定时器 T1
	MOV	SCON，♯0C0H	; 串行口工作方式 3，禁止接收
	MOV	R0，♯30H	; R0 指向首地址
	MOV	R7，♯0AH	; 数据长度 0AH
LOOP：	MOV	A，@R0	; 取数据
	MOV	C，PSW. 0	; P 送 TB8
	MOV	TB8，C	
	MOV	SBUF，A	; 启动数据发送
	JNB	TI，$	; 没发送完 1 帧则等待
	CLR	TI	; 发送完，清 TI
	INC	R0	; 指向下一单元
	DJNZ	R7，LOOP	; 数据块没有发送完，继续发送
	RET		

【例 9-6】 编写一个串行口方式 3 接收程序，并检验奇偶校验位。设通信波特率为 2400bps，晶振频率为 12MHz。

解 在方式 3 发送过程中，将数据和附加在 TB8 中的奇偶校验位一起发送给对方，接收方将接收到的奇偶值（RB8）和接收到 8 位二进制数的奇偶值（PSW. 0）进行核对，两者一致表明接收正确，否则表示接收有误。程序如下。

START：	MOV	TMOD，♯20H	; 定时器 T1 工作方式 2
	MOV	TL1，♯0F3H	; 装入定时器初值
	MOV	TH1，♯0F3H	; 8 位重装值
	MOV	PCON，♯00H	; 清 SMOD
	SETB	TR1	; 启动定时器 T1
	MOV	SCON，♯0D0H	; 串行口工作方式 3，允许接收
	JNB	RI，$	; 没有接收到 1 帧则等待
	CLR	RI	; 清 RI
	MOV	A，SBUF	; 读接收到的数据
	JB	PSW. 0，PONE	; P＝1 转 PONE
	JB	RB8，ERROR	; 奇偶值不一致，转出错处理
	SJMP	RIGHT	; 奇偶值均为 0，转接收正确处理

PONE：JB	RB8，RIGHT	；奇偶值均为 1，转接收正确处理
ERROR：…		；接收错误
RIGHT：…		；接收正确

9.4 单片机多机通信

单片机多机通信的形式虽有多种，但主要是指一台主机和多台从机之间的通信。多机通信通常采用主从式结构，如图 9-10 所示。

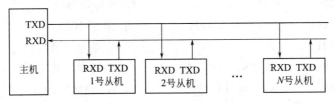

图 9-10 主从式多机通信示意图

主从式结构是一种分散型网络结构，具有接口简单和使用灵活等优点，下面介绍 80C51 单片机是如何进行多机通信的。

80C51 进行多机通信时，串行口必须工作在方式 2 或方式 3。在此方式下，主机的 SCON 中的多机通信控制位 SM2(SCON.5) 应设定为 0，从机的 SM2 应设定为 1。主机发送并被从机接收的信息有两类：一类是地址，用于指示将要和主机通信的从机地址，以串行数据第 9 位为 "1" 为标志；另一类是数据，以串行数据第 9 位为 "0" 为标志。由于所有从机的 SM2=1，故每台从机总能在 RI=0 时收到主机发来的地址（因为串行数据的第 9 位为 "1"），并进入各自的中断服务程序。在中断服务程序中，每台从机把接收到的从机地址和它的本机地址进行比较。若不相等，则说明该从机不是被主机寻址通信的从机，应从中断服务程序中退出，退出时需保持 SM2 仍为 1，以便于接收主机下一次的寻址信号，但忽略数据信号（第 9 位 RB8=0）；若相等，则说明该从机就是被主机寻址通信的从机，则用指令使 SM2=0，以便接收随之而来的数据或命令（RB8=0）。上述过程进一步归纳如下。

① 主机置 SM2=0，所有从机置 SM2=1，处于接收地址帧状态。

② 主机发地址帧，地址帧由 8 位数据（从机地址号）加 1 位地址标志（TB8=1）构成。

③ 所有从机在 SM2=1 和 RI=0 时，接收主机发来的地址帧，进入相应的中断服务程序，并将接收到的地址与本机地址相比较，以确认本机是否为被寻址从机。

④ 对于地址相符的从机，通过指令使 SM2 位清 0，以接收主机随后发来的数据帧，并把本站地址发回主机作为应答；对于地址不符的从机，仍保持 SM2=1，对主机随后发来的数据帧不予理睬，但仍可接收地址帧。

⑤ 完成主机和被寻址从机之间的数据通信，被寻址从机在通信完成后重新使 SM2=1，并退出中断服务程序，等待下次通信。

下面举一个简单的例子来说明多机通信的过程。

【例 9-7】 请根据图 9-10 编写 80C51 多机通信程序。要求如下。

① 若从机接收到的地址帧中的地址与本机相同，则将地址发回作为应答信号。

② 主机将收到的应答信号与所发的地址进行比较，如相同，则发送命令 00H 或 01H，其中 00H 表示从机向主机发送数据，01H 表示主机向从机发送数据；如不相同，则发送复位命令 FFH，使所有从机复位。

③ 主机和所有从机的发送数据区为 30H～39H，接收数据区为 40H～49H。

解 程序如下。

（1）主机程序

```
              ORG      0200H
   START: MOV     TMOD，#20H      ；定时器 T1 工作方式 2
          MOV     TL1，#0F3H      ；装入定时器初值
          MOV     TH1，#0F3H      ；8 位重装值
          MOV     PCON，#00H      ；清 SMOD
          SETB    TR1            ；启动定时器 T1
          MOV     SCON，#0D8H     ；串口方式 3，允许接收，SM2＝0，TB8＝1
          ⋮
          MOV     R2，#SLAVE      ；从机地址送 R2
          MOV     R3，#ORDER      ；要发送的命令送 R3，ORDER＝0 或 1
          LCALL   MCOMM          ；调用主机通信子程序
          ⋮
          SJMP    $              ；停机
          ORG     1000H
   MCOMM: MOV     SBUF，#0FFH     ；发送从机复位信号
          SETB    TB8            ；准备发送地址
          MOV     SBUF，R2        ；发送从机地址
          JNB     RI，$          ；等待从机应答地址
          CLR     RI             ；清 RI
          MOV     A，SBUF         ；从机应答地址送累加器
          XRL     A，R2           ；比较两地址
          JNZ     MCOMM          ；地址不符，重发从机地址
          CLR     TB8            ；地址相符，准备发送命令
          MOV     A，R3           ；取命令，准备进行命令分析
          CJNE    A，#00H，LOOP1  ；1 号命令，转 LOOP1
          LCALL   MSUB0          ；0 号命令，调用通信子程序 0
          RET                    ；返回
   LOOP1: LCALL   MSUB1          ；1 号命令，调用通信子程序 1
          RET                    ；返回
          ORG     1300H          ；0 号命令，从机发送，主机接收
   MSUB0: MOV     R0，#40H        ；接收数据块首地址
          MOV     R7，#0AH        ；数据块长度送 R7
          MOV     SBUF，R3        ；发送命令（0 号）
          JNB     TI，$          ；命令没有发送完，等待
```

```
              CLR      TI                    ; 清 TI
LOOP2: JNB      RI, $                 ; 等待接收 1 帧数据
              CLR      RI                    ; 清 RI
              MOV      A, SBUF               ; 接收到的数据送累加器
              MOV      @R0, A                ; 存入内存
              INC      R0                    ; 接收数据区指针加 1
              DJNZ     R7, LOOP2             ; 未接收完, 则继续
              RET                            ; 接收完, 返回
              ORG      1600H                 ; 1 号命令, 主机发送, 从机接收
MSUB1: MOV      SBUF, R3              ; 发送命令 (1 号)
              MOV      R0, #30H              ; 发送数据块首地址送 R0
              MOV      R7, #0AH              ; 数据块长度送 R7
LOOP3: MOV      SBUF, @R0             ; 发送 1 帧数据
              JNB      TI, $                 ; 等待 1 帧数据发送完
              CLR      TI                    ; 清 TI
              INC      R0                    ; 指向下一个要发送的数据
              DJNZ     R7, LOOP3             ; 数据块没有发送完, 继续
              RET                            ; 数据块发送完, 返回
              END
```

(2) 从机程序

```
              ORG      0023H                 ; 串行口中断入口
              LJMP     SLVINT                ; 转从机中断服务程序
              ORG      0200H                 ; 主程序地址
START: MOV      TMOD, #20H           ; 定时器 T1 工作方式 2
              MOV      TL1, #0F3H            ; 装入定时器初值
              MOV      TH1, #0F3H            ; 8 位重装值
              MOV      PCON, #00H            ; 清 SMOD
              SETB     TR1                   ; 启动定时器 T1
              MOV      SCON, #0F8H           ; 串口方式 3, 允许接收, SM2=1, TB8=1
              SETB     EA                    ; 开 CPU 中断
              SETB     ES                    ; 允许串行口中断
              CLR      RI                    ; 清 RI
              ⋮
              SJMP     $                     ; 停机
              ORG      1000H
SLVINT: CLR      ES                    ; 禁止串行口中断
              CLR      RI                    ; 接收到地址后清 RI
              PUSH     ACC                   ; 保护有关寄存器内容
              PUSH     PSW
              MOV      A, SBUF               ; 接收的从机地址送累加器
```

```
        XRL     A，♯SLAVEi       ；与本机地址进行比较
        JNZ     BACK            ；不相等，则返回
        CLR     SM2             ；相等，准备接收命令/数据
        MOV     SBUF，♯SLAVEi    ；回送本机地址，以便主机核对
        JNB     TI，$           ；等待 1 帧发送完
        CLR     TI              ；清 TI
        JNB     RI，$           ；等待主机发来的命令
        CLR     RI              ；清 RI
        JNB     RB8，ORDANL     ；若是命令，则进行命令分析
        SJMP    BACK            ；返回主程序
ORDANL：MOV     A，SBUF         ；命令送累加器
        CJNE    A，♯00H，LOOP1   ；不是 0 号命令，转 LOOP1
        LCALL   SSUB0           ；是 0 号命令，调通信子程序 SSUB0
        SJMP    BACK            ；通信完成返回
LOOP1：LCALL   SSUB1           ；是 1 号命令，调通信子程序 SSUB1
BACK：SETB    SM2             ；置位 SM2，准备下一次联络
        POP     PSW             ；恢复有关寄存器内容
        POP     ACC
        SETB    ES              ；允许串行口中断
        RETI                    ；中断返回
        ORG     1300H           ；0 号命令，从机发送，主机接收
SSUB0：MOV     R0，♯30H        ；发送数据块首地址送 R0
        MOV     R7，0AH         ；数据块长度送 R7
LOOP2：MOV     SBUF，@R0        ；发送 1 帧数据
        JNB     TI，$           ；等待 1 帧发送完
        CLR     TI              ；清 TI
        INC     R0              ；数据区指针加 1
        DJNZ    R7，LOOP2        ；没有发送完，继续发送
        RET                     ；发送完，返回
        ORG     1600H           ；1 号命令，主机发送，从机接收
SSUB1：MOV     R0，♯40H        ；接收数据块首地址
        MOV     R7，♯0AH        ；数据块长度送 R7
LOOP3：JNB     RI，$           ；等待接收 1 帧数据
        CLR     RI              ；清 RI
        MOV     A，SBUF         ；接收到的数据送累加器
        MOV     @R0，A          ；存入内存
        INC     R0              ；接收数据区指针加 1
        DJNZ    R7，LOOP3        ；未接收完，则继续
        RET                     ；接收完，返回
```

上面给出了一个多机通信的简单例程。在实际应用中，必须考虑到通信过程中可能出现

的故障，则通信程序要复杂得多。

习题 9

9-1 异步通信和同步通信的主要区别是什么？80C51 串行口有没有同步通信功能？

9-2 通信波特率的定义是什么？

9-3 串行通信有哪几种制式？各有什么特点？

9-4 简述 80C51 的串行口 4 种工作方式的特点。

9-5 说明如何将 80C51 的串行口扩展为并行口。

9-6 若 80C51 异步通信接口按方式 3 传送，已知其每分钟传送 3600 个字符，其波特率至少为多少？

9-7 串行口工作在方式 2，其波特率是如何计算的？

9-8 为什么定时器 T1 用作串行口波特率发生器时，常选用工作方式 2？若串行口工作在方式 1 或方式 3，已知通信波特率和系统时钟频率，如何计算其初值？

9-9 简述多机通信的原理。

9-10 设计一个单片机的双机通信系统，并编写通信程序。要求用串行口工作方式 1，将甲机外部 RAM 1000H～1060H 存储区的数据块通过串行口传送到乙机外部 RAM1000H～1060H 存储区中去。已知晶振频率为 11.0592MHz，波特率为 1200bps。

9-11 要求将 80C51 内部 RAM 30H～3FH 中的数据从串行口输出，串行口工作在方式 2，TB8 作为奇偶校验位，试编制程序。

9-12 编写一个串行口方式 2 接收程序，并检验奇偶校验位。

9-13 利用 80C51 串行口外接两片 CD4094 串入并出移位寄存器来扩充一个 16 位的并行输出口，并将内部 RAM 30H、31H 两个单元中的双字节数从扩展并行输出口输出，试画出扩展电路并编写程序。

10 单片机典型外围接口技术

单片机应用系统中，通常都要有人机对话功能，键盘和显示器是实现人机对话功能必不可少的外围设备。单片机所能加工和处理的信息是数字量，而被控和检测对象的有关参量往往是一些连续变化的模拟量。因此，模数及数模转换接口功能配置，在很多应用系统中也是必不可少的。

10.1 键盘接口

键盘由一组常开的按键组成，操作人员可以通过键盘输入数据或命令以干预计算机的工作。每个按键都被赋予一个代码，称为键码。

键盘分为编码键盘和非编码键盘。编码键盘是通过一个编码电路来识别闭合键的键码，具有去抖动功能，但硬件较复杂，PC 机所用的键盘就属于这种；非编码键盘是通过软件来识别键码，需占用一定的 CPU 时间，但硬件简单，可以方便地增减键的数量，因此在单片机应用系统中得到广泛的应用。本节仅介绍非编码键盘的原理和接口电路。

10.1.1 按键去抖动

键盘中的每个按键为常开状态，如图 10-1 所示。按键未按下时，A 点电位为高电平 5V，按键按下时，A 点电位为低电平。因此，A 点电位反映了按键的开关状态。但是由于按键的结构为机械弹性开关，在按键按下和断开时，触点在闭合和断开瞬间还会接触不稳定，引起 A 点电平不稳定，如图 10-2 所示。抖动持续的时间随开关特性的不同而不同，一般在 5～10ms 之间。抖动现象会引起 CPU 对一次键操作进行多次处理，从而可能产生错误。因此，必须采取措施消除抖动。

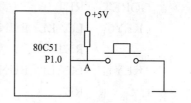

图 10-1 按键连接图

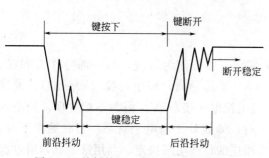

图 10-2 按键按下、断开时的电压抖动

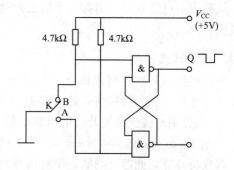

图 10-3 双稳态去抖动电路

消除抖动的方法有两种：硬件去抖动法和软件去抖动法。硬件去抖动一股采用双稳电路，如图 10-3 所示。软件去抖动方法是通过执行延时程序来避开按键时产生机械抖动的方法。具体做法是，根据抖动的特性，在第一次检测到按键按下后，延时 10ms 左右再判断与

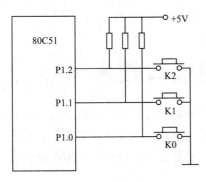

图 10-4　独立式键盘接口电路

该键相对应的电平信号是否仍然保持在闭合状态，如是，则确认为有键按下。由于键松开也有抖动，因此，如有必要也可采用类似的方法检测按键是否松开。

10.1.2　独立式键盘及其接口

按照与 CPU 的连接方式，非编码键盘可分为独立式键盘和矩阵式键盘。独立式键盘是每个按键独立地占用一根数据输入线，如图 10-4 所示。当某一按键按下时，相应的 I/O 线变为低电平。独立式键盘的特点是电路结构简单，但每个按键必须占用一根 I/O 线，当按键数较多时，占用的 I/O 口线就多，故其通常应用于按键数量较少的场合。

对于图 10-4，其键盘扫描程序如下。

```
KEYSCAN: MOV    P1，♯0FFH        ；置 P1 口为输入态
         MOV    A，P1            ；读入键值
         LCALL  D10ms           ；延时 10ms
         MOV    B，P1            ；再读键值
         CJNE   A，B，GORET      ；两次键值不一致，直接返回
         JNB    ACC.0，KEY0      ；0 号键按下，转 0 号键功能程序
         JNB    ACC.1，KEY1      ；1 号键按下，转 1 号键功能程序
         JNB    ACC.2，KEY2      ；2 号键按下，转 2 号键功能程序
GORET:   RET                    ；从键盘服务子程序返回
KEY0:    LCALL  FUNC0           ；执行 0 号键功能服务程序
         RET                    ；从键盘服务子程序返回
KEY1:    LCALL  FUNC1           ；执行 1 号键功能服务程序
         RET                    ；从键盘服务子程序返回
KEY2:    LCALL  FUNC2           ；执行 2 号键功能服务程序
         RET                    ；从键盘服务子程序返回
```

从程序中可以看出，当有 2 个以上的键被同时按下时，只有键号最小的按键所对应的功能被执行。

10.1.3　矩阵式键盘

矩阵式键盘又称行列式键盘，它是将 I/O 线的一部分作为行线，另一部分作为列线，按键设置在行线和列线的交叉处。图 10-5 为一 4×4 矩阵键盘，图中行线（x0～x3）、列线（y0～y3）分别连接到按键开关的两端，列线通过上拉电阻接＋5V。由图不难发现，处于 m 行、n 列的按键的键值为 $4 \times m + n$。当无键按下时，列线处于高电平状态；当有键按下时，行、列线将导通，此时，列线电平将由与此列线相连的行线电平决定。利用这一点，通过编程即可确定哪一个按键被按下。具体确定按下按键的键值的过程如下。

（1）判别是否有键按下

首先使所有行线为低电平，当键盘上没有键按下时，所有列线为高电平；当有任一键被按下时，总有一根列线为低电平。

（2）识别按键位置（行扫描法）

当键盘上某一个按键闭合时，则该按键所对应的列线与行线短路。例如，键盘中 6 号键按下时，行线 x1 与列线 y2 短路，y2 的电平由 x1 送出的电平所决定。如果将列线 y0～y3（P1.4～P1.7）作为微处理器的输入线，将行线 x0～x3（P1.0～P1.3）作为微处理器的输出线，则行扫描法识键的过程为：在键盘扫描程序的控制下，先使行线的 x0 为低电平，x1，x2，x3 为高电平，接着读取列线 y0～y3 的电平；假如 y0～y3 都呈高电平，则说明 x0 这一行没有按键闭合。然后，使行线 x1 为低电平，x0，x2，x3 为高电平，再读取列线 y0～y3 的电平。在 6 号键按下的情

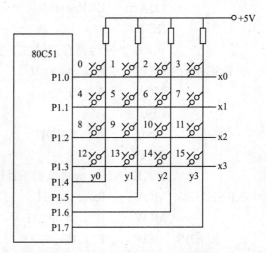

图 10-5　4×4 矩阵键盘电路图

况下，读取的列线 y0～y3 中的 y0，y1，y3 为高电平，而 y2 为低电平。这样，微处理器就得到一组与 6 号键按下时相对应的唯一的输出一输入码 1011（y3～y0）～1101（x3～x0）。由于这组码与按键所在的列行位置相对应，因此，常被称为键位置码。

（3）键值的计算

设键盘为 $K_H \times K_L$ 矩阵键盘，其中，K_H 为行数，K_L 为列数。如果由行扫描法得按下按键的行号和列号分别为 m 和 n，则所按下按键的键值为：$m \times K_L + n$。

对于图 10-5，其键盘扫描程序如下。

```
KEYSCAN: ACALL   KSCAN        ;查有没有键按下
         JZ      GORET        ;(A)=0 表示没有键按下，返回
         LCALL   D10ms        ;有键按下，延时 10ms
         ACALL   KSCAN        ;再查有没有键按下
         JZ      GORET        ;(A)=0 表示没有键按下，返回
         ACALL   KEYNUM       ;有键按下，行扫描法确定键值
         CLR     C
         RLC     A
         RLC     A            ;键值×4
         MOV     DPTR，＃FTAB；
         JMP     @A+DPTR      ;散转，执行所按键相应功能子程序
GORET:   RET
  FTAB:  LCALL   FUNC0        ;调用 0 号键功能子程序
         RET
         LCALL   FUNC1        ;调用 1 号键功能子程序
         RET
         ⋮
         LCALL   FUNC15       ;调用 15 号键功能子程序
         RET
```

```
              LCALL   ERRSUB          ；键值为 16，异常处理
              RET
              ；KSCAN 为判有无键按下子程序，(A)≠0 表示有键按下
    KSCAN：   MOV     P1，#0F0H        ；行线置低电平，列线置输入态
              MOV     A，P1            ；读列线数据
              CPL     A               ；A 取反
              ANL     A，#0F0H         ；屏蔽行线
              RET                     ；返回，(A)≠0 表示有键按下
              ；KEYNUM 为求键值子程序，键值在累加器 A 中
   KEYNUM：   MOV     R6，#00H         ；键初值赋 0，R6 存放每行最左键的键值
              MOV     R7，#0FEH        ；准备扫描第 0 行
     LOOP：   MOV     P1，R7           ；逐行输出 0 扫描
              MOV     A，P1            ；读列线数据
              SWAP    A               ；A 的高 4 位和低 4 位互换
              JB      ACC.0，COL1      ；第 0 列无键按下，转查第 1 列
              MOV     A，#0            ；第 0 列有键按下，0→(A)
              SJMP    KSOLVE          ；转求键值
     COL1：   JB      ACC.1，COL2      ；第 1 列无键按下，转查第 2 列
              MOV     A，#1            ；第 1 列有键按下，1→(A)
              SJMP    KSOLVE          ；转求键值
     COL2：   JB      ACC.2，COL3      ；第 2 列无键按下，转查第 3 列
              MOV     A，#2            ；第 2 列有键按下，2→(A)
              SJMP    KSOLVE          ；转求键值
     COL3：   JB      ACC.3，NEXT      ；4 列均无键按下，本行扫描结束
              MOV     A，#3            ；第 3 列有键按下，3→(A)
              SJMP    KSOLVE          ；转求键值
     NEXT：   MOV     A，R7            ；准备扫描下一行
              JNB     ACC.3，ERR       ；扫描完，未读到键值，异常处理
              RL      A               ；R7 循环左移一位
              MOV     R7，A            ；得下一行行扫描字
              ADD     R6，#4           ；得下一行首键键值，因每行有 4 个按键
              SJMP    LOOP            ；转 LOOP，扫描下一行
     ERR：    MOV     A，#16           ；键值赋 16 表示出错！
              RET                     ；求键值子程序 KEYNUM 结束
  KSOLVE：    ADD     A，R6            ；得键值
              PUSH    ACC             ；键值压栈
    WATT：    ACALL   KSCAN           ；查按键释放否？防止重复执行键功能
              JNZ     WATT            ；没有释放，等待
              POP     ACC             ；键值出栈
              RET                     ；求键值子程序 KEYNUM 结束
```

```
D10ms：   MOV    R3，♯xxH        ；延时10ms子程序
  TD1：   MOV    R2，♯yyH        ；xx和yy的取值与晶振频率有关
  TD2：   DJNZ   R2，TD2
          DJNZ   R3，TD1
          RET
```

前面所述的键盘都是直接使用80C51的I/O口的键盘电路，当键数较多时，占用口线较多。在图10-6中，利用译码器74HC138通过3根口线获得8根行线，从而节省了I/O口线。在应用系统中，如果口线不够用，也可扩展8255A、8155等并行接口作为键盘接口。

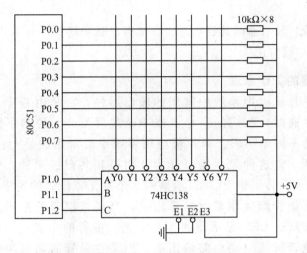

图10-6　使用I/O口和译码器的键盘电路

10.1.4　键盘扫描方式

在单片机应用系统中，CPU要进行键盘处理、数据采集、数据处理、信息显示和数据打印等输入输出工作，故CPU必须合理分配各个任务的时间。对键盘的处理不能占用太多的CPU时间，但又要保证对键盘操作的及时响应。非编码键盘按键处理方式分为程序扫描方式、定时扫描方式和中断扫描方式。

（1）程序扫描方式

编程扫描方式是利用CPU完成其他工作的空余调用键盘扫描子程序来响应键盘输入的要求。程序扫描方式的键处理程序固定在主程序的某个程序段，当主程序运行到该程序段时，进行键盘扫描，判断有没有键按下，如有则计算按键编号，执行相应键功能子程序。

（2）定时扫描方式

在初始化程序中对定时器/计数器进行编程，使之产生10ms的定时中断，CPU响应定时中断，执行中断服务

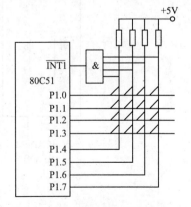

图10-7　中断扫描方式键盘接口

程序，对键盘扫描一遍，检查键的状态，实现对键盘的定时扫描。并在有键按下时识别出该键，再执行该键的功能程序。

（3）中断扫描方式

当键盘上有键按下时，产生中断请求，CPU 响应中断，执行中断服务程序，确定所按下的按键的键值，继而作相应的处理。中断扫描方式大大提高了 CPU 的工作效率，中断扫描方式键盘接口如图 10-7 所示。

该键盘为 4×4 矩阵键盘。P1.0～P1.3 为行线，P1.4～P1.7 为列线，列线经与门和 80C51 的 $\overline{\text{INT1}}$ 相连。初始化时使行线输出均为 0，当有按键按下时，与此按键相接的列线将变为低电平，$\overline{\text{INT1}}$ 也由高电平变为低电平，从而向 CPU 申请中断。若 CPU 中断开放且允许 $\overline{\text{INT1}}$ 中断，则响应该中断，执行键盘扫描服务子程序。

10.2 显示接口

LED(发光二极管) 显示器因其成本低、亮度高、驱动简单、与单片机接口方便灵活而在单片机控制系统中广泛应用。

10.2.1 LED 显示器的工作原理

LED 显示器是单片机应用系统中常用的输出器件，它是由若干个发光二极管组成的。当发光二极管导通时，相应的一个点或一个线段发光。控制不同组合的二极管导通，就能显示出各种不同的字形。单片机应用系统中最常用的是七段 LED 显示器，其外形如图 10-8(a) 所示。这种显示器可分为共阴极和共阳极两种，它们的结构分别如图 10-8(b)，(c) 所示。共阴极 LED 显示器的 8 个发光二极管的阴极连接在一起，一般公共端阴极接地，其他管脚接驱动电路输出端，当某二极管的阳极为高电平时，则该发光二极管点亮；共阳极 LED 显示器的 8 个发光二极管的阳极连接在一起，一般公共阳极接高电平，其他管脚接驱动电路输出端。当某二极管的阴极为低电平时，则该发光二极管点亮。

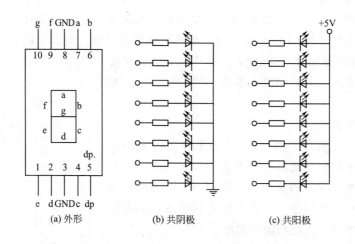

(a) 外形　　(b) 共阴极　　(c) 共阳极

图 10-8　LED 显示器结构图

由于七段 LED 显示器上有 8 个发光二极管，即构成 "8" 字形的 7 个发光二极管和构成小数点的 1 个发光二极管，故有时也称为八段显示器。为了在七段 LED 显示器上显示不同的字形，各段所加的电平也不同，因而编码也不一样，如表 10-1 所示。

表 10-1 七段 LED 段码表

字 形	共阴极接法七段状态							共阴极接法 段码(十六进制)	共阳极接法 段码(十六进制)
	g	f	e	d	c	b	a		
0	0	1	1	1	1	1	1	3F	40
1	0	0	0	0	1	1	0	06	79
2	1	0	1	1	0	1	1	5B	24
3	1	0	0	1	1	1	1	4F	30
4	1	1	0	0	1	1	0	66	19
5	1	1	0	1	1	0	1	6D	12
6	1	1	1	1	1	0	1	7D	02
7	0	0	0	0	0	1	1	07	78
8	1	1	1	1	1	1	1	7F	00
9	1	1	0	0	1	1	1	67	18
A	1	1	1	0	1	1	1	77	08
b	1	1	1	1	1	0	0	7C	03
c	0	1	1	1	0	0	1	39	46
d	1	0	1	1	1	1	0	5E	21
E	1	1	1	1	0	0	1	79	06
F	1	1	1	0	0	0	1	71	0E
灭	0	0	0	0	0	0	0	00	FF

10.2.2 LED 显示方式

在单片机应用系统中，通常由多块 LED 显示器构成一个 N 位的 LED 显示器。N 位 LED 显示器有 N 根位选线和 $8 \times N$ 根段选线，位选线用于选中某一个 LED 显示器，段选线控制显示的字形。

LED 显示方式有静态显示和动态显示两种方式。

（1）静态显示方式

静态显示是指 LED 显示器显示某一字符时，相应的发光二极管恒定导通或恒定截止。这种显示方式要求各位显示块的公共端恒定接地（共阴极）或接正电源（共阳极）。每个显

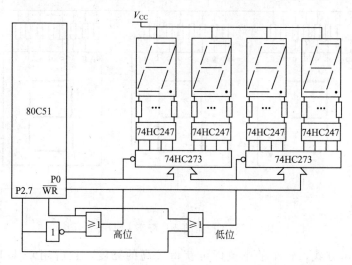

图 10-9　P0 口译码驱动的显示接口电路

示块的 8 个段选线分别与一个 8 位并行 I/O 口的 8 位口线相接，I/O 口只要有段码输出，相应字符即显示出来，并保持不变，直到 I/O 口输出新的段码。

图 10-9 为 P0 口译码驱动的显示接口电路，图中 74HC273 为 8 位锁存器，74HC247 为译码驱动器，它将输入的 4 根数据线，译为 7 根输出线，输出为 BCD 码 0～9 的字形码。74HC247 的驱动能力很强，每根输出线的灌电流可达 20mA，足以驱动阳极显示块。

图 10-10 为 80C51 通过 8255A 扩展 I/O 接口控制的 3 位静态 LED 显示器接口电路，图中显示器为共阴极显示器，8255A 工作在方式 0 输出方式。当显示位数较多时，可增加 8255A 或其他并行输出口。显示某字形时，应首先查表得到其段选码值，然后再送到 8255A 的 A 口、B 口或 C 口。

下面是显示"801"的程序，设 8255A 的地址为 7F00H～7F03H。

```
MOV     DPTR, ♯7F03H      ; 指向 8255A 控制口
MOV     A, ♯10000000B     ; A, B, C 口为方式 0 输出
MOVX    @DPTR, A          ; 送控制字
MOV     DPTR, ♯7F00H      ; 指向 8255A A 口
MOV     A, ♯06H           ; "1"的段选码送入累加器
MOVX    @DPTR, A          ; 显示"1"
INC     DPTR              ; 指向 8255A B 口
MOV     A, ♯3FH           ; "0"的段选码送入累加器
MOVX    @DPTR, A          ; 显示"0"
INC     DPTR              ; 指向 8255A C 口
MOV     A, ♯7FH           ; "8"的段选码送入累加器
MOVX    @DPTR, A          ; 显示"8"
```

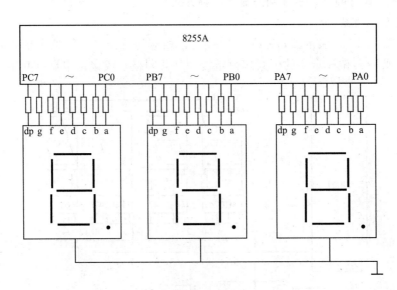

图 10-10　8255A 控制的 3 位静态 LED 显示器接口

采用静态显示方式，较小的电流即可获得较高的亮度，且占用 CPU 时间少，编程简单，但由于每位 LED 显示器均要配备一个并行输出口，占用了较多的 I/O 口资源，硬件成

本高，故在显示位数较多时不宜采用该方式。

（2）动态显示方式

动态显示是一位一位地轮流点亮各位显示器，这种逐位点亮显示器的方式称为位扫描。这种显示方式要求各位显示器的段选线应并联在一起，由一个 8 位的 I/O 口控制；各位的位选线（公共阴极或阳极）由另外的 I/O 口线控制。该方式显示时，各位显示器轮流选通，要使其稳定显示必须采用扫描方式，即在某一时刻只选通一位显示器，并送出相应的段码，进行适当延时（延时时间约为 1～5ms），接着选通另一位显示器，并送出相应的段码，如此循环往复，即可使各位显示器显示相应的字符。只要循环时间足够短，利用人眼的视觉暂留效应，就可以给人同时显示的感觉。

图 10-11 是 80C51 用 8155 扩展 I/O 口控制的 6 位 LED 动态显示接口电路。30H～35H 单元为显示缓冲区，存放要显示的十六进制数。每位十六进制数以二进制形式存放于相应缓冲区单元的低 4 位，高 4 位为 0。由图可见 8155 的命令/状态口、PA，PB，PC 的口地址分别为 7F00H，7F01H，7F02H，7F03H。动态显示程序如下。

```
              MOV     DPTR，#7F00H    ；置 8155 命令/状态口地址
              MOV     A，#03H         ；8155 控制字，A，B 口为基本输出
              MOVX    @DPTR，A        ；写工作方式控制字
              MOV     R0，#30H        ；R0 指向显示缓冲区首址
              MOV     R2，#0FEH       ；置位选码初值
              MOV     A，R2           ；位选码送 A
DISP：        MOV     DPTR，#7F01H    ；DPTR 指向 A 口
              MOVX    @DPTR，A        ；位选码送 A 口
              INC     DPTR           ；指向 B 口
              MOV     A，@R0          ；取要显示的数，准备查段选码
              ADD     A，#0DH         ；加修正偏移量
              MOVC    A，@A+PC        ；查字形码
              MOVX    @DPTR，A        ；段选码送 B 口
              ACALL   D1ms           ；延时 1ms
              INC     R0             ；修改显示单元地址
              MOV     A，R2
              JNB     ACC.5，DONE     ；6 位显示完否？
              RL      A              ；未显示完，位选码左移 1 位
              MOV     R2，A
              AJMP    DISP
DONE：        RET
SEGTAB：      DB 3FH，06H，5BH，4FH，66H，6DH，7DH，07H，7FH，6FH
              DB 77H，7CH，39H，5EH，79H，71H；段选码表
D1ms：        ：                     ；延时 1ms 子程序
              RET
```

采用动态显示方式比较节省 I/O 口，硬件电路也较为简单，但其亮度不如静态显示方式，而且在显示位数较多时，CPU 要依次扫描，占用 CPU 较多的时间。故动态显示的实质

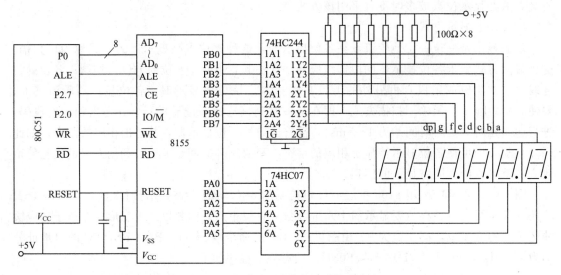

图 10-11　6 位 LED 动态显示接口电路

是以牺牲 CPU 时间来换取硬件的减少。

　　在单片机应用系统中，显示器和键盘往往需同时使用，为节省 I/O 口线，可将显示电路和键盘做在一起，构成实用的键盘、显示电路。图 10-12 是用 8155 并行扩展 I/O 口构成的典型的显示/键盘接口电路。

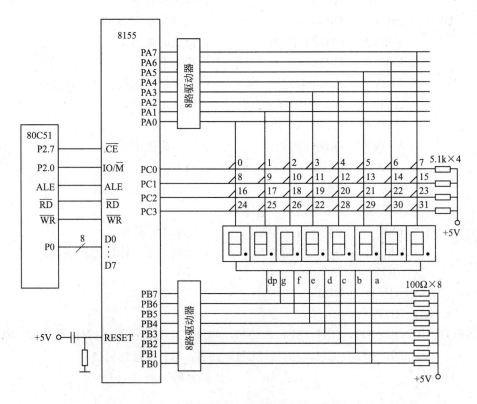

图 10-12　8155 并行扩展 I/O 口的显示/键盘接口电路

　　图 10-12 中 LED 显示器采用共阴极 LED 显示器，8155 的 A 口用作显示器的位选码输

出口，同时，PA0～PA7 作为键盘的行线，B 口用作数码管段码输出口，PC0～PC3 作为键盘的列线。

由于键盘和显示器共用一个接口电路，所以键盘和显示器的控制要统筹考虑，程序中既要完成键盘的扫描，又要完成 LED 显示器的动态显示。程序的框图如图 10-13 所示，读者根据流程图，不难写出相应的程序。

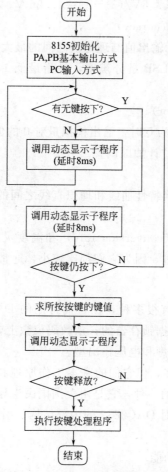

图 10-13   键盘、显示流程图

流程图中巧妙地利用执行动态显示子程序所用的时间代替延时子程序，改善了显示效果，动态显示子程序与图 10-11 的动态显示程序类似。

10.3   DAC 接口

在计算机控制系统中，监控对象大多为模拟量，如电压、电流、温度、速度、压力和流量等。但是，计算机只能处理数字量。因此，必须先将模拟量转换成数字量，即进行模/数转换，或称 A/D(Analogue/Digital) 转换，然后才能输入计算机处理。计算机输出控制信号时，往往也需要将数字量转换成模拟量，即进行数/模转换，或称 D/A（Digital/Analogue）转换。完成 A/D 转换的器件，叫 A/D 转换器（ADC——A/D Converter），完成 D/A 转换的器件，叫 D/A 转换器（DAC——D/A Converter）。

10.3.1　D/A 转换器的性能指标

DAC 的技术指标很多，但在单片机应用系统设计中主要应考虑以下四个。

（1）分辨率（resolution）

分辨率是指 D/A 转换器能分辨的最小输出模拟增量，取决于输入数字量的二进制位数。一个 n 位的 DAC 所能分辨的最小电压增量定义为满量程值的 $1/(2^n-1)$ 倍。例如，满量程为 5V 的 8 位 DAC 芯片的分辨率为 $5V/(2^8-1)=19.5mV$。

（2）转换精度（conversion accuracy）

转换精度是 D/A 转换器实际输出值与理论值之间的最大偏差。通常，DAC 的转换精度为分辨率的一半，即为 LSB/2。LSB 是分辨率，是指最低 1 位数字量变化引起输出电压幅度的变化量。

（3）偏移量误差（offset error）

偏移量误差是指输入数字量为 0 时，输出模拟量对 0 的偏移值。这种误差通常可以通过 DAC 的外接参考电压 V_{REF} 和电位计加以调整。

（4）线性度（linearity）

线性度是指 DAC 的实际转换特性曲线和理想直线之间的最大偏差。通常，线性度不应超出 $\pm1/2$LSB。

除上述指标外，转换速度（conversion rate）和温度灵敏度（temperature sensitivity）也是 DAC 的重要技术参数。不过，因为它们都比较小，通常情况下可以不予考虑。

10.3.2　DAC0832 接口

能与微机接口的 DAC 芯片有很多种，在目前常用的 DAC 芯片中，从内部结构上，可分为内部带数据锁存器和不带数据锁存器的；从数码位数上，可分为 8 位、10 位、16 位等；从输出形式上，可分为电流输出型和电压输出型。

尽管 D/A 转换器的型号很多，但它们的基本工作原理和功能是大同小异的。DAC0832 是目前较为常用的 DAC 芯片中的一种，它是由美国国民半导体公司（National Semiconductor Corporation）研制的。下面对 DAC0832 的内部结构、引脚功能以及与 CPU 的连接进行介绍。

（1）DAC0832 结构与引脚功能

DAC0832 的内部结构和外部引脚图分别示于图 10-14 和图 10-15。

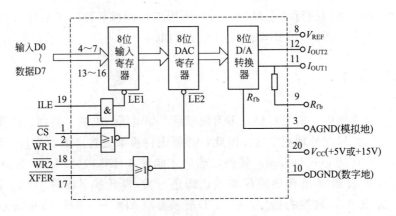

图 10-14　DAC0832 内部结构图

DAC0832 是一个 8 位的 D/A 转换芯片，内部含一个 T 形电阻网络，输出为差动电流信号。因此，要想得到模拟电压输出，必须外接运算放大器。

图 10-15 中的引脚定义如下。

D7～D0：输入数据线。

ILE：输入锁存允许。

$\overline{CS}$：片选信号。

$\overline{WR1}$：写输入寄存器。

上述三个信号用于把数据写入到输入寄存器。

$\overline{WR2}$：写 DAC 寄存器。

$\overline{XFER}$：允许输入寄存器的数据传送到 DAC 寄存器。

上述二个信号用于启动转换

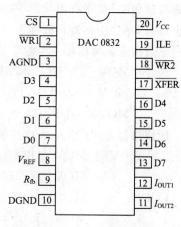

图 10-15 DAC0832 外部引脚图

V_{REF}：参考电压，$-10～+10V$，要求其电压值必须相当稳定，一般为 $+5V$ 或 $+10V$。

I_{OUT1}，I_{OUT2}：D/A 转换差动电流输出，接运放的输入。

V_{CC}：芯片的电源电压，可为 $+5V$ 或 $+15V$。

R_{fb}：内部反馈电阻引脚，接运放输出。

AGND，DGND：模拟地和数字地。

（2）DAC0832 工作方式

DAC0832 的工作方式有单缓冲器方式、双缓冲器方式和直通方式 3 种。

① 直通工作方式。直通工作方式是将两个寄存器（输入寄存器和 DAC 寄存器）的 5 个控制信号（ILE，$\overline{CS}$，$\overline{WR1}$，$\overline{WR2}$，$\overline{XFER}$）均预先置为有效，两个寄存器都开通处于数据接收状态，只要数字信号送到数据输入端 D0～D7，就立即进入 D/A 转换器进行转换，模拟输出始终跟随输入变化。该方式下，DAC0832 的数据输入端 D0～D7 不能直接与数据总线连接，需外加并行接口（如 74LS373，8255 等）。这种方式在单片机控制系统中很少采用。

② 单缓冲方式。使输入寄存器或 DAC 寄存器二者之一处于直通。CPU 只需一次写入即开始转换。控制比较简单。

80C51 与 DAC0832 的单缓冲连接方式的接口电路如图 10-16 所示。图中，DAC0832 输

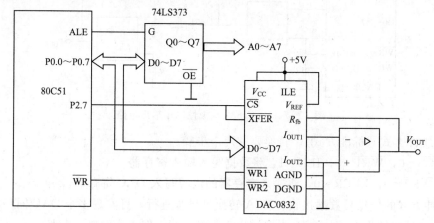

图 10-16 80C51 与 DAC0832 的单缓冲连接方式的接口电路

入寄存器和 DAC 寄存器均用 P2.7 选通，共用一个端口地址，将数据写入输入寄存器的同时也写入 DAC 寄存器，故称为单缓冲器连接方式。设 DAC0832 的地址为 7FFFH，则执行下列三条指令就可以将一个数字量转换为模拟量：

```
MOV   DPTR，#7FFFH      ；端口地址送 DPTR
MOV   A，#DATA          ；8 位数字量送累加器 A
MOVX  @DPTR，A          ；向寄存器写入数字量，同时启动转换
```

用该连接方式产生一个锯齿被信号的程序如下。

```
WAVE：MOV   DPTR，#7FFFH      ；指向 DAC0832
      MOV   A，#00            ；赋数字量初值
LOOP： MOVX  @DPTR，A          ；送数并启动转换
      MOV   R0，#delayC        ；delayC 为延时常数
      DJNZ  R0，$             ；延时，改变 delayC 可改变锯齿波周期
      CJNE  A，#dataend，NEXT  ；本锯齿波未结束，则继续
      MOV   A，#00            ；结束则重赋初值，下一个锯齿波开始
      SJMP  LOOP
NEXT：INC   A                ；数字量加 1
      SJMP  LOOP
```

上述电路称为单极性输出，单极性输出的 V_{OUT} 正负极性由 V_{REF} 的极性确定。

$$V_{\text{OUT}} = V_{\text{RFF}} \cdot \frac{\text{输入数字量}}{256}$$

当 V_{REF} 的极性为正值，V_{OUT} 为负；当 V_{REF} 极性为负时，V_{OUT} 为正。若要实现双极性输出，ADC0832 输出部分可按图 10-17 电路来连接。此时，输出电压为

$$V_{\text{OUT}} = V_{\text{RFF}} \cdot \frac{\text{输入数字量} - 128}{128}$$

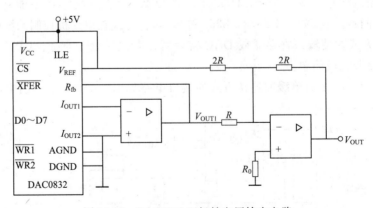

图 10-17　DAC0832 双极性电压输出电路

③ 双缓冲方式（标准方式）。转换要有两个步骤。

a. 令 $\overline{\text{CS}}=0$，$\overline{\text{WR1}}=0$，ILE=1，将数据写入输入寄存器。

b. 令 $\overline{\text{WR2}}=0$，$\overline{\text{XFER}}=0$，将输入寄存器的内容写入 DAC 寄存器。

双缓冲方式的优点是数据接收与 D/A 转换可异步进行，可实现多个 DAC 同步转换输出（分时写入、同步转换）。图 10-18 为 DAC 0832 双缓冲工作方式的接口电路。

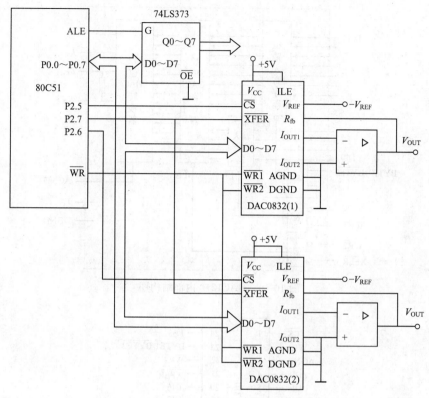

图 10-18 DAC 0832 双缓冲工作方式的接口电路

如果图 10-18 中的两个模拟输出分别作为示波器的 X，Y 方向的位移，则单片机执行下面的程序后，可使示波器上的光点根据参数 X，Y 的值同步移动。假设参数 X，Y 已分别存于工作寄存器 R1，R2 中。

MOV	DPTR，#0DFFFH	；指向 DAC(1) 的数据输入寄存器
MOV	A，R1	；X 方向数据送入 A
MOVX	@DPTR，A	；将参数 X 写入 DAC(1) 的数据输入寄存器
MOV	DPTR，#0BFFFH	；指向 DAC(2) 的数据输入寄存器
MOV	A，R2	；Y 方向数据送入 A
MOVX	@DPTR，A	；将参数 Y 写入 DAC(2) 的数据输入锁存器
MOV	DPTR，#7FFFH	；指向两片 DAC0832 的 DAC 寄存器
MOVX	@DPTR，A	；两片 DAC 同时启动转换，同步输出

最后一条指令与 A 中内容无关，仅使两片 0832 的 $\overline{\text{XFER}}$ 有效，同时打开两片 0832 的 DAC 寄存器选通门，同时启动转换，实现同步输出，更新图形显示器光点位置。

10.3.3 DAC1210 接口

DAC1210 是一个具有双缓冲功能的 12 位数/模转换器，其内部结构框图如图 10-19 所示。它包含三个缓冲器（8 位输入寄存器、4 位输入寄存器及 12 位 DAC 寄存器）及一个 12 位 DAC 转换器。DAC1210 有 24 个引脚，其配置如图 10-20 所示。DAC1210 的引脚与 DAC0832 相比，除增加了四根数据线（DI8～DI11）、将 ILE 改为 BYTE1/$\overline{\text{BYTE2}}$ 之外，其他引脚的功能完全相同。

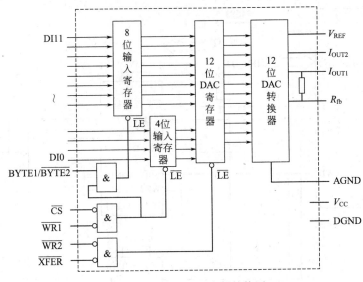

图 10-19　DAC1210 内部结构图

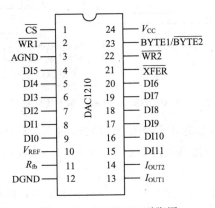

图 10-20　DAC1210 引脚图

BYTE1/$\overline{\text{BYTE2}}$：允许输入锁存。BYTE1/$\overline{\text{BYTE2}}$＝1 时，允许高 8 位输入寄存器锁存；BYTE1/$\overline{\text{BYTE2}}$＝0 时，允许低 4 位输入寄存器锁存。由 DAC1210 内部结构图可知，在传送数据时，必须注意，应先送高 8 位后送低 4 位，否则，低 4 位数据将出错。

　　DAC1210 与 80C51 的接口电路见图 10-21。通过译码器 74HC138 将 P2.5，P2.6，P2.7译码，产生信号 $\overline{\text{CS}}$ 和 $\overline{\text{XFER}}$，以实现双缓冲的控制方式。经过锁存的地址信号 A0 接到 BYTE1/$\overline{\text{BYTE2}}$ 上，A0＝0 时，对应低 4 位输入寄存器；A0＝1 时，对应高 8 位输入寄存器。80C51 的写（$\overline{\text{WR}}$）信号直接与 DAC1210 的 $\overline{\text{WR1}}$ 和 $\overline{\text{WR2}}$ 相接，这样可以用 MOVX 指令来寻址 DAC1210。

　　设待转换数据的高 8 位存于 R7 中，低 4 位存于 R6 的高 4 位中。D/A 转换子程序如下。

```
DACCVT: MOV  DPTR, #0DFFFH    ; 使 DPTR 指向 8 位输入寄存器
        MOV  A, R7            ; 取高 8 位待转换数据
        MOVX @DPTR, A         ; 向 DAC1210 送高 8 位数据
        DEC  DPL              ; 使 DPTR 指向低 4 位输入寄存器
        MOV  A, R6            ; 取低 4 位待转换数据
```

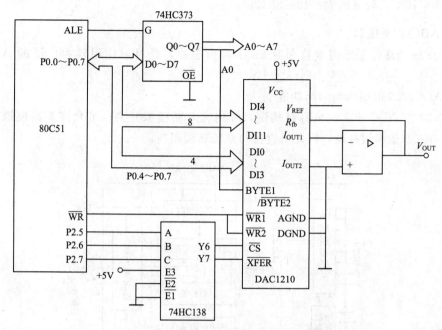

图 10-21 DAC1210 与 80C51 接口电路

```
MOVX @DPTR, A          ; 向 DAC1210 送低 4 位数据
MOV   DPTR，#0FFFFH     ; 使 DPTR 指向 DAC 锁存器
MOVX @DPTR, A          ; 送 DAC 寄存器，完成 12 位 D/A 转换
RET
```

10.4 ADC 接口

10.4.1 A/D 转换器的主要技术指标

A/D 转换器是将模拟量转换成数字量的器件，模拟量可以是电压、电流等信号，也可以是速度、声、光、压力、湿度、温度等随时间连续变化的非电的物理量。非电量的模拟量可以通过适当的传感器（如光电传感器、压力传感器、温度传感器）转换成电信号。A/D 转换器主要性能指标如下。

① 分辨率：指 A/D 转换器对于输入模拟量变换的灵敏度。通常用转换器输出数字量的位数来表示，如 8 位、10 位、16 位等。对于 n 位转换器，其数字量变化范围为 $0 \sim 2^n - 1$，当输入电压满刻度为 XV 时，则转换电路对输入模拟电压的分辨能力为 $X/(2^n - 1)$。例如，对于 8 位的 A/D 转换器，若满量程输入电压为 5V，则分辨率为 $5/(2^8 - 1) = 19.6$mV。

② 量程：指 A/D 转换器所能转换的电压范围，如 5V，10V 等。

③ 精度：指与数字输出量所对应的模拟输入量的实际值与理论值之间的差值。精度通常由最小有效位的 LSB 的分数值表示。目前常用的 A/D 转换集成芯片精度为 $1/4 \sim 2$LSB。

④ 转换时间：指 A/D 转换器完成一次 A/D 转换所需要的时间。

⑤ 工作温度范围：保证 A/D 转换额定精度的温度范围。一般的 A/D 转换器的工作温

度范围为 0～70℃，较好的为－40～85℃。

10.4.2 ADC0809 接口

ADC0809 是逐位逼近型 8 位单片 A/D 转换芯片，是目前应用较为广泛的 A/D 转换芯片。

（1）ADC0809 的结构与引脚功能

图 10-22 为 ADC0809 的内部结构图，片内含 8 路模拟开关，可允许 8 路模拟量输入。由于片内有三态输出缓冲器，因此可直接与系统总线相连。

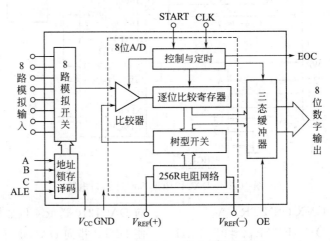

图 10-22 ADC0809 的内部结构图

ADC0809 的引脚图如图 10-23 所示，引脚定义如下。

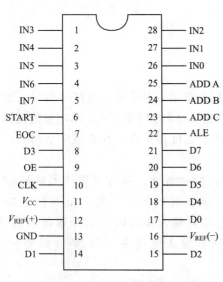

图 10-23 ADC0809 引脚图

IN0～IN7：8 路模拟信号输入端。

ADD A，ADD B，ADD C：模拟通道的地址选择线，输入。A 为低位，C 为高位。与低 8 位地址中 A0～A2 连接。由 A2～A0 地址 000～111 选择 IN0～IN7 八路 A/D 通道中的一路。

ALE：地址锁存允许信号，输入。由低到高的正跳变有效，此时锁存地址选择线的状态，从而选通相应的模拟通道，以便进行 A/D 转换。

CLK：外部时钟输入端。时钟频率高，A/D 转换速度快。允许范围为 10～1280kHz，典型值为 640kHz，此时 A/D 转换时间为 100μs。通常由 80C51 型单片机 ALE 端直接或分频后与 ADC0809CLK 端相连接。当 80C51 型单片机无读写外 RAM 操作时，ALE 信号固定为 CPU 时钟频率的 1/6。若晶振为 6MHz，则 1/6 时钟频率为

1MHz 时，A/D 转换时间为 64μs。

D0～D7：数字量输出端。

OE：输出允许信号，输入，高电平有效。当 OE 有效时，A/D 的输出锁存缓冲器开放，将其中的数据放到外面的数据线上。

START：启动信号，输入，高电平有效。为了启动转换，在此端上应加一正脉冲信号。脉冲的上升沿将内部寄存器全部清0，在其下降沿开始转换。

EOC：转换结束信号，输出，高电平有效。在 START 信号的上升沿之后 0～8 个时钟周期内，EOC 变为低电平。当转换结束时，EOC 变为高电平，这时转换得到的数据可供读出。

$V_{REF}(+)$、$V_{REF}(-)$：正负基准电压输入端。正基准电压的典型值为 +5V，可与电源电压（+5V）相连，但电源电压往往有一定波动，将影响 A/D 精度。因此，精度要求较高时，可用高稳定度基准电源输入。当模拟信号电压较低时，正基准电压也可取低于 5V 的数值。$V_{REF}(-)$ 通常接地。

V_{CC}：正电源电压（+5V）。

GND：接地端。

（2）ADC0809 工作时序

图 10-24 为 ADC0809 工作时序图。根据时序图，ADC0809 的工作过程如下。

① 把通道地址送到 ADDA～ADDC 上，选择模拟输入通道。

② 在通道地址信号有效期间，ALE 上的上升沿将该地址锁存到内部地址锁存器。

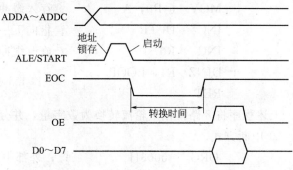

图 10-24　ADC0809 工作时序图

③ START 引脚上的下降沿启动 A/D 变换，转换期间应保持低电平。

④ 变换开始后，EOC 引脚呈现低电平，EOC 重新变为高电平时表示转换结束。

⑤ OE 信号打开输出锁存器的三态门送出结果。

（3）ADC0809 与 80C51 的接口

图 10-25 为 ADC0809 与 80C51 的接口电路图。P0 口直接与 ADC0809 的数据线相接，P0 口的低三位连接到 ADDA，ADDB，ADDC。80C51 的 ALE 信号经二分频后连到 ADC0809 的 CLK 引脚。P2.7 口作为读写口的选通信号。不难看出，ADC0809 的 8 个通道所占用的片外 RAM 的地址为 7FF8H～7FFFH。采集数据可以用查询法，也可用中断法。

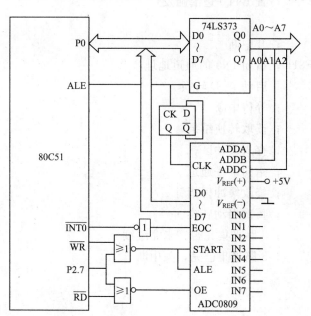

图 10-25　ADC0809 与 80C51 的接口电路图

① 查询方式。

```
START：MOV  R0，#30H        ;置缓冲区地址
       MOV  DPTR，#7FF8H    ;指向 IN0 的通道地址
```

```
            MOV   R1，#08H         ；置通道数
            CLR   EX0              ；禁止 INT0 中断
    LOOP：  MOVX  @DPTR，A         ；启动 A/D 转换
            MOV   R2，#20H         ；延时查询
    DELY：  DJNZ  R2，DELY
            SETB  P3.2             ；置 P3.2 为输入
    DONE：  JB    P3.2，DONE       ；判转换结束？
            MOVX  A，@DPTR         ；读取转换结果
            MOV   @R0，A           ；存入缓冲区
            INC   DPTR             ；指向下一通道
            INC   R0               ；修改缓冲区指针
            DJNZ  R1，LOOP
            RET
```

上述程序将 8 路模拟量轮流转换为数字量，并分别存入内存 30H～37H 单元。

② 中断方式。

```
            ORG   0003H            ；外部中断 0 入口地址
            LJMP  ADINT0
    START： MOV   R0，#30H         ；置缓冲区地址
            MOV   R1，#08H         ；置通道数
            SETB  IT0              ；置 INT0 边沿触发
            SETB  EX0
            SETB  EA               ；开中断
            MOV   DPTR，#7FF8H     ；指向 IN0 的通道地址
            MOVX  @DPTR，A         ；启动 A/D 转换
            SJMP  $                ；等待中断
    ADINT0：MOVX  A，@DPTR         ；读取转换结果
            MOV   @R0，A           ；存入缓冲区
            INC   DPTR             ；指向下一通道
            INC   R0               ；修改缓冲区指针
            MOVX  @DPTR，A         ；再次启动转换
            DJNZ  R1，NEXT         ；8 路采集完否？未完继续
            CLR   EX0              ；8 路采集已完，关中断
    NEXT：  RETI
```

10.4.3　AD574A 接口

在单片机应用系统中，如需要更高的 A/D 转换精度，可选用位数更多的 A/D 转换芯片。下面以应用较为广泛的 AD574A 为例介绍 12 位 A/D 芯片和 80C51 的接口。

（1）AD574A 的结构与引脚功能

AD574A 是一种逐次逼近式 12 位高速 A/D 转换芯片，其内部结构与引脚分配如图 10-26 所示。

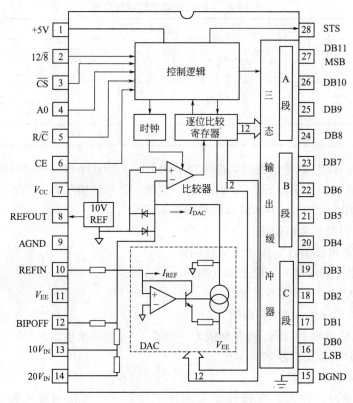

图 10-26　AD574A 内部结构及引脚分配图

① AD574A 的主要特点如下。

a. 具有可与 8 位、12 位或 16 位微处理器直接接口的三态输出缓冲器。

b. 可提供四种不同的输入范围：单极性输入时为 $0\sim+10\text{V}$ 或 $0\sim+20\text{V}$；双极性输入时为 $-5\sim+5\text{V}$ 或 $-10\sim+10\text{V}$。

c. 自带参考电压。该电源除供本身使用外，还可为外部负载提供 1mA 的电流输出。

d. 转换速度快，在独立工作方式下，可在 $25\mu\text{s}$ 内完成一次转换，并将数据锁存在其输出锁存器中。

② AD574A 引脚功能。

$\overline{\text{CS}}$，CE：片选信号。当 $\overline{\text{CS}}=0$，$\text{CE}=1$ 同时满足时，AD574A 才能处于工作状态。

$\text{R}/\overline{\text{C}}$：数据读出和数据转换启动控制。当 $\text{R}/\overline{\text{C}}=1$ 时，读取转换结果；当 $\text{R}/\overline{\text{C}}=0$ 时，启动 A/D 转换。

$12/\overline{8}$：变换输出字长选择控制端，在输入为高电平时，变换字长输出为 12 位，在低电平时，按 8 位输出。

A0：字节地址控制。它有两个作用，在启动 AD574A（$\text{R}/\overline{\text{C}}=0$）时，用来控制转换长度。A0=0 时，按完整的 12 位 A/D 转换方式工作；A0=1 时，则按 8 位 A/D 转换方式工作。在 AD574A 处于数据读出工作状态（$\text{R}/\overline{\text{C}}=1$）时，A0 和 $12/\overline{8}$ 成为输出数据格式控制。在 $12/\overline{8}=0$ 且 A0=0 时，高 8 位数据（D4～D11）输出；$12/\overline{8}=0$ 且 A0=1 时，低 4 位数据（D0～D3）输出，此时 D4～D7 为 0 且 D8～D11 为高阻态。表 10-2 为以上 5 个输入控制信号的逻辑控制真值表。

表 10-2　AD574A 逻辑控制真值表

CE	$\overline{\text{CS}}$	R/$\overline{\text{C}}$	12/$\overline{8}$	A0	功能说明
1	0	0	×	0	启动 12 位转换
1	0	0	×	1	启动 8 位转换
1	0	1	1	×	12 位输出
1	0	1	0	0	高 8 位输出
1	0	1	0	1	低 4 位输出

DB0～DB11：12 位数字量输出，高半字节为 DB8～DB11，低字节为 DB0～DB7。

STS：工作状态指示端。STS＝1 时表示转换器正处于转换状态，STS＝0 时，表示转换完毕。该信号可作为 CPU 的中断请求信号或查询信号。

REFOUT：内部参考电源输出（＋10V）。

REFIN：参考电压输入，用于满量程调整。

BIPOFF：偏置电压输入，用于零点调整。

$10V_{IN}$：±5V 或 0～10V 模拟输入。

$20V_{IN}$：±10V 或 0～20V 模拟输入。

V_{CC}，V_{EE}：供电电源。V_{CC} 的典型值为 ＋15V，V_{EE} 的典型值为 −15V。

AGND，DGND：模拟地和数字地。

（2）AD574A 工作方式

AD574A 有单极性输入和双极性输入两种工作方式，可根据输入模拟量的情况选择使用。

① 单极性输入。单极性输入电路如图 10-27(a) 所示。图中，电位器 W1 控制 BIPOFF 电平，以实现零点调整。内部参考电压输出 REFOUT（10V）经由电位器 W2 接参考电压输入 REFIN，W2 用于实现满量程调整。引脚 $10V_{IN}$ 的电压输入范围为 0～＋10V，引脚 $20V_{IN}$ 的电压输入范围为 0～＋20V。

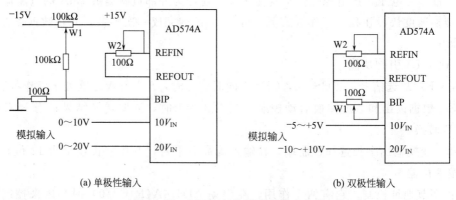

(a) 单极性输入　　　　　　　　　　　(b) 双极性输入

图 10-27　AD574A 的模拟量输入电路

② 双极性输入。双极性输入电路如图 10-27(b) 所示。电位器 W1 用于实现零点调整，W2 用于实现满量程调整。引脚 $10V_{IN}$ 的电压输入范围为 −5～＋5V，引脚 $20V_{IN}$ 的电压输入范围为 −10～＋10V。

（3）AD574A 与 80C51 的接口

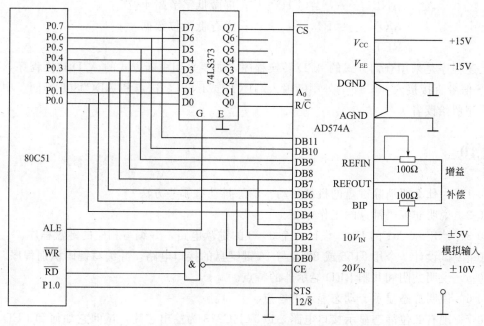

图 10-28 AD574A 与 80C51 的接口电路

图 10-28 是 AD574A 与 80C51 的接口电路。由于 AD574A 是和 8 位单片机连接，故将引脚 12/8 直接接地，以使 A/D 转换后的 12 位数据分两次输入单片机，高 8 位一次，低 4 位一次。

由图可知，AD574A 没有使用高 8 位地址，故其所占用地址与高 8 位无关，因此可用 R0 或 R1 寻址。AD574A 所占用低 8 位地址如下（无关位取 1）。

启动 12 位转换地址　　　7CH（$\overline{CS}$=0，R/$\overline{C}$=0，A0=0）

启动 8 位转换地址　　　　7EH（$\overline{CS}$=0，R/$\overline{C}$=0，A0=1）

读高 8 位数据地址　　　　7DH（$\overline{CS}$=0，R/$\overline{C}$=1，A0=0）

读低 4 位数据地址　　　　7FH（$\overline{CS}$=0，R/$\overline{C}$=1，A0=1）

设 AD574A 进行 12 位转换，转换后的低 4 位和高 8 位数据分别存入片内 RAM 的 30H 和 31H 单元，其转换程序如下。

```
ADCVT: MOV    R1，#31H      ;R1 指向转换结果的送存单元地址
       MOV    R0，#7CH      ;启动 12 位转换地址送 R0
       MOVX   @R0，A        ;利用写信号启动 A/D 转换
       SETB   P1.0         ;置 P1.0 为输入
       JB     P1.0，$       ;等待 A/D 转换结束
       INC    R0           ;得高 8 位数据地址
       MOVX   A，@R0        ;读取高 8 位转换结果
       MOV    @R1，A        ;送存高 8 位转换结果
       DEC    R1           ;R1 指向低 4 位存放单元地址
       INC    R0
       INC    R0           ;得低 4 位数据地址
       MOVX   A，@R0        ;读低 4 位数据
```

```
ANL    A，#0FH        ；屏蔽低字节高 4 位
MOV    @R1，A          ；送存低 4 位数据
RET
```

上述程序是采用查询方式的 A/D 转换程序，如要采用中断方式的 A/D 转换程序，只需将 STS 信号直接接入 80C51 的外中断输入端$\overline{INT0}$或$\overline{INT1}$，这点和 ADC0809 不同。中断方式的程序留给读者练习。

习题 10

10-1　为什么要消除键盘的机械抖动？消除抖动有哪些方法？

10-2　说明非编码键盘的工作原理。

10-3　请用 80C51 的 P1 口设计一个 3×3 的键盘电路，并编写相应的键盘程序。

10-4　试设计一个用 8155 或 8255 与 16 键键盘的接口电路，并编写键码识别程序。

10-5　说明共阴和共阳 LED 显示器的特点。

10-6　说明静态显示、动态显示的特点。

10-7　现有 2 位静态显示接口电路，以 74HC273 为输出芯片，试问它如何和 LED 显示器连接？请画出以 80C51 为控制器的完整电路。

10-8　试用 8255 设计一个 8 位 LED 显示器接口，显示缓冲区为 1000H～1007H 单元。画出硬件连接图，并编写显示程序。

10-9　什么是 D/A 转换器，它有哪些主要指标？叙述其含义。

10-10　什么是 A/D 转换器，它有哪些主要指标？叙述其含义。

10-11　DAC0832 在逻辑上由哪几部分组成？可以工作在哪几种模式下？

10-12　某 8 位 D/A 转换器，输出电压为 0～5V。当输入数字量为 30H 时，其对应的输出电压是多少？

10-13　DAC0832 与 80C51 单片机连接时有哪些控制信号？它们的作用是什么？

10-14　DAC0832 工作在单缓冲方式，画出它与 80C51 的连接图。

10-15　在什么情况下，要使用 D/A 转换器的双缓冲方式？试以 DAC0832 为例绘出双缓冲方式的接口电路？

10-16　ADC0809 是什么功能的芯片？试说明其转换原理。

10-17　对 8 位、12 位、16 位 A/D 转换器，当满刻度输入电压为 5V 时，其分辨率各为多少？

10-18　要求将 ADC0809 与 8255 相连，8255 的地址范围为 02F0H～02F3H。请画出电路图，并编写包括 8255 初始化程序在内的、完成 8 路模拟量转换的程序（数据存放在单片机内部 RAM30H～37H 单元）。

11 单片机应用系统设计实例

单片机以其体积小、价格低和功能强而在检测、控制、家用电器和仪器仪表等领域获得了广泛的应用。虽然单片机应用系统的技术要求、结构功能各不相同，但它们的开发过程和设计方法大致相同。本章首先介绍单片机应用系统的一般设计过程，最后介绍几个应用实例。

11.1 单片机应用系统的设计过程

11.1.1 拟定总体设计方案

（1）确定技术指标，编制设计任务书

单片机应用系统的开发过程是以确定系统的功能和技术指标开始的。首先要深入细致分析、研究实际问题，明确各项任务与要求，综合考虑系统的各种性能，拟定出合理可行的技术性能指标，并在此基础上编制出完整的设计任务书。

（2）建立数学模型

在编制任务书后，设计者还应对测控对象的物理过程和计算任务进行全面分析，对实际问题进行必要的抽象、简化，作出合理的假设，确定要建立的模型中的变量和参数，得出数学表达式，即建立数学模型。建立的数学模型应真实地描述该项目的测控过程，但模型不宜太复杂，否则难以用单片机实现。

（3）选择合适的机型

综合考虑系统的目标、复杂程度、可靠性、精度、速度和价格等因素，选择一种适合于本系统的性价比较优的单片机机型。

（4）划分硬件和软件功能

硬件结构应结合应用软件方案一并考虑。单片机应用系统中，既有硬件也有软件，在实现某些功能方面，它们是可以相互替代的，即有些硬件功能可用软件实现，反之亦然。在系统设计时，软硬件功能划分的一般原则是：在满足性能要求的前提下，从经济性角度出发，能用软件完成的功能不用硬件。但这也不是一成不变的，因为软件开发也是有成本的，所以在划分软硬件功能时，必须权衡利弊、综合考虑。

11.1.2 硬件设计

硬件设计包含两部分内容：一是系统扩展，即单片机内部的资源，包括存储器（ROM和 RAM）、输入输出接口、定时器/计数器、串行口、中断系统等不能满足应用系统的要求时，必须进行外部扩展，选择适当的芯片，设计相应的电路；二是系统的配置，即按照系统功能要求配置外围设备，如键盘、显示器、打印机、A/D、D/A 转换器等，并设计合适的接口电路。

硬件设计过程如下。

① 根据总体设计要求，在单片机的内部资源，包括存储器（ROM 和 RAM）、输入/输

出接口、定时器/计数器、串行口、中断系统等不能满足应用系统的要求时，选择适当的芯片，进行外部扩展，配置键盘、显示器、打印机、A/D、D/A 转换器等外围设备。

② 根据总体方案、所选器件，设计硬件电路，画出电路原理图。

③ 对所设计的硬件电路进行实验论证，发现问题及时修改。调试通过后，可做成印制板电路，并组装成样机。

11. 1. 3　软件设计

软件开发过程包括拟定程序总体方案，绘制程序流程图，根据流程图编写程序，调试程序等。

（1）程序总体设计

程序总体设计包括拟定程序总体设计方案、确定算法和绘制程序流程图等。

在拟定程序总体设计方案时，应根据实际情况选择切合实际的程序设计方法。常用的程序设计方法有三种，它们分别是模块化程序设计、自顶向下逐步求精程序设计和结构化程序设计。

模块化程序设计是把一个复杂的应用程序分成若干个具有明确任务的程序模块，对每个模块单独设计、编程和调试，然后把它们连接起来，构成一个完整的程序。

自顶向下逐步求精程序设计方法要求先从系统一级的主干程序开始，首先解决全局问题，然后层层细化逐步求精，最终完成整个程序的设计。

结构化程序设计是指在编程过程中对程序进行适当限制，特别是限制转向指令的使用，以控制程序的复杂程度，使程序上下文与执行流程保持一致。结构化程序设计有利于程序的调试、修改和维护。

在确定程序总体方案后，还应根据控制对象的数学模型确定算法，并绘制总体流程图和各模块的流程图。

（2）编制程序

程序框图完成后，可进行硬件资源分配，如存储空间地址分配、端口地址分配、工作寄存器安排等，还应考虑数据结构、输入输出格式等问题。编程时应将经常使用的数据存储单元分配在片内 RAM 区，因为 CPU 对它的操作时间短，指令丰富，编程方便。程序中软件标志应设置在片内 RAM 具有位操作功能的空间 20H～2FH，这样不仅控制方便，并能充分发挥 80C51 单片机内部布尔（位）处理器的功能。最后，应用一定的编程方法和技巧，依照流程图编写出具体的应用程序。

11. 1. 4　系统调试、运行和维护

系统调试包括硬件调试和软件调试。硬件调试的任务是排除系统的硬件电路故障，包括设计错误和工艺故障。软件调试是利用开发工具进行在线仿真调试，除发现和解决程序错误外，也可以发现硬件故障。

程序调试首先进行单个模块的调试，在所有模块均调试通过后，将它们连接起来统一调试。利用开发工具的单步和断点运行方式，通过检查应用系统的 CPU 的累加器 A、RAM 和 SFR 的内容以及 I/O 口的状态，可确定程序的执行结果和系统 I/O 设备的状态变化是否正常，从中发现软件或硬件的错误。在调试过程中，要不断调整、修改系统的硬件和软件，直到其实现所有功能为止。

联机调试运行正常后，可将程序固化到 EPROM/E²PROM 中，脱机运行，并到生产现场投入试运行，检验其可靠性。经过一段时间的运行后，如没有发现问题，就可以投入正式

运行。在正式运行中，还应建立一套健全的维护制度，以确保系统的正常工作。

11.2 单片机多点温度测量系统

　　数据采集系统是工业控制领域应用最为广泛的系统。数据采集系统通常由数据测量转换、数据采集、数据处理、数据显示打印等几部分组成。如配上输入输出通道就可以方便地构成计算机控制系统。

　　本节介绍的是单片机多点温度测量系统，系统中测温电路将各测量点热敏电阻的电阻值转换为电压，经 A/D 转换器转换成数字量送入单片机，单片机完成数据处理显示等工作。

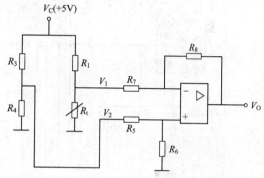

图 11-1 温度测量原理图

11.2.1 硬件设计

　　(1) 温度测量

　　温度测量原理图如图 11-1 所示。图中 R_t 为负温度系数热敏电阻，$R_1 = R_3$，$R_5 = R_7$，$R_6 = R_8$，$R_4 = R_2$（R_2 为 R_t 在 0℃时的电阻值），$R_5 \mathbin{/\mkern-5mu/} R_6 \gg R_t$，由电路理论知识不难得到

$$V_O = \frac{R_6}{R_5}(V_2 - V_1) \approx \frac{R_6}{R_5}\left(\frac{R_2}{R_1 + R_2} - \frac{R_t}{R_1 + R_t}\right)V_C \tag{11-1}$$

　　由上式可知在 0℃时，$V_O = 0V$，适当调整 $R_6(R_8)$ 和 $R_5(R_7)$ 的比值，容易做到 100℃时，$V_O = V_C = 5V$。事实上，只要取

$$\frac{R_6}{R_5} = \frac{1}{\dfrac{R_2}{R_1 + R_2} - \dfrac{R}{R_1 + R}} = \frac{(R_1 + R_2)\cdot(R_1 + R)}{R_1(R_2 - R)} \tag{11-2}$$

　　式中，R 为温度为 100℃时 R_t 的值。从而温度在 0～100℃变化时，输出电压 V_O 变化范围为 0～5V。

　　可以根据热敏电阻阻值和温度的关系以及 V_O 和阻值的关系，事先制作一张 $V_O(V) \sim t(℃)$ 的关系表，存入单片机内部 ROM 中，以便通过查表的方式根据电压值得到温度值。

　　(2) A/D 转换

　　假设本系统温度测量允许误差为 0.5℃，由于测量精度要求较低，可选用性价比较高的 ADC0809 作为本系统的 A/D 转换器，并采用图 10-25 所示接口电路，将 8 路电压量分别与 ADC0809 的 IN0～IN7 相连接即可。

　　(3) 显示电路

　　显示电路采用图 10-9 所示电路，只是将图中的 P2.7=0，1 时分别选通两片 74HC273 改为 P2.6=0，P2.5=0 分别选通两片 74HC273。

　　(4) 系统电路图

　　将以上各部分连接起来，得到完整的硬件电路，如图 11-2 所示。图中 $V_O0 \sim V_O7$ 为 8 路温度测量电路的电压输出，左边第 1 位、第 2 位 LED 显示器用于显示所测温度，第 3 位用于显示通道号，第 4 位用于显示温度超限的通道号。为了增加视觉效果，第 1，2，3 位可采用绿色 LED 显示器，第 4 位用红色 LED 显示器。当 P1.7 输出为低电平时，报警器不工作；输出为高电平时，报警器发出报警声。

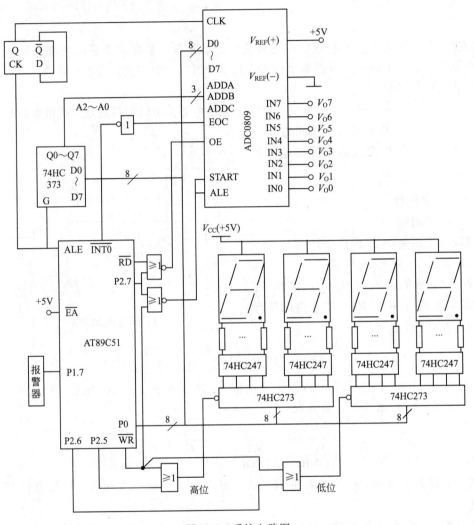

图 11-2　系统电路图

11.2.2　软件设计

根据以上已经具体化的硬件设计，就可进行软件的总体设计和模块设计。

（1）总体设计

本系统要求每隔 10s，对 8 路温度信号循环检测一次并显示。显示采用 8 路温度轮流显示的方式。如检测温度超出温度范围则分别显示"⊏⊏"和"⊐⊐"表示低于最低温度和高于最高温度，并报警。程序框图如图 10-3 所示。

系统程序结构属于中断方式，在主程序中仅完成一些功能单元的初始化工作，系统功能均在中断服务子程序中完成，10s 完成一次。在定时器中断服务子程序中，先判断 10s 定时时间到否？若未到，则返回。若到了，则进行八路温度检测，判断温度是否超出了设定的范围，若未超出，则显示温度并返回；若超出，则报警并显示出错标志，然后返回。

（2）主程序和中断服务程序设计

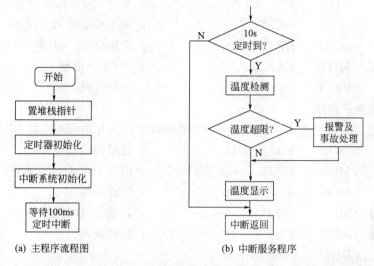

图 11-3 温度测量系统程序框图

依据图 11-3 可编写出主程序和中断服务子程序。在列出程序清单之前，先说明 10s 定时的实现方法。当本系统采用 6MHz 晶振时，每个机器周期为 $2\mu s$，定时器方式 1 最大定时时间为 131ms。要实现 10s 定时，还需要另设一个软件计数器，对定时时间计次，次数到后方可实现 10s 定时。为了便于计算，取定时时间为 100ms，100 次可达 10s。时间常数为

$$TC = 2^{16} - 100 \times 10^3 / 2 = 15536 = 3CB0H$$

程序如下。

```
        ORG    0000H
        AJMP   MAIN              ;转主程序
        ORG    000BH
        AJMP   T0INT             ;转定时器 0 中断服务程序
        ORG    0100H
MAIN:   MOV    SP,#60H           ;置堆栈指针
        MOV    TMOD,#01H         ;T0 定时器，方式 1
        MOV    TH0,#3CH          ;置 T0 时间常数
        MOV    TL0,#0B0H
        CLR    EX0               ;禁止 INT0 中断
        SETB   ET0               ;允许 T0 中断
        SETB   EA                ;CPU 开中断
        SETB   TR0               ;启动 T0
        MOV    R7,#100           ;置 10s 计数器初值
        SJMP   $                 ;等待定时器 T0 中断
        ORG    0300H
T0INT:  CLR    EA                ;关 CPU 中断
        MOV    TH0,#3CH          ;重置 T0 时间常数
        MOV    TL0,#0B0H
        DJNZ   R7,GORET          ;10s 到否? 未到返回
```

```
              MOV      R7，♯100              ; 重置 10s 计数器初值
              LCALL    DETECT               ; 调用温度检测子程序
              LCALL    DISPALM              ; 调用显示、报警子程序
      GORET:SETB       EA                   ; 开 CPU 中断
              RETI                          ; 中断返回
```

（3）温度检测子程序

功能：温度检测子程序将检测得到的 8 路温度值存入片内 RAM 的 30H～37H 单元。

```
   DETECT:MOV       R0，♯30H             ; 置缓冲区地址
              MOV      DPTR，♯7FF8H         ; 指向 IN0 的通道地址
              MOV      R1，♯08H             ; 置通道数
      LOOP:MOVX      @DPTR，A             ; 启动 A/D 转换
              MOV      R2，♯20H             ; 延时查询
      DELY:DJNZ      R2，DELY             ;
              SETB     P3.2                 ; 置 P3.2 为输入
              JB       P3.2，$              ; 判断转换结束?
              MOVX     A，@DPTR             ; 读取转换结果
              PUSH     DPH                  ; DPTR 入栈，准备查表
              PUSH     DPL                  ;
              MOV      DPTR，♯TTAB          ; DPTR 指向温度表首址
              MOVC     A，@A+DPTR           ; 查表得温度值（十进制数）
              MOV      @R0，A               ; 存入缓冲区
              POP      DPL                  ; DPTR 出栈
              POP      DPH                  ;
              INC      DPTR                 ; 指向下一通道
              INC      R0                   ; 修改缓冲区指针
              DJNZ     R1，LOOP             ;
              RET                           ;
      TTAB:DB xx，…，xx                     ; 温度查询表格
                   ⋮
```

（4）显示、报警子程序

功能：显示通道号及其温度，对于温度超限的通道进行报警、显示出错标志，并用红色
LED（第 4 位）显示出通道号。

```
   DISPALM:MOV  R0，♯30H                   ; 置缓冲区首地址
              MOV      R1，♯00H             ; 通道号 0 存入 R1
              MOV      R2，♯08H             ; 置通道数
   DISLOOP:MOV  A，@R0                      ; 取缓冲区数据
              CJNE     A，♯MIN，LP1         ; 和下限比较
      LP1:JC        LMIN                    ; 小于下限，转 LMIN
              CJNE     A，♯MAX，LP2         ; 和上限比较
      LP2:JNC       GMAX                    ; 大于上限，转 GMAX
              CLR      P1.7                 ; 温度正常，不报警
```

	MOV	DPTR，#0DFFFH	;指向第 1，2 位 LED 显示器
	MOVX	@DPTR，A	;数据输出显示
	MOV	DPTR，#0BFFFH	;指向第 3，4 位 LED 显示器
	MOV	A，R1	;取通道号
	SWAP	A	;A 的高 4 位和低 4 位互换
	ORL	A，#0FH	;红色 LED（第 4 位）不显示
	MOVX	@DPTR，A	;绿色 LED（第 3 位）显示通道号
	SJMP	NEXT	
LMIN：	SETB	P1.7	;触发报警器报警
	MOV	DPTR，#0DFFFH	;指向第 1，2 位 LED 显示器
	MOV	A，#0AAH	;出错符号"⊂⊂"送入 A
	MOVX	@DPTR，A	;数据输出显示
	MOV	DPTR，#0BFFFH	;指向第 3，4 位 LED 显示器
	MOV	A，R1	;取通道号
	ORL	A，#0F0H	;绿色 LED（第 3 位）不显示
	MOVX	@DPTR，A	;红色 LED（第 4 位）显示超限通道号
	SJMP	NEXT	
GMAX：	SETB	P1.7	;触发报警器报警
	MOV	DPTR，#0DFFFH	;指向第 1，2 位 LED 显示器
	MOV	A，#0BBH	;出错符号"⊃⊃"送入 A
	MOVX	@DPTR，A	;数据输出显示
	MOV	DPTR，#0BFFFH	;指向第 3，4 位 LED 显示器
	MOV	A，R1	;取通道号
	ORL	A，#0F0H	;绿色 LED（第 3 位）不显示
	MOVX	@DPTR，A	;红色 LED（第 4 位）显示超限通道号
NEXT：	LCALL	DELY1s	;显示延时 1s
	INC	R0	;指向下一缓冲区地址
	INC	R1	;下一通道号
	DJNZ	R2，DISLOOP	;8 路未显示完，继续
	RET		

80C51 指令系统中有两条查表指令，即"MOVC A，@A+DPTR"和"MOVC A，@A+PC"，程序中采用的是前者。就本例而言，采用后者也可以。但当测量精度要求提高时，表格长度将超过 256 个字节，就只能用前面一条查表指令了。

本系统只需稍作改进即可作为粮仓的温度巡回检测系统。对于某些测量精度要求较高的场合，可以选用高精度的传感器和位数较高的 A/D 转换器，并增加显示器位数。

11.3　步进电机控制系统

步进电机是一种可将电脉冲信号转换为角位移或线位移的开环控制元件，可以对旋转角速度或转动速度进行高精度的控制，是机电一体化的关键部件之一，被广泛应用于需要精确定位、同步、行程控制等场合。

11.3.1　步进电机的驱动

在非超载的情况下，步进电机的转速、停止的位置只取决于脉冲信号的频率和脉冲数，而不受负载变化的影响，即给电机加一个脉冲信号，电机则转过一个步距角。由于这一特性，使得步进电机只有周期性的误差而无累积误差。

虽然从理论上讲用步进电机控制位置、速度比较简单，但它必须由脉冲信号、功率驱动电路等组成控制系统才能使用。在单片机组成的步进电机控制系统中，单片机提供它转动所需的脉冲信号是非常容易的，故不再需要环形脉冲分配器。然而单片机送出的脉冲必须经功率放大电路放大后方可驱动步进电机。本节将采用 L298 芯片构成驱动电路。该芯片由 STMicroelectronics 公司生产、是一种高电压、大电流双 H 桥功率集成电路，可用来驱动继电器、线圈、直流电机和步进电机等感性负载，其内部结构如图 11-4 所示，详细的资料请读者参考有关集成电路手册。

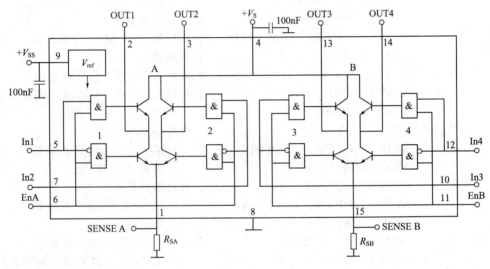

图 11-4　L298 内部结构图

由图 11-4 可见，OUT1，OUT2 在 EnA＝0 时，呈高阻态；在 EnA＝1 时，分别为 In1，In2 放大后的输出信号。类似地，OUT3，OUT4 受 EnB 的控制。

11.3.2　二维步进电机控制系统

数控二维步进电机运行系统是由上位机 IPC（工业控制计算机）发出控制命令，通过与下位机单片机之间的通信，使单片机产生控制步进电机运转的脉冲波形、使二维步进电机分别作正转、反转、快转、慢转和停止等。二维步进电机控制系统的工作原理框图如图 11-5 所示。

IPC（工业控制计算机）是二维步进电机控制系统的上位机，负责从键盘接收外部命令，通过串行口将命令发送到单片机，并接收单片机的反馈信息。

通信接口电路实现 IPC 串行口信号与单片机 TTL 信号之间的电平转换，实现 IPC 与单片机之间的正常通信。

图 11-5　二维步进电机控制系统的工作原理框图

单片机负责接收来自 IPC 的命令，并将其转换成控制脉冲信号，从并行口输出，去控制步进电机的运行；并向 IPC 反馈有关工作状态。

功率放大电路是将单片机并行口输

出的控制脉冲信号进行电流和电压放大，驱动步进电机，使步进电机随着不同的控制脉冲信号作正转、反转、快转、慢转和停止等。

步进电机是执行动作的设备，当脉冲按一定顺序输入步进电机各个相时，它就能实现不同的运动状态，从而带动固定在其上的其他设备如摄像头、机械手等做相应运动。

（1）系统硬件设计

二维步进电机控制系统的电路连接图如图 11-6 所示。

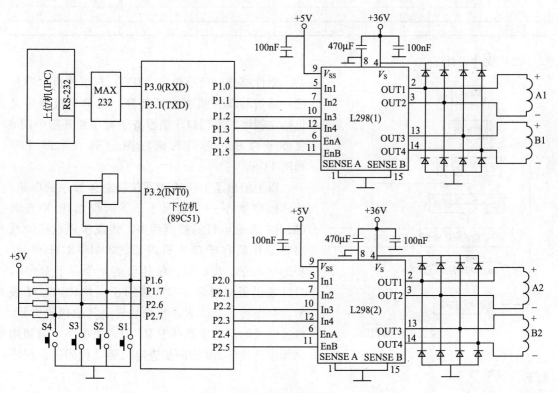

图 11-6　二维步进电机控制系统电路图

① 单片机。单片机采用常用的 89C51，片内含 4KB 的 E^2ROM，不用外扩 ROM。由 P1.0～P1.3 输出脉冲信号经 L298(1) 功率放大后控制 X 方向步进电机，由 P2.0～P2.3 输出脉冲信号经 L298(2) 功率放大后控制 Y 方向步进电机。L298(1)，L298(2) 的功放允许信号 EnA，EnB 则分别由 P1.4，P1.5 和 P2.4，P2.5 控制。P1.6，P1.7，P2.6，P2.7 设置为四个行程保护开关量的输入，作为二维步进电机正、反向最大行程的保护。不难看出，本系统中 X 方向步进电机需要的 8 个控制信号正好由 P1 口提供，Y 方向步进电机需要的 8 个控制信号正好由 P2 口提供。

② 驱动电路。X 方向和 Y 方向的步进电机均由一片 L298 驱动。图 11-6 中，A1，B1，A2 和 B2 为 X，Y 方向步进电机的各相线圈。

③ 步进电机。系统所用步进电机为二相步进电机，采用双极性驱动方式。其中与 P1.0～P1.3 对应的是 X 方向步进电机的两个相（A1，B1），与 P2.0～P2.3 对应的是 Y 方向步进电机的两个相（A2，B2）。工作电压为 +32V。双极性驱动方式下电机正向转动，A，B 两相所加电压顺序为：A 相施加正电压→B 相正电压→A 相无电压→A 相负电压→B 相无

电压→B 相负电压→A 相无电压→A 相正电压→返回。

　　由此得到的驱动代码如表 11-1 所示。如要电机反向运转，有两种方法：其一是倒序输出；其二是将 A，B 相极性取反，即将表中的 P1.0 和 P1.1 互换，P1.2 和 P1.3 互换。步进电机的运行速度则由 P1 口或 P2 口输出的控制脉冲的频率决定，频率越高则速度越快。

表 11-1　二相八拍驱动代码

拍	1	2	3	4	5	6	7	8	1
P1.3	0	0	0	0	0	1	1	1	0
P1.2	0	1	1	1	0	0	0	0	0
P1.1	0	0	0	1	1	1	0	0	0
P1.0	1	1	0	0	0	0	0	1	1

（2）软件设计

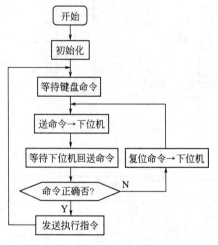

图 11-7　上位机程序流程图

　　软件部分包括上位机（IPC）与下位机（单片机）通信和单片机程序两部分，而单片机程序又包括主程序、串行口中断服务子程序和外部中断 0 服务子程序。它们的流程图分别示于图 11-7 和图 11-8。

　　以上给出了上位机和下位机总体程序的框架，具体程序就不一一给出了。下面仅给出 X 方向（横向）步进电机的控制程序。假设步进电机的八拍驱动代码存于单片机内部的 30H～37H 单元，步进电机正、反、快、慢转动的命令存于 R6 中，01H 表示正向慢转，02H 表示正向快转，11H 表示反向慢转，12H 表示反向快转，其他代码无效。步进电机的运转步数存于 R7 中，主程序中的初始化程序已经使 R0 指向步进电机驱动代码区。程序如下。

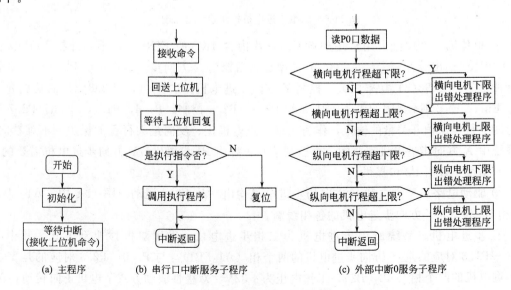

(a) 主程序　　　　　(b) 串行口中断服务子程序　　　　　(c) 外部中断0服务子程序

图 11-8　下位机程序流程图

```
              MOV      A，R6              ；取命令代码
              CJNE     A，＃01H，LP1       ；和＃01H 比较
       LP1：JZ        SLOWRUN           ；相等，正向慢转
              CJNE     A，＃02H，LP2       ；和＃02H 比较
       LP2：JZ        FASTRUN           ；相等，正向快转
              CJNE     A，＃11H，LP3       ；和＃11H 比较
       LP3：JZ        BKSLRUN           ；相等，反向慢转
              CJNE     A，＃12H，LP4       ；和＃12H 比较
       LP4：JZ        BKFTRUN           ；相等，反向快转
     GORET：RET                         ；其他代码无效，返回
   SLOWRUN：MOV      A，R0              ；取驱动代码地址
              CJNE     A，＃37H，LP5       ；和最大的驱动代码地址比较
       LP5：JC        NEXT1             ；小于，转 NEXT1
              MOV      R0，＃2FH          ；相等，R0 指向驱动代码区前一单元
     NEXT1：INC       R0                ；指向下一驱动代码
              MOV      P1，@R0            ；送出驱动脉冲
              LCALL    DELY20ms          ；延时 20ms（慢速）
              DJNZ     R7，SLOWRUN        ；步数未到，继续
              SJMP     GORET             ；到了，返回
   FASTRUN：MOV      A，R0              ；取驱动代码地址
              CJNE     A，＃37H，LP6       ；和最大的驱动代码地址比较
       LP6：JC        NEXT2             ；小于，转 NEXT2
              MOV      R0，＃2FH          ；相等，R0 指向驱动代码区前一单元
     NEXT2：INC       R0                ；指向下一驱动代码
              MOV      P1，@R0            ；送出驱动脉冲
              LCALL    DELY5ms           ；延时 5ms（快速）
              DJNZ     R7，FASTRUN        ；步数未到，继续
              SJMP     GORET             ；到了，返回
   BKSLRUN：MOV      A，R0              ；取驱动代码地址
              CJNE     A，＃30H，LP7       ；和最小的驱动代码地址比较
       LP7：JNZ       NEXT3             ；不相等（此处即为大于），转 NEXT3
              MOV      R0，＃38H          ；相等，R0 指向驱动代码区下一单元
     NEXT3：DEC       R0                ；指向下一驱动代码
              MOV      P1，@R0            ；送出驱动脉冲
              LCALL    DELY20ms          ；延时 20ms（慢速）
              DJNZ     R7，BKSLRUN        ；步数未到，继续
              SJMP     GORET             ；到了，返回
   BKFTRUN：MOV      A，R0              ；取驱动代码地址
              CJNE     A，＃30H，LP8       ；和最小的驱动代码地址比较
       LP8：JNZ       NEXT4             ；不相等（此处即为大于），转 NEXT4
```

```
            MOV      R0，♯38H              ；相等，R0 指向驱动代码区下一单元
    NEXT4：DEC       R0                    ；指向下一驱动代码
            MOV      P1，@R0               ；送出驱动脉冲
            LCALL    DELY5ms               ；延时 5ms（快速）
            DJNZ     R7，BKFTRUN           ；步数未到，继续
            SJMP     GORET                 ；到了，返回
    DELY20ms：⋮                           ；延时 20ms 子程序
            RET
    DELY5ms：⋮                            ；延时 5ms 子程序
            RET
```

本程序中通过控制延时子程序的延时时间来控制步进电机的转速，用延时 20ms 表示慢速，延时 5ms 为快速，因为步进电机的速度是受驱动脉冲的频率控制的。这种方法降低了 CPU 的利用效率，如有必要可采用定时中断的方式控制延时时间，以提高 CPU 使用效率。控制程序中的难点在于获取步进电机的驱动代码，读者不妨仔细思考该程序段所用的方法。

习题 11

11-1　简述单片机应用系统的设计过程。

11-2　将图 11-2 中的显示改为串行显示，请画出电路图并编写相应的软件。

11-3　用单片机设计一简易交通灯控制系统，要求可以用按键更改交通灯南北方向和东西方向的放行时间和禁行时间。

附录 1 ASCII 字符表

ASCII（美国信息交换标准码）字符表

b3 b2 b1 b0 \ b6 b5 b4	000	001	010	011	100	101	110	111
0000	NUL(空操作)	DLE(转义)	SP	0	@	P	、	p
0001	SOH(标题开始)	DC1(设备控制 1)	!	1	A	Q	a	q
0010	STX(正文开始)	DC2(设备控制 2)	"	2	B	R	b	r
0011	ETX(正文结束)	DC3(设备控制 3)	#	3	C	S	C	s
0100	EOT(传输结束)	DC4(设备控制 4)	$	4	D	T	d	t
0101	ENQ(询问字符)	NAK(否认)	%	5	E	U	e	u
0110	ACK(承认)	SYN(同步)	&	6	F	V	f	v
0111	BEL(报警)	ETB(快传输结束)	'	7	G	W	g	w
1000	BS(退格)	CAN(作废)	(	8	H	X	h	x
1001	HT(横向列表)	EM(纸尽)	)	9	I	Y	i	y
1010	LF(换行)	SUB(取代)	*	:	J	Z	j	z
1011	VT(垂直列表)	ECS(换码)	+	;	K	[	k	{
1100	FF(换页)	FS(文字分隔符)	,	<	L	\	l	|
1101	CR(回车)	GS(组分隔符)	-	=	M	]	m	}
1110	SO(移位输出)	RS(记录分隔符)	.	>	N	^	n	~
1111	SI(移位输入)	US(单元分隔符)	/	?	O	—	o	DEL(删除)

附录2 80C51系列单片机指令一览表

附表 2-1　数据传送指令表（共 28 条）

操作码	助 记 符	功 能	对标志影响				字节数	周期数
			P	OV	AC	C_Y		
E8~EF	MOV A,Rn	(Rn)→(A)	√	×	×	×	1	1
E5	MOV A,direct	(direct)→(A)	√	×	×	×	2	1
E6,E7	MOV A,@Ri	((Ri))→(A)	√	×	×	×	1	1
74	MOV A,#data	data→(A)	√	×	×	×	2	1
F8~FF	MOV Rn,A	(A)→(Rn)	×	×	×	×	1	1
A8~AF	MOV Rn,direct	(direct)→(Rn)	×	×	×	×	2	2
78~7F	MOV Rn,#data	data→(Rn)	×	×	×	×	2	1
F5	MOV direct,A	(A)→(direct)	×	×	×	×	2	1
88~8F	MOV direct,Rn	(Rn)→(direct)	×	×	×	×	2	1
85	MOV direct1,direct2	(direct2)→(direct1)	×	×	×	×	3	2
86,87	MOV direct,@Ri	((Ri))→(direct)	×	×	×	×	2	2
75	MOV direct,#data	data→(direct)	×	×	×	×	3	2
F6,F7	MOV @Ri,A	(A)→((Ri))	×	×	×	×	1	2
A6,A7	MOV @Ri,direct	direct→((Ri))	×	×	×	×	2	2
76,77	MOV @Ri,#data	data→((Ri))	×	×	×	×	2	2
90	MOV DPTR,#data16	data16→(DPTR)	×	×	×	×	3	1
93	MOVC A,@A+DPTR	((A)+(DPTR))→(A)	×	×	×	×	1	2
83	MOVC A,@A+PC	((A)+(PC))→(A)	×	×	×	×	1	2
E2,E3	MOVX A,@Ri	((Ri))→(A)	√	×	×	×	1	2
E0	MOVX A,@DPTR	((DPTR))→(A)	√	×	×	×	1	2
F2,F3	MOVX @Ri,A	(A)→((Ri))	√	×	×	×	1	2
F0	MOVX @DPTR,A	(A)→((DPTR))	×	×	×	×	1	2
C0	PUSH direct	(SP)+1→(SP) (direct)→((SP))	×	×	×	×	2	2
D0	POP direct	((SP))→(direct) (SP)-1→(SP)	×	×	×	×	2	2
C8~8F	XCH A,Rn	(A)←→(Rn)	√	×	×	×	1	1
C5	XCH A,direct	(A)←→(direct)	√	×	×	×	2	1
C6,C7	XCH A,@Ri	(A)←→((Ri))	√	×	×	×	1	1
D6,D7	XCHD A,@Ri	(A)0~3←→((Ri))0~3	√	×	×	×	1	1

附表 2-2　算术运算指令表（共 24 条）

操作码	助 记 符	功 能	对标志影响				字节数	周期数
			P	OV	AC	C_Y		
28~2F	ADD　A,Rn	$(A)+(Rn)\rightarrow(A)$	√	√	√	√	1	1
25	ADD　A,direct	$(A)+(direct)\rightarrow(A)$	√	√	√	√	2	1
26,27	ADD　A,@Ri	$(A)+((Ri))\rightarrow(A)$	√	√	√	√	1	1
24	ADD　A,#data	$(A)+data\rightarrow(A)$	√	√	√	√	2	1
38~3F	ADDC　A,Rn	$(A)+(Rn)+(C_Y)\rightarrow(A)$	√	√	√	√	1	1
35	ADDC　A,direct	$(A)+(direct)+(C_Y)\rightarrow(A)$	√	√	√	√	2	1
36,37	ADDC　A,@Ri	$(A)+((Ri))+(C_Y)\rightarrow(A)$	√	√	√	√	1	1
34	ADDC　A,#data	$(A)+data+(C_Y)\rightarrow(A)$	√	√	√	√	2	1
98~9F	SUBB　A,Rn	$(A)-(Rn)-(C_Y)\rightarrow(A)$	√	√	√	√	1	1
95	SUBB　A,direct	$(A)-(direct)-(C_Y)\rightarrow(A)$	√	√	√	√	2	1
96,97	SUBB　A,@Ri	$(A)-((Ri))-(C_Y)\rightarrow(A)$	√	√	√	√	1	1
94	SUBB　A,#data	$(A)-data-(C_Y)\rightarrow(A)$	√	√	√	√	2	1
04	INC　A	$(A)+1\rightarrow(A)$	√	×	×	×	1	1
08~0F	INC　Rn	$(Rn)+1\rightarrow(Rn)$	×	×	×	×	1	1
05	INC　direct	$(direct)+1\rightarrow(direct)$	×	×	×	×	2	1
06,07	INC　@Ri	$((Ri))+1\rightarrow(Ri)$	×	×	×	×	1	1
A3	INC　DPTR	$(DPTR)+1\rightarrow(DPTR)$	×	×	×	×	1	2
14	DEC　A	$(A)-1\rightarrow(A)$	√	×	×	×	1	1
18~1F	DEC　Rn	$(Rn)-1\rightarrow(Rn)$	×	×	×	×	1	1
15	DEC　direct	$(direct)-1\rightarrow(direct)$	×	×	×	×	2	1
16,17	DEC　@Ri	$((Ri))-1\rightarrow(Ri)$	×	×	×	×	1	1
A4	MUL　AB	$(A)\times(B)\rightarrow(B)(A)$	√	×	×	√	1	4
84	DIV　AB	$(A)\div(B)\rightarrow(A)\cdots(B)$	√	×	×	√	1	4
D4	DA　A	对 A 进行十进制调整	√	√	√	√	1	1

附表 2-3　逻辑运算指令表（共 25 条）

操作码	助 记 符	功 能	对标志影响				字节数	周期数
			P	OV	AC	C_Y		
58~5F	ANL　A,Rn	$(A)\wedge(Rn)\rightarrow(A)$	√	×	×	×	1	1
55	ANL　A,direct	$(A)\wedge(direct)\rightarrow(A)$	√	×	×	×	2	1
56,57	ANL　A,@Ri	$(A)\wedge((Ri))\rightarrow(A)$	√	×	×	×	1	1
54	ANL　A,#data	$(A)\wedge data\rightarrow(A)$	√	×	×	×	2	1
52	ANL　direct,A	$(direct)\wedge(A)\rightarrow(direct)$	×	×	×	×	2	1
53	ANL　direct,#data	$(direct)\wedge data\rightarrow(direct)$	×	×	×	×	3	2
48~4F	ORL　A,Rn	$(A)\vee(Rn)\rightarrow(A)$	√	×	×	×	1	1
45	ORL　A,direct	$(A)\vee(direct)\rightarrow(A)$	√	×	×	×	2	1

操作码	助 记 符	功 能	对标志影响				字节数	周期数
			P	OV	AC	C$_Y$		
46,47	ORL A,@Ri	(A)∨((Ri))→(A)	✓	×	×	×	1	1
44	ORL A,#data	(A)∨data→(A)	✓	×	×	×	2	1
42	ORL direct,A	(direct)∨(A)→(direct)	×	×	×	×	2	1
43	ORL direct,#data	(direct)∨data→(direct)	×	×	×	×	3	2
68~6F	XRL A,Rn	(A)⊕(Rn)→(A)	✓	×	×	×	1	1
65	XRL A,direct	(A)⊕(direct)→(A)	✓	×	×	×	2	1
66,67	XRL A,@Ri	(A)⊕((Ri))→(A)	✓	×	×	×	1	1
64	XRL A,#data	(A)⊕data→(A)	✓	×	×	×	2	1
62	XRL direct,A	(direct)⊕(A)→(direct)	×	×	×	×	2	1
63	XRL direct,#data	(direct)⊕data→(direct)	×	×	×	×	3	2
E4	CLR A	0→(A)	✓	×	×	×	1	1
F4	CPL A	/(A)→(A)	×	×	×	×	1	1
23	RL A	A循环左移一位	×	×	×	×	1	1
33	RLC A	A带进位循环左移一位	×	×	×	✓	1	1
03	RR A	A循环右移一位	×	×	×	×	1	1
13	RRC A	A带进位循环右移一位	×	×	×	✓	1	1
C4	SWAP A	A半字节交换	×	×	×	×	1	1

附表 2-4 位操作指令表 （共 17 条）

操作码	助 记 符	功 能	对标志影响				字节数	周期数
			P	OV	AC	C$_Y$		
C3	CLR C	0→(C$_Y$)	×	×	×	✓	1	1
C2	CLR bit	0→(bit)	×	×	×		2	1
D3	SETB C	1→(C$_Y$)	×	×	×	✓	1	1
D2	SETB bit	1→(bit)	×	×	×		2	1
B3	CPL C	/(C$_Y$)→(C$_Y$)	×	×	×	✓	1	1
B2	CPL bit	/(bit)→(bit)	×	×	×		2	1
82	ANL C,bit	(C$_Y$)∧(bit)→(C$_Y$)	×	×	×	✓	2	2
B0	ANL C,/bit	(C$_Y$)∧/(bit)→(C$_Y$)	×	×	×	✓	2	2
72	ORL C,bit	(C$_Y$)∨(bit)→(C$_Y$)	×	×	×	✓	2	2
A0	ORL C,/bit	(C$_Y$)∨/(bit)→(C$_Y$)	×	×	×	✓	2	2
A2	MOV C,bit	(bit)→(C$_Y$)	×	×	×	✓	2	1
92	MOV bit,C	(C$_Y$)→(bit)	×	×	×	✓	2	1
40	JC rel	(PC)+2→(PC) 若(C$_Y$)=1,(PC)+(rel)→(PC)	×	×	×	×	2	2
50	JNC rel	(PC)+2→(PC) 若(C$_Y$)=0,(PC)+(rel)→(PC)	×	×	×	×	2	2
20	JB bit,rel	(PC)+3→(PC) 若(bit)=1,(PC)+(rel)→(PC)	×	×	×	×	3	2
30	JNB bit,rel	(PC)+3→(PC) 若(bit)≠1,(PC)+(rel)→(PC)	×	×	×	×	3	2
10	JBC bit,rel	(PC)+3→(PC) 若(bit)=1,0→(bit) (PC)+(rel)→(PC)	×	×	×	✓	3	2

附表 2-5　控制转移指令表（共 17 条）

操作码	助记符	功能	对标志影响 P	OV	AC	C_Y	字节数	周期数
*1	ACALL addr11	(PC)+2→(PC) (SP)+1→(SP),(PCL)→(SP) (SP)+1→(SP),(PCH)→(SP) addr11→(PC10~0)	×	×	×	×	2	2
12	LCALL addr16	(PC)+3→(PC) (SP)+1→(SP),(PCL)→(SP) (SP)+1→(SP),(PCH)→(SP) addr16→(PC)	×	×	×	×	3	2
22	RET	((SP))→(PCH),(SP)-1→(SP) ((SP))→(PCL),(SP)-1→(SP)	×	×	×	×	1	2
32	RETI	((SP))→(PCH),(SP)-1→(SP) ((SP))→(PCL),(SP)-1→(SP) 从中断返回	×	×	×	×	1	2
*1	AJMP addr11	addr11→(PC10~0)	×	×	×	×	2	2
02	LJMP addr16	addr16→(PC)	×	×	×	×	3	2
80	SJMP rel	(PC)+2+(rel)→(PC)	×	×	×	×	2	2
73	JMP @A+DPTR	(A)+(DPTR)→(PC)	×	×	×	×	1	2
60	JZ rel	(PC)+2→(PC), 若(A)=0,(PC)+(rel)→(PC)	×	×	×	×	2	2
70	JNZ rel	(PC)+2→(PC) 若(A)≠0,(PC)+(rel)→(PC)	×	×	×	×	2	2
B5	CJNE A,direct,rel	(PC)+3→(PC) 若(A)≠(direct),则(PC)+(rel)→(PC) 若(A)<(direct),则 1→(C_Y),否则 0→(CY)	×	×	×	√	3	2
B4	CJNE A,#data,rel	(PC)+3→(PC) 若(A)≠data,则(PC)+(rel)→(PC) 若(A)<data,则 1→(C_Y),否则 0→(C_Y)	×	×	×	√	3	2
B8~8F	CJNE Rn,#data,rel	(PC)+3→(PC) 若(Rn)≠data,则(PC)+(rel)→(PC) 若(Rn)<data,则 1→(C_Y),否则 0→(C_Y)	×	×	×	√	3	2
B6,B7	CJNE @Ri,#data,rel	(PC)+3→(PC) 若((Ri))≠data,则(PC)+(rel)→(PC) 若((Ri))<data,则 1→(C_Y),否则 0→(C_Y)	×	×	×	√	3	2
D8~DF	DJNZ Rn,rel	(PC)+2→(PC),(Rn)-1→(Rn) 若(Rn)≠0,则(PC)+(rel)→(PC)	×	×	×	×	3	2
D5	DJNZ direct,rel	(PC)+2→(PC),(direct)-1→(direct) 若(direct)≠0,则(PC)+(rel)→(PC)	×	×	×	×	3	2
00	NOP	空操作,(PC)+1→(PC)	×	×	×	×	1	1

参 考 文 献

［1］ 冯博琴. 微型计算机原理与接口技术. 北京：清华大学出版社，2002.

［2］ 何立民. 单片机应用系统设计. 北京：北京航空航天大学出版社，1990.

［3］ 张俊谟. 单片机中级教程. 北京：北京航空航天大学出版社，1999.

［4］ 张志良. 单片机原理与控制技术. 北京：机械工业出版社，2001. 6.

［5］ 何立民. 单片机应用技术选编. 北京：北京航空航天大学出版社，1990.

［6］ 胡汉才. 单片机原理及其接口技术（第二版）. 北京：清华大学出版社，2003.

［7］ 朱大奇，李念强. 单片机原理·接口及应用. 南京：南京大学出版社，2003.

［8］ 黄建新，黄慧仁. 用 Microsoft C 实现 IBM＿PC 机与 8031 单片机间的多机通信. 水利水文自动化，1995（3）：8-11，2002.

［9］ 黄建新. 大坝监测中的微机通讯. 河海大学学报. 1995，Vol. 23（6）：108-111.

［10］ 郑初华. 汇编语言、微机原理及接口技术. 北京：电子工业出版社，2003.

［11］ 林全新，苏丽娟. 单片机原理与接口技术. 北京：人民邮电出版社，2002.

［12］ 张慰兮，王颖. 微型计算机（MCS-51 系列）原理、接口及应用. 南京：南京大学出版社，1999.